기선저인망어업의 난제

기선저인망어업의 난제
機船底引網漁業의 難題

2006년 8월 5일 초판인쇄
2006년 8월 10일 초판발행

지 은 이 | 한 규 설
펴 낸 이 | 이 찬 규
펴 낸 곳 | 선 학 사
등록번호 | 제10-1519호
주　　소 | 서울시 마포구 공덕2동 173-51
전　　화 | 02)704-7840
팩　　스 | 02)704-7848
이 메 일 | sunhaksa@korea.com
홈페이지 | www.ibookorea.com, www.sunhaksa.com

값 25,000원

ISBN 89-8072-193-5 93320

機船底引網漁業의 難題

한규설 지음

선학사

■ 머리말

우리 나라의 자본제어업에 속하는 것으로서 원양어업을 제외하고 13종의 근해어업 중 대형기선저인망어업과 중형기선저인망어업은 그래도 중소자본을 중심으로 자본제어업의 영역에 분류되어 그 생산력이 기타 근해어업(대형트롤 및 대형선망 제외)보다는 상대적으로는 우위에 있는 것이 일반적 인식이라고 보고 있다.

경영의 발전 내지 축소의 경영내적 논리를 어떻게 구성하는지 확실한 구도조차 알 수 없는 상황에서는 이 어업들의 최근 약 20년 간 정도 겪어 온 악조건을 먼저 머리에 그리기 전에 '기선저인망'이란 어업에 대하여 내가 갖고 있던 선망(羨望)이랄까 기대 같은 것이 잠재돼 있었던 것이 사실이다.

중학시절 나는 부산 토성동에서 학교를 다녔다. 그 시절의 전기회사인 남전(南電)지점 건너편에 일본인들 회사원 사택이 수십 호가 있었는데, 아침 등교길에는 종종 그 사택 입구에 쌓인 몇 개의 어상자들 속의 싱싱한 생선들을 보며 발걸음을 재촉하곤 했다. 나중에 알고보니 그 사택들은 일본 수산회사와 수산관련기관의 것으로 그날 아침에 들어 온 생선을 각 가정에 분배하기 위한 것이란 것을 알았다. 아마 그 날 좀 많이 난 것이나 좋은 품종을 골라 가져다 놓았을 것이다.

그런데 어느 날 우연히 지나가던 두 사람이 말하기를 저 생선들은 데구리(기선저인망의 일본어)에서 잡은 것들이나 정치망에서 올라온 것으로 배급에 돌리지 않고 요고나가시(횡류, 横流)한 것으로 일종의 부정행위인 듯 이야기하는 것을 걸으며 엿들었다.

모든 식료품이 배급제로 되어 있던 시절이라 부럽기도 하고 요즘 말하는 부정행위 같아 보이기도 하였다. 특히 배급대상 분류를 일인은 갑, 한국인은 을, 병으로 하여 배급하던 시절에 저런 생선은 아예 '을'과 '병'으로서는 바랄 수 없는 대상물이었는지도 모른다.

그러는 한편 저인망어업이란 어떤 것인가를 알고 싶어 지금의 자갈치에 몇 번이나 가서 구경삼아 알아보던 중 마침 어느 날 부두에 정박중인 저인망어선의 일본인 어부 한 사람을 만나게 되었다. 그는 중학생인 내게 "이 배들이 바다 밑을 끌어 생선을 제일 많이 잡는데 이번에 3일만에 입항하여 저녁에 고기를 푼다"는 것이고 "몇 백 상자가 된다"는 등 나를 놀리듯 자랑하고 있었다. 돌이켜 보면 지금의 외끌이인 모양이었다. 그 때부터 내 기억 속의 기선저인망어업은 고어획 · 고수익 업종이었으며, 나도 저런 일을 해보았으면 하는 생각도 가져보았다.

해방이 되고 수산대학에 들어간 것이 인연이 되어 아침에 부산어업조합 위판장과 자갈치의 제4구조합 위판장에 가끔 가볼 기회가 있었는데, 얼음에 덮인 싱싱한 생선들이 저인망어선에서 하역되는 것을 보며 역시 저인망어업은 생산의 꽃처럼 느껴지고 바다에는 고기가 무진장하다고 생각했다. 그래서 저인망어업이란 낚시와는 다른 위력적 어획능력을 가진 어업으로 생선이 아니라 돈을 끄는 어업으로 인식하고 있었다.

그러나 막상 행정에 몸을 담고 보니 조업구역이 있고 조업금지구역에다 그물규격까지 규정한 법규가 있음을 알게 되었고, 저인망어업의 위력적 어획능력이 자원에 미치는 영향과 타 어업 간의 조절 등의 이유로 함부로 구사시킬 수 없는 초보적 규제로 이해하기는 하였으나 반면에 다소의 의문점을 품은 것 또한 사실이다.

일본이 고도성장과 무제한적 어장확대조건하에서 우리 나라 주변의 어장과 동중국해어장을 휩쓸 무렵 우리는 그 영향을 받아 소위 대형기선저인망어업이 과정의 곡절은 제쳐놓고 상당한 세력의 확장과 발전을 이룩하였다. 그러나 그 때는 이미 자원의 감소, 어장개발의 한계, 임금의 상승과 노력(勞力) 부족이 이 어업의 성장성을 잠식하기 시작하였고, 거기에다 국제해양법에 의한 어장상실로 치명적 축소재편의 운명적 처지에 몰리게 된다.

이것이 소위 쌍끌이기선저인망의 몰락과정의 단면이다. 이제 그 실상을 투시하여 병원(病源)의 제거와 축소개편에 의한 우리 어업의 중추세력으로 남을 수 있는 강력한 대형기선저인망어업의 새 모습을 찾게 하려는 것이 제1편의 취지이다.

이와 함께 외끌이기선저인망이 조업구역을 동서남해의 대체적 행정구역을 기준삼아 구획 조업하고 있었다.

쌍끌이의 대형기선저인망이 원양의 개념적 조업이라면 이들은 좀 연근해(沿近海)에서 조업하는 근해형이 되겠는데, 각종 타 어업들과의 어장의 경합과 이에 따른 어장의 축소에 어획은 부진하고 일반 산업의 고도성장에 따른 임금 상승의 여파를 받아 단위어획노력량을 비대시켜 더욱 경영의 압박을 받으면서 그저 연명하는 불안한 현상이 지속되었다. 그런데도 일부 단위어획노력량이 엄청나게 큰 어업들은 조업구역 규정도 아랑곳하지 않고 규모가 작은 낡은 배들과 뒤섞여 조업을 하게 되니 규모가 작고 낡은 배들은 노후된 시설을 대체할 능력을 상실하고 그때 그때의 땜질식 보완으로 어획노력의 향상은 기대할 수 없고 평균 선령이 30~40년이 되는 무리를 이루고 있는 형편이다. 이 어업들의 실상을 제2편과 제3편에 수록하였다.

어느 어업자가 경영에 있어 자원을 남보다 선점하여 더 많이 잡고 그 자원에 적합한 어구어법의 개량과 시설의 강화를 바라지 않는 사람이 있겠는가? 그것은 원론적 어부근성의 본질이겠으나 법규의 제한이 있어도 급속한 변화에 적응하지 못하면 타 어업과의 경쟁에서는 물론 자기 스스로의 존폐를 결정지우는 중요한 대목이 되는 것이다.

여기서 발생하는 모순이 법규와의 괴리이며, 이를 즉각적으로 메워 주지 못하는 행정의 비기민성과 법 목적에 대한 어민의 몰이해가 충돌하면서 국법질서의 기초에 교란이 생긴다.

그 결과로 나타난 현상이 지금의 기선저인망의 모양새라 할 수 있다. 쌍끌이기선저인망으로 이름을 바꾼 대형기저는 상기한 바 급격한 쇠퇴에도 불구하고 살아남은 그 이면에는 개별경영의 존재마저 부정당하지 않으려는 각기의 경영체 레벨의 몸부림으로 생산력 대응을 모색하여 어획구조의 재편과 생산력강화의 길을 택하였으나 그 장래를 어떻게 봐야 할지 주시할 필요가 있다.

그 대표적 현상이 쌍끌이 1통의 총톤수 280톤, 총마력 3,400마력의 슈퍼파워장비와 망고(網高) 70m의 어구의 위용이다. 뿐만 아니라 일부세력은 법정조업구역의 무시와 불법인 옷타트롤로 전환하기에까지 이르렀다.

그런가 하면 외끌이기저도 옷타트롤로 개조 내지는 신조하여 소속어장에서 단위당 어획은 이에 따르지 못한 구세력을 능가한다. 구세력은 어느 쪽을 선택할지 원성은 자탄으로 변하고 조속한 특별구조조정의 이름을 빌어 높은 가격의 몸값을 받고 자퇴할 것을 강하게 요구한다. 그러면서도 경영은 지속한다.

상황이 이러하니, 내가 어릴 때 가졌던 선망(羨望)의 저인망은 어디에 있는지 알고 싶었고, 고어획 고수익의 내 기억 속의 그 저인망은 존재하지 않는가 하는 의문을 품게 되었다. 나는 먼저 외끌이의 의문을 풀어 보기로 했다.

제도를 기준으로 분류돼 있는 2000년 정부통계를 보았더니 대형기저와 중형기저의 생산의 합이 124,466 m/t, 이 중 외끌이는 29,514 m/t으로 저인망 전체의 23.7%에 불과하였다. 그런데 이 외끌이에는 대형기저외끌이, 서남구기저외끌이, 동해기저외끌이의 3종이 있으나 대형기저외끌이에 18척, 서남구외끌이에도 20척 이상의 트롤이 있음을 고려할 때 이 통계가 시사하는 것은 이들의 어획은 집계되지 않은 것으로 추정되었다. 이를 기준삼아 외끌이의 생산성을 가늠하면 옳은 답이 되지 않을 것이 분명하기 때문에 내 의문을 풀기에는 미흡하였다.

그래서 나름의 아는 길을 택하여 조업형태, 어선, 어장, 생산(금액·양), 노임과 청산방법, 경비 등의 실상을 있는 그대로 말해 줄 사람을 물색하여 그에게 취지를 설명하고 찬동을 얻어 제1편 2편 3편에 나누어 모두 10개 그룹의 어업을 근거지 또는 업종별로 자료를 수집하거나 청취하게 되었다.

이러한 자료의 사용과 소화능력은 자원학자들이 이용하여 몇 가지 방법에 의하여 자원의 추정량 즉 생물학적허용어획량(ABC)을 찾을 것이나 그 방법은 기본적으로 다음의 4가지가 될 것이다.

- 일정의 어획계수(어획률)를 이용하는 방법
- 일정의 산란모체량을 확보하는 방법
- MSY(최대지속생산량)를 기준으로 하는 방법
- 경험적 방법

이와 같은 방법들은 과학적 해법을 찾는 데 쓰일 수도 있을 것이나 나로서는 그 영역보다는 이를 통하여 조업실태와 경영지표를 찾아 현 제도하에서 이루어지는 저인망어업의 실상을 파악, 이를 공개하여 그 대책의 수립에 기여하고자 하는 것이다.

그런 때문에 기탄없이 현실 그대로를 밝혀주신 몇 분에게 마음속으로 깊은 감사의 뜻을 올리는 바이다.

나는 그 실상을 대하고 처음에는 놀라기도 하였으나 저인망어업의 운명적 귀결 같은 나락 속을 보는 것 같아 이 어업을 어디로 가져갈 것인지 수없이 생각하고 고민하였다. 그러나 얕은 지식을 자책하면서도 무엇인가를 찾아낼 것이란 희망과 욕구를 버리지 않고 내 나름의 정력을 쏟아 부었다.

세력의 감척을 외치는 사람들은 자꾸만 축소되어 가는 어업의 부피에 대한 심모원려(深謀遠慮)의 지혜를 가져야 하고, 자원의 독점적 위치를 확보한 계층의 어업은 역시 지속가능한 자원의 이용을 전제로 한 자활의 터전을 다져야 저인망전체의 공멸을 면할 수 있을 것이다.

일본과 중국에 둘러싸인 우리 어업의 현실을 개척해 나가려면, 국제해양법 체제 속에서 그들과 대등한 실속 있는 어업의 전개가 가능한 세력의 확보와 함께 자원을 유지할 범위의 알맞은 어획노력이 필요하며, 업계의 현실을 바탕으로 한 상충되지 않는 정책의 집행이 필요하다고 확신한다.

지킬 수 있는 법과 지키게끔 하는 행정이 지금부터 우리가 만들어야 할 긴요한 질서라 생각한다. 이와 더불어 이를 존중하는 가치관의 정착이 있어야 한다.

그리고 꼭 지적하고 싶은 점은, 업계도 이제는 저질러 놓고 보자는 자기적(自棄的) 비준법적(非遵法的) 자세에서 벗어나 다음 세대에 알찬 저인망을 물려줄 책임 있는 정책과 행정을 요구할 수 있어야 할 때라 생각한다. 제1편 'Ⅷ. 개평'에서 언급하는 바와 같이 어로어업의 장래는 범지구적 식료생산 확보책으로 반드시 짚어보아야 할 것임을 자긍하여 분발하기 바란다.

끝으로 다시 한번 자료수집에 협력해 주신 분들에게 그 고마움에 답하기 위해서라도 이 한 권의 책이 그 분들이 바라는 저인망어업 재건의 초석이 되어 줄 것을 기원한다.

2006년 7월 20일 사당동 일각에서

한 규 설

■ 차례

제1편
대형기선저인망어업

I 서 론

일제시대부터 그 때의 "데구리"라는 이름으로 불려졌던 기선저인망어업(이하 기저로 약칭)은 조선어민들에게는 동경의 대상이 될 만큼 어획능력이 좋았다.

이 기저는 지금으로부터 약 100여 년 전인 1913년경부터 일본에서 시작되어 발전을 거듭해오면서 1수인(외끌이) 2수인(쌍끌이)으로 나뉘어 연안과 근해는 물론 원양의 자원에까지 심대한 타격을 가해 2차대전 이전부터 일본에서는 많은 규제를 가해 자원의 보호와 어업간의 조업조정을 꾀한 대표적 어업이었다.

우리 나라도 광복후 급격한 세력의 증강을 보아 한 때는 기저 세력이 총 500척에 육박해 어획 30만톤으로 총어획의 10% 안팎을 차지하는 자본제어업의 대명사 같은 존재를 과시한 때도 있었다. 특히 이중에 대형쌍끌이는 세력과 어획에서 전체의 70%를 점하는 큰 세력이었다.

그러던 것이 동중국해의 자원문제와 중국어선의 대량진출이 겹치면서 기저전반에 걸쳐 어획부진과 경영악화를 가져오나 그 중에서도 이 쌍끌이기저는 그 정도가 심각하여 위기에 봉착한 상태에서 한·일, 한·중 어업협정으로 어장마저 축소되는 최악의 상황을 맞이하였다.

이에 업계의 강력한 반발은 정부로 하여금 이 어업의 대대적 구조조정을 단행케 하였고 동시에 업계는 자구적 노력으로 어장의 확대와 어구어법의 개량을 시도하여 중층인망에 의한 오징어와 타 중층어에 대한 집중어획을 감행하게 된다.

여기에 이르러 오징어의 주어장인 동해쪽으로 조업범위를 넓히니 이는 곧 법정 조업구역 바깥인 동경128도선 이동해역에서의 법규위반 조업의 결과를 가져오게 된다. 이로 말미암아 2개의 상황이 지금까지 현안으로 계속되고 있는데 하나는 조업구역문제, 또 하나는 중층인망의 어법문제인 것이다.

어법은 간단없이 발달되어야 하고 어장은 어업이 있는 한 개척되어야함은 어업에 있어 기본적 조건이나 각종 어업 간의 조업질서의 조정과 자원관리의 측면에서 국가는 필요한 규칙들을 어민에게 이의 준수를 요구하게 된다. 이 문제는 어업조정의 출발점이면서 각종 당해 어업간에 있어서는 이해관계는 물론 당해어업 그 자체의 경영적 가치와 어업내부의 위치를 대외적으로 가늠하는 하나의 척도가 되기도 한다.

기정화(旣定化)된 어업조정의 틀이 허물어지는 순간은 언제나 상대성이 있어 상대의 어업행위는 바로 자기의 불이익에 직결되어 이는 자원의 감소 또는 대어빈곤의 악순환을 초래하여 분쟁유발이 된다. 한편으로는 기득권자는 독점욕에 타의 진입을 허용할 수 없고 정부로 하여금 엄격한 법 집행의 잣대를 요구한다.

이러한 현상이 쌍끌이기저의 128도 이동조업의 문제로서 동해 쪽 동해구트롤과 오징어채낚기 어업자의 일부는 배척적 입장이고 쌍끌이기저 쪽은 협정에 의한 조업구역의 축소에 대한 보상적 어장확대와 단년생자원의 유효어획 및 이용의 주장에 따른 조업구역 위반의 당위성 주장이 맞물려 큰 현안으로 대두된다.

또 한편으로는 한·일, 한·중 어업협정으로 인한 어장 축소로 연안근접조업이 성행하여 연안 각종 어업과의 마찰이 잦은 것 또한 현실이다.

본고는 이러한 각박한 현실인식을 저변에 깔고 이 문제의 균형성 있는 어업조정안의 입안과 동시에 자원관리·이용의 합리화를 위한 기저어업제도의 확립에 일조하기 위한 것이다.

먼저 쌍끌이기저 초창기의 연혁, 발전 추이, 어장 및 특정자원의 추세, 현 어업실태 조사와 표본적 특정어업자의 경영실태(어획, 조업, 경비, 임금, 노동문제 등)를 파악하여 상기의 목표 달성에 기여할까 하는 것이다.

Ⅱ | 대형기저쌍끌이의 초창기의 연혁

대형기선저인망어업(이하 대형기저라 약칭)의 명칭은 수산업법상의 행정적 명칭이며 제정수산업법(1953년 제정. 이하 제정법이라 약칭 함)에서는 "「스크류」를 비치한 선박에 의하여 저예망(底曳網)을 사용하여 하는 어업"을, 그리고 제5장의 어업조정의 장 제49조에서 기저는 총톤수 30톤 이상 50톤미만, 기관 70마력이상 120마력미만의 것으로 한정하여 이를 제한하였다. 즉 이것이 당시의 우리 나라 기저의 법적 성격이었다.

현행수산업법(시행령)에서는 "대형기선저인망어업: 총톤수 60톤이상의 동력어선에 의하여 저인망을 사용하여 수산동물을 포획하는 어업"으로 규정하여 대형기저를 정의하고 있다.

상기 제정법의 기저의 정의와 아래 표의 허가의 정한수표(定限數表)를 참고하면 쌍끌이(그 당시의 2수인기저)에 대한 규정은 보이지 않는다.

제정법 제49조의 기저 조업구역과 정한수표를 보면 아래와 같다.

〈표 1-1〉 기선저인망어업의 조업구역과 허가의 정한수표

구별	조업구역	허가의 정한수
제1구	함북과 함남의 도계와 해안선의 교회점 남 56도 동의 선 이북의해면	50
제2구	함북과 함남의 도계와 해안선의 교회점남 56도동의 선과 강원도와 경북과의 해안선 교회점 남 82도 동의 선간의 해면	40
제3구	강원도와 경북의 도계와 해안선의 교회점 남 82도 동의 선과 경북과 경남	30
제4구	경북과 경남의 도계와 해안선의 교회점 남 73도 동의 선과 경남 남해이리 산정에서 전남여천군남면작도고정을 바라보는 선간의 해면	40
제5구	경남하동군남면가인포남갑에서 동면대도서단을 경하여 동도남해도덕산 말에 지하는 선, 남해이리산정에서 전남여천군남면작도고정을 바라보는 선과 전북옥구군미면연도부간, 동면어청도북단을 바라보는 선간의 해면	15
제6구	전북옥구군미면연도부단과 동면어청도북단을 바라보는 선간의 해면	10

자료 : 1953년 제정된 수산업법 중에서

이것은 1수인 후리식 전인망어업(지금의 외끌이)을 전제로 제정된 것

이며 저인망어업의 정의에서 선박의 척수를 표시하지 않은 것으로 보아 쌍끌이건 외끌이건 상관하지 않는다는 뜻보다는 외끌이를 상정하여 저인망어업으로 규정한 것으로 봄이 옳을 것 같다.

그러나 이 법이 제정 시행되는 1953년에는 이미 1950년에 제3차 "어업에 관한 임시조치법"의 개정으로 법률 제144호가 시행되어 트롤, 포경, 기저(50톤이상 120마력이상), 기선건착망, 안강망에 한하여 허가를 금지해 온 것을 이미 해제한 상태였다.

법률 제24호(1949년4월 28일)의 1차 "어업에 관한 임시조치법" 제2조에는 「어업에 관한 신규면허 또는 허가는 할 수 없다」고 하여 신규 면·허가는 금지돼 있은 것을 해제한 것이다.

이는 급박하게 돌아가는 국제어업정세와 원양진출의 시급성을 감안하고 국내 수요의 증진을 고려할 때 대형어업의 장려는 불가결한 정책이 되어 상기의 5종의 어업에 한하여 허가를 하게 되는데 이때에 2수인기저(쌍끌이)의 허가를 하게 된다. 유감스럽게도 허가처분에 관한 자료는 없다.

그러나 제정법은 이를 수용하지 못하고 상기의 〈표 1-1〉과 같이 법에 기저를 규정하였으나 2수인기저를 고려하였다면 제5구와 제6구의 허가정한수를 10건 15건으로 하지 않았을 것이다.

확실하지는 않으나 1951년 현재 원조자금에 의한 도입척수는 약 70척에 달한 것으로 돼 있으나 이는 발주상태 중의 것으로 사료되며 실제 어업허가건수에 반영된 자료는 보이지 않는다.

제정법의 구도를 조선총독부의 것을 거의 그대로 수용한 점을 고려할 때 1929년의 아래의 〈표 1-2〉는 〈표 1-1〉과 내용은 같으나 허가의 정한수에 허가수와 척수를 구별한 난이 있어 다르기는 하나 〈표 1-2〉에 있어 척수와 허가수의 수치가 일치할 뿐 아니라 특히 제5구, 제6구의 것은 모두 홀수이므로 1수인인 외끌이임을 유추한다.

따라서 제정법 제49조의 기저허가건수는 모두 외끌이며 특히 제5구, 제6구의 것도 외끌이를 상정한 건수와 척수일 것이다.

〈표 1-2〉 1929년 기선저예망어업의 조업구역과 정한수

조업구역		허가의 정한수	
구별	조업구역	허가건수	허가척수
제1구	기재생략	50	50
제2구	〃	40	40
제3구	〃	20	20
제4구	〃	30	30
제5구	〃	65	65
제6구	〃	45	45
계		250	250

자료: 1929년 12 10 조선총독부 관보. 조업구역은 <표 1-1>과 같음

그러면 여기서 1953년의 제정법 실시이전을 살피건대, 1946년에 이미 일본 중고선을 인수한 2수인기저는 3구북기선저예망어업, 3구남기선저예망어업으로 나누어 허가처분 되어 조업해왔고 1952년 현재 3구북에는 2수인 15건(30척), 3구남에는 2수인 17건(34척)의 세력이 있었고 각기 별개의 조합을 구성하고 있었다. 따라서 1952년말 현재 쌍끌이(2수인)의 세력은 27건에 64척이었던 셈이다.

한편 제정법이 시행된 1954년 현재 112명(조합40년사 참고)의 그 당시의 원양업자(2수인경영업자)가 있은 것으로 보아 50톤이상 120마력 이상의 어선 112척이상(1인 2건 이상의 허가를 가진 경우가 있을 것임)의 척수가 1수인 또는 2수인으로 존재한 것이다. 그리하여 3구남, 북으로 나누어져 있던 것을 1956년에 이를 통합하여 조합이 개편되고 일반적으로 이 조합에 속한 어선들을 원양어선으로 호칭하여 어업사회의 여망이 여기에 담기게 된다. 이때의 허가처분에 조업구역을 5, 6구라는 표현을 사용한 것은 제정법상 기저 구역 제5, 6구가 동중국해(그 때는 동지나해) 어장과 연결돼 있어 사용한 것으로 알고 있다.

1951년부터 미국원조자금에 의한 기저 도입이 있은 것은 그 때의 원양 장려정책으로 쌍끌이임이 틀림없을 것이며 허가는 법률 제144호의 임시

조치법에 의한 것임이 확실하다. 그러나 이 도입어선의 기능문제로 많은 논란이 있었으며 이들 초기의 도입 어선들은 목적한 원양개척에 크게 기여하지 못하였으나 상세한 자료는 없다.

이들 기저어선은 제정법 부칙 제82조 "본법 시행시 존속기간이 만료되는 어업의 면허·허가는 본법에 의하여 처분될 때까지 그 기간이 존속된다"는 경과 규정으로 존재하게 되고 나중에는 법 제13조(허가어업의 설정)에 의한 "원양기선저인망어업"의 명칭으로 제정법상의 어업이 된다.

『조합40년사』(대형기저조합발행)에 의하면 1962년에 개칭 통합된 원양어업협동조합에는 조합원 134명에 조업통수 1수인 115통(115척), 2수인 64통(128척), 트롤 2통(2척), 계 181통, 245척으로 증가한 큰 세력으로 신장하였다.

그러나 본고에서 다루어야 할 쌍끌이는 128척 64통으로 우리의 경쟁상대인 당시의 일본 이서저인망어업(以西底引網)의 수백척의 세력에 비해서는 상대적 수적 열세와 단위어획노력의 열악으로 제주서남해 내지는 동중국해의 어장은 그들의 수중에 있었던 시절이다. 1961년의 해무청 통계에 의하면 쌍끌이는 51통(102척)이던 것이 상기의 조합통계는 1962년에 64통이므로 13통(26척)이 증가한 꼴이 된다.

〈표 1-3〉 기선저인망어업의 허가건수 추이

(단위: 건)

기저 \ 연도	1957	1958	1959	1960	1961
외끌이	96	96	96	219	221
쌍끌이	90	87	104	48	51
합계	186	183	200	267	272

• 1962년 해무청 어업통계 인용
• 2001년 한규설 저 『어업제도변천의 100년』 참조

혁명정부가 들어선 후 1963년의 개정수산업법에 의하여 대형기선저인망어업으로 법정 명칭을 개정할 때까지를 대형기저쌍끌이의 초창기로 볼 수 있을 것이며 이 무렵부터 본격적 성장기에 진입하게 된다.

1963년의 농림부수산국 어선통계연보에 의하면 기선저인망 총척수는 370척, 목조선 351척(30~40톤 114척, 50~90톤 237척), 강선 19척(50~90톤 17척, 100톤이상 2척)이다. 이 중 30~40톤급은 1수인이고 50~90톤은 대형기저의 1수인도 섞여 있을 것이나 그 외는 2수인으로 추정된다. 30~40톤의 114척을 제외한 50톤이상 256척이 허가상의 2수인의 대략적 척수일 것으로 추정된다.

1967년의 수산통계연보에 의하면 대형기저는 327척, 27,458톤, 동력 66,202마력, 중형기저는 142척, 5,221톤, 동력 13,161마력으로 집계되어 있다. 이 때 대형기저에는 1수인이 포함돼 있어 이 무렵의 농림부수산국의 행정자료인 대형기저시책방향을 참고하면 1967년 현재 1수인은 94척으로 나와 있으니 2수인은 327척-94척=233척(116건)으로 볼 수 있을 것이다.

〈표 1-3〉의 96척은 강원 26척, 경북 30척, 경남 40척의 1수인을 말하며 대형기저의 1수인은 아니다.

그리하여 조합자료에 의하면 1985년말 현재 380(190통)척으로 팽창하게 된다. 1989년도에는 268척(134통)으로 감소한다.

1993년의 농림수산통계연보를 보면 대형기저 2수인은 379척 40,287톤, 223,011마력이며 1997년의 해양수산통계연보는 대형기저쌍끌이 357척 37,792톤, 231,053마력을 기록하고 있다.

한편 1997년 이후의 구조조정 실적은 아래와 같다.

〈표 1-4〉 대형쌍끌이 감척 실적

연 도	1997	1998	1999	2000	2001	2002	2003	2004	합계
척 수	38	41	86	4	68	10	10	6	263

자료 : 해양수산부어업정책과 행정자료

1997년의 357척을 고정치로 보고 2004년까지의 감척척수를 고려하면 357척-263척=94척(47건)이 생잔하고 있는 세력이 되는 셈이다.

2003년 현재 어업정책과의 허가건수는 66건(132건), 2005년 1월 현재 동과의 허가건수는 50건(100척)이며 상기 94척(47건)과는 3건의 차이가 발생한다. 허가건수와 감척척수의 차이는 허가건수의 정리시점상의 문제가 있는 것 같다.

한편 어업정책과 행정자료에 의하면 2003년 현재 66건의 쌍끌이가 존재하는 것으로 돼 있어 2005년 1월 현재 50건과 대비하면 16건이 감소된 흔적을 예상할 수 있다. 척수로는 32척의 감소인데 2003년과 2004년의 감척척수는 16척임으로 잔여 16척의 감소 사유는 분명치 않는 것인지 아니면 2003년 현재의 66건이 불확실한 것인지 분명치 않다.

그러나 2003년 8월 27일의 자원보호령 개정으로 쌍끌이의 정한수는 45건으로 되었으며 현존 초과건수는 경과조치에 의하여 지속되고 있다.

한편 또 조합의 다른 어선세력 자료는 1985년도 190건(380척), 1989년도 189건(378척), 1999년 134건(268척)으로 나타난다. 1997년→2004년까지의 감척실적 263척과 허가건수와의 관계가 일목요연하게 정리되지 않는 것은 허가처분일시의 정확한 취합이 잘 안 되는 까닭일 수밖에 없을 것 같고 조합자료는 비조합원이 포함되지 않는 점을 고려하지 않을 수 없다.

Ⅲ | 쌍끌이의 현황

1. 일반현황

2004년 12월말 현재의 허가건수는 50건을 유지하는 것으로 돼 있으나 2005년 1월 현재 당해조합에서 확인할 수 있는 것은 49건으로 그 내용은 다음과 같다.

〈표 1-5〉 상황별 조업통수

항 목	가동상황		조합원상황		기지별상황			
	가동중	비가동	조합원	비조합원	부산	인천	여수	삼천포
통 수	44	5	42	7	37	6	4	3

자료: 대형기저조합

※행정자료상의 허가통수는 50통이나 조합의 확인통수 49통 중 비가동통수 5통 중 2통은 인천 소재로 1통은 허가만 있고 1통은 경매 중에 있다함. 잔여 3통은 비조합원이므로 그 기지를 확인 못하고 있는 듯함. (2005년 4월 현재).

한편 부산기지선들은 일일어획량 정보를 교환하고 있으며 그 통수는 35통이며 잔여 2통은 구형선박으로 장비관계로 여기에 참여 않고 있다함.

49통의 통별 선박 제원과 어획상황을 다음 표에서 보기로 한다.

〈표 1-5-1〉 2004년 대형기저쌍끌이 세력과 어획고

(단위 어획량: m/t, 금액: 백만원)

구분	톤수	마력	진수일	어획량	어획금액	조업여부	비고
1	120 120	1,300 1,300	86.9 86.9 (18년)	1,624	2,050	○	조합원
2	136 136	1,300 1,300	94.8 94.8 (10)	2,921	3,766	○	조합원
3	133 133	1,300 1,300	92.1 92.1 (12)	2,720	3,438	○	조합원
4	91 91	800 800	89.1 89.1 (16)	909	1,232	○	조합원

구분	톤수	마력	진수일	어획량	어획금액	조업여부	비고
5	139 139	1,305 1,305	97.8 97.8 (8)	1,762	2,565	○	조합원
6	135 135	1,100 1,100	91.1 91.1 (14)	2,551	4,004	○	조합워
7	135 135	1,410 1,410	92.8 92.8 (13)	3,011	3,817	○	조합원
8	135 135	1,400 1,400	91.1 91.1 (14)	1,689	1,953	○	조합원
9	138 138	1,740 1,740	87.9 87.9 (17)	2,500	3,522	○	조합원
10	138 138	1,740 1,740	84.1 84.1 (21)	2,453	3,296	○	조합원
11	132 132	1,300 1,300	90.8 90.8 (15)	1,644	2,284	○	조합원
12	99 99	750 750	90.8 90.8 (15)	1,174	1,201	○	조합원
13	135 135	1,400 1,400	94.1 (11) 91.1 (14)	1,411	1,394	○	조합원
14	134 134	1,305 1,305	94.5 94.5 (11)	2,949	3,351	○	조합원
15	134	1,500	91.8 (14)	2,282	2,653	×	조합원
16	139 139	1,410 1,410	95.1 95.1 (10)	3,114	3,641	○	조합원
17	139 139	1,740 1,740	97.7 97.7 (8)	3,048	3,431	○	조합원
18	139 139	1,300 1,300	83.4 (22) 83.4	2,974	4,345	○	조합원
19	135 135	1,200 1,200	92.4 92.4 (13)	273	264	×	조합원
20	139 139	2,000 2,000	02.8 02.8 (3)	2,614	3,192	○	조합원
21	138	1,200	94.8 (11)	2,070	2,413	×	조합원
22	139 139	1,305 1,305	97.6 97.6 (8)	3,688	5,003	○	조합원
23	139 139	1,270 1,270	96.8 96.8 (9)	2,449	2,970	○	조합원

구분	톤수	마력	진수일	어획량	어획금액	조업 여부	비고
24	134 134	1,100 1,100	91.1 91.1 (14)	2,589	3,113	○	조합원
25	138 138	1,270 1,270	96.6 96.6 (9)	2,058	2,713	○	조합원
26	119 119	750 750	86.8 86.8 (19)	1,293	1,682	○	조합원
27	133 133	1,100 1,100	91.1 91.1 (14)	2,698	3,720	○	조합원
28	133 133	750 750	90.12 90.12(14)	1,333	4,309	○	조합원
29	106 106	650 650	87.9 87.9 (18)	395	1,191	○	조합원
30	64.9(90.1) 64.9(90.1)	450 450	61.4 61.4 (44)				비조합원
31	70.4(98.2) 70.2(98.9)	600 600	78.2 78.2 (27)			×	조합원
32	139 139	1,270 1,270	95.6 95.6 (10)	2,585	2,933	○	조합원
33	139 139	1,270 1,270	95.8 95.8 (10)	2,624	3,304	○	조합원
34	139 139	1,270 1,305	96.8 (9) 02.4 (3)	2,937	3,048	○	조합원
35	68.7(95.5) 68.7(95.5)	450 450	65.7 (40) 65.7	370	1,087	○	조합원
36	71.9(99.8) 71.9(99.8)	430 430	67.11 67.11(38)	67	329	○	조합원
37	71.6(99.4) 69.9(97.2)	450 450	67.5 67.5 (38)	229	685	○	조합원
38	67.1(93.2) 67.1(93.2)	420 420	61.9 61.9 (44)	412	1,287	○	조합원
39	135 135	850 850	91.6 91.6 (14)	2,333	2,608	○	조합원
40	139 139	950 950	86.8 86.8 (19)				비조합원
41	101 101	1,000 1,000	69.1 69.1 (36)	986	1,382	○	조합원

구분	톤수	마력	진수일	어획량	어획금액	조업 여부	비고
42	134 134	1,300 1,300	78.1 78.1 (27)				비조합원
43	138 138	1,500 1,500	71.3 71.3 (34)	2,613	3,491	○	조합원
44	139	1,430	95.12(10)			×	조합원
45	119 119	1,300 1,300	87.9 87.9(18)	1,683	2,500	○	조합원
46	77 77	900 900	96.11(9) 96.11				비조합원
47	72.9(99.9) 69	500 450	78.8 (27) 68.6 (37)				비조합원
48	83 83	775 775	93.12(12) 95.5 (10)				비조합원
49	92	650	68.7 (37)				비조합원
계	11,492	104,325	척당 18.09		조합원 비조합원		42건 7건

자료: 대형기저조합
※ 표 중 조업여부란의 ○는 조업중, ×는 불조업, 공란은 비조합원으로 확인 불가.

이 표는 조합이 확인힐 수 있는 허가소유 선박을 조합원과 비소합원을 막론하고 취합한 것이다. 비조합원이란 대개 부산을 기지로 하지 않는 배들이며 전기한바와 같이 인천, 여수, 삼천포를 기지로 하는 배 중에서 조합에 가입하지 않은 것을 말하며 이 표에서는 7인(7건)이 조합에 가입하지 않고 기지가 있는 지구조합원으로서 면세유 등의 필요한 어업인의 대우를 받고 있다.

49건 94척의 내역은 쌍끌이로서 2척을 갖춘 것이 45건 90척, 단선으로서 허가를 가진 것으로 이 중에는 2척 중 1척이 침몰하여 대선을 구하는 중인 것으로 추정되는 4건 4척을 합해 모두 94척인 셈이며 그 내역을 보면 다음과 같이 정리된다.

가. 허가 49건
나. 조합원 42명

다. 비조합원 7명
라. 조합원중 휴업 5건 (이중 단선 3건)
마. 어획불확인 7건
바. 어획확인 37건
사. 단선 4건 (비조합원 1건)

94척의 척당평균 톤수는 122.2톤, 척당평균마력은 1,109.8마력, 평균 선령은 18.1년이다. 쌍끌이로서 2척 모두가 동일 톤수에 동일마력인 것이 44건, 톤수와 마력이 동일하지 않은 2건이 있고 단선 4건이 있다.

계층별로는 100~139톤 34건, 단선 3건, 100톤 미만 11건; 단선 1건이고, 이중 90톤이상~99톤미만 2건, 단선 1건, 80톤이상~90톤미만 1건, 70톤이상~80톤미만 5건, 60톤이상~70톤미만 3건이다.

99톤이하는 건수로는 22.4%에 해당하며 이들은 마력에 있어서도 현저한 저위에 있으며 어획에 있어서도 비례적으로 어획률이 낮다. 이는 어획상황을 논할 때 상세히 논하겠다.

마력의 척당 평균은 상기에서 지적한 1,109.8마력으로 계층별로는 1,500마력이상(단선마력) 11척(1척은 단선 1,500마력), 1,300마력이상 29척(1척단선 1,430마력), 1,000마력이상 21척(1척단선 1,200마력), 800마력이상 8척, 600마력이상 13척(1척단선 650마력), 400마력이상 12척이다.

49건 중 가장 큰 마력은 2,000마력(139톤), 최저마력은 420마력(67톤)으로 그 격차는 무려 1,580마력이다. 즉 톤수에 있어서 불과 2배의 크기에 약 5배의 기관을 설치한 배와 톤수는 이의 2분의 1에 불과하고 기관은 5분의 1의 마력을 설치한 배가 공존한다.

400마력대의 배들은 선령 30년에서 44년의 노후선이며 대부분 신톤수 60톤~70톤 사이의 소형이며 척수에서 24%를 차지한다.

현 어장의 자원(양과 어종)상태와 비교하여 2,000마력이 옳은지 420마력이 그른지 판단해야 할 일이다.

제도상 동일규제를 받는 동일업종에서 이렇게 단위어획노력량의 큰 격차의 발생은 현 대형기저 현장의 문제점의 하나인 동시에 행정대응의 미

숙이다.

94척의 평균 선령은 18.1년이며 선령계층별로는 35년이상 7건, 25년~35년미만 5건, 이중 40년이상이 3건, 20~25년미만 1건, 15년~20년미만 9건, 10년~15년미만 19건, 10년미만 8건으로 20년미만이 73.4%를 점하고 있다.

선령은 비교적 낮은 편이며 대체로 생산능력이 있는 것으로 생각되는 반면 아직도 선령 40년의 것들이 있음을 주시할 때 이들에 대한 능력강화를 고려하지 않을 수 없다. 이들은 장비 등의 열악으로 일일어황교환에도 참여하지 못하고 있다.

2. 조업형태

지금의 조업형태는 적어도 10년 전의 어기 개념처럼 9월초 출어, 6월말 철망의 확연한 구획된 어기 개념과 약15일의 1항차 개념은 사라지고 각자의 여건에 따라 어기를 달리하고 총체적으로 연중 조업형태를 택하면서 적당한 시기에 선원교체와 임금청산 및 선박 정비 후 출어하는 형식을 택하고 있다. 그러나 일반적으로는 4월~8월사이 각자의 사정에 따라 초출어를 하는 경향이 많으며 70%의 조합원은 이에 해당한다고 말하고 있다. 그러나 대체적으로 10~12개월을 1어기간으로 하고 있다.

편의상 이를 조업형태별로 분류하여 그 내용을 보기로 한다. 이는 특정경영체를 예시한 것이나 대체적으로 일반적 상황일 것으로 간주할 수 있을 것이다.

1) 당일조업형 (2월→5월, 4개월)

통영에 입항하는 배들은 보통 16시경에 출항하여 어장 도착이 18시~19시 사이, 야간 2~3회 인망 조업 후 새벽에 입항 하역한다.

예를 들어 24일 16시출항 18~19시 어장도착, 작업 개시하여 야간조업 후 25일 아침 입항, 판매 후 그날 16시경에 출항하니 총소요시간은 24

시간이나 2일간에 걸친다. 조업이 연안근접해역에서 이루어지는 까닭으로 조업은 야간에, 낮에는 판매 후 항구에서 오후 늦게까지 머물어야 하니 일수로는 2일간이다.

이러한 형태의 조업은 어기 중 약 20~30회 정도이며 시기는 고정적이 아니며 2월~5월 사이 적당할 때에 이루어지며 입항지는 통영, 삼천포, 여수 등이나 통영이 우위에 있다. 이를 내부적으로는 갓바리라 한다. 이때 보통 300c/s~1,000c/s의 어획이며 어획물은 멸치, 띠포리(밴댕이), 풀치(갈치의 치어) 등이며 이 중에는 사료용이 많다. 어가는 c/s 3,000원~7,000원 사이다. 1년 통틀어서 보면 이 형태의 경우가 불리하나 어장 사정으로 할 수 없다는 표현을 쓰고 있다.

이를 종합할 때 입항지 출항 2~3시간 후 작업을 시작할 수 있는 어장의 거리는 시속 10Kt로 보면 통영기점 20~30마일의 범위를 의미한다. 때문에 통영입항 판매가 시간과 경비면에서 유리할 것으로 추정된다. 어기인 2월~5월 사이에 총 120일, 당일치기 20회는 40일이 소요되는 꼴이다.

이의 잔여일인 80일의 조업은 운반선 전재로 간주하여 7일조업형을 적용, 조업 7일, 하역·보급 및 휴식 1.5일, 어장 이동 1일, 입항 및 어장복귀 1일을 상정하면 1항은 10.5일이므로 약 7회의 전재가 예상 된다.

그러나 이 시기에 일반적으로 선원과의 고용계약갱신이 이루어지는 것으로 보고 있으며 4~5월 사이의 50일간에 선원 교체, 선박정비, 시설 장비의 정비 및 보충이 이루어지는 것이므로(120일−40−50) ÷ 11일 ≒ 3회의 전재를 예상할 수 있다.

가동상황

가. 조업일수		20일
	7일×3회	21일
나. 당일항해하역	1일×20회	20일
다. 전재항해	1일×3회	3일
라. 이동피항	2일×3회	6일
마. 하역	1일×3회	3일
		73일

2) 7일 기준 조업형(10월 → 1월, 4개월)

16시에 출항, 18~19시에 어장에 도착하여 주야조업을 한다. 어획대상은 삼치이며 조업 후 어장에 따라 성산포, 한라와 거문도 등에서 운반선에 전재한다. 이 때 전재량은 5~6,000c/s, 전재회수는 월4회 정도, 어종은 삼치가 주이며 어가는 c/s 12,000원~40,000원선이다. 운반비는 전기 어느 곳이든 1회에 4,500천원이며 이 때 연료와 기타보급을 받는다.

설명에 따르면 10월~1월 사이가 주어기며 4개월 동안 월 4회 정도의 전재가 있다 하니 약 16회의 전재가 실현되는 셈이다. 그러나 이때도 조업 7일, 하역 및 보급 1일, 이동 및 피항 1일, 입항 및 어장복귀 1일 계10일을 1항으로 계산하면 12회의 전재가 추정된다.

이 때의 어느 경우든 입항지 출항 후 2~3시간 후에 작업이 시작되는 것으로 보아 어장은 출항지기점 20~30마일 지점에서 그리고 전재항이 한라, 성산포, 거문도인 것을 감안하면 어장의 윤곽이 추정된다.

가. 조업일수	7×12	84일
나. 전재항해	1일×12	11일
다. 이동피항	1일×11	11일
라. 하역 보급	1일×11	11일
		117일

3) 10일 기준 조업형(6월 → 9월, 4개월)

어기는 소위 비수기에 해당되며 중심어기는 6~9월사이가 주어기다. 부산 출항 후 온종일 항해 후에 도착하는 범위의 어장에서 이동해가며 조업한다. 추정어장은 제주 남쪽의 493해구를 중심으로 "한일중간수역"과 "중일잠정조치수역" 및 "중국측과도수역"을 범하지 않는 범위의 해역이다.

이 해역에서 조업 10일, 입항 1일, 어장 이동 0.5일, 하역 판매 및 휴식 1.5일, 출항 1일, 계 14일을 1순기로 보면 4개월 120일 동안 약 9회의 판매가 추정된다.

이 때의 대상 어종은 삼치, 조기, 병어, 풀치, 띠포리 등이다.

가. 조업일수	10일×9	90일
나. 전재입항	1일×9	9일
다. 피항이동	0.5일×9	4.5일
라. 하역 판매휴식	1.5일×9	13.5일
마. 출항일수	1일×9	9일
		126일

4) 조업의 정리

이상을 정리해 보면 어기 가동 총일수는 318일이다.

가. 조업일수	215일
나. 항해일수	74일
다. 전재하역	22일
	311일
라. 수리 교체	54일
	365일

3. 어획상황

어획고의 정확한 수치를 기대하기 어려운 것은 임의 상장제가 실시된 이후 더 어려워진 측면이 있으나 어업인도 상인이라 그 거래내용을 밝히려 하지 않는 심리상의 문제가 도사리고 있음을 인정할 때 이는 더욱 어려운 일이 아닐 수 없다. 이러한 여건에서 이 원고의 집필에 들어 갔으나 다행히 취지를 이해하고, 있는 그대로를 제시한다는 2명의 조합원의 적극적 협조에 힘입어 착수하게 된 때문에 조합에서 일괄 제출한 자료와 함께 그의 자료를 비교 참작할 수 있게 되었다.

먼저 〈표 1-5〉에서 49명의 대형기저 허가자 중 조합원은 42명 비조합원이 7명이다. 이 49명 중 조업이 확인되는 자는 조합원 42명 중 40명이고 2명은 아예 조업하지 않는다. 따라서 어획이 확인 되는 자는 2004년말 현재 그 어획량의 다소에 관계없이 40명의 어획이 확인되고 7명의 비조합원과 2명의 조합원을 합쳐 총 9명의 어획상황은 확인되지 않고 있다.

또한 조합원 중 5명이 휴업중이나 그 중 2명은 2004년 11월과 12월까지 조업하여 상당한 성적을 올리던 중 각 1척이 침몰하여 재기를 시도중에 있다.

조합이 제시한 이 49건을 상기의 분류를 근거로 2004년의 어획을 정리해 본다.

〈표 1-6〉 49건의 총생산 일람표

구분	톤수	마력	어획고 m/t	어획금액(백만)	kg/금액(원)	비고
1	120×2	1,300×2	1,624	2,050	1,262	
2	136×2	1,300×2	2,921	3,766	1,289	
3	133×2	1,300×2	2,720	3,438	1,264	
4	91×2	900×2	909	1,232	1,355	
5	139×2	1,305×2	1,762	2,565	1,455	
6	135×2	1,100×2	2,551	4,004	1,569	
7	135×2	1,410×2	3,011	3,817	1,267	
8	135×2	1,400×2	1,689	1,953	1,156	
9	138×2	1,740×2	2,500	3,522	1,408	
10	138×2	1,740×2	2,453	3,296	1,343	
11	132×2	1,300×2	1,644	2,184	1,328	
12	99×2	750×2	1,174	1,201	1,023	
13	135×2	1,400×2	1,411	1,394	988	
14	134×2	1,305×2	2,949	3,351	1,136	
15	134×1	1,500×1	2,282	2,653	1,162	
16	139×2	1,410×2	3,114	3,641	1,169	
17	139×2	1,740×2	3,048	3,431	1,125	
18	139×2	1,300×2	2,974	4,345	1,461	
19	135×2	1,200×2	273	264	967	선박경매중
20	139×2	2,000×2	2,614	3,192	1,221	
21	138×1	1,200×1	2,070	2,413	1,165	1척침몰 12월
22	139×2	1,305×2	3,688	5,008	1,357	
23	139×2	1,270×2	2,449	2,970	1,212	
24	134×2	1,100×2	2,589	3,113	1,202	

구분	톤수	마력	어획고 m/t	어획금액(백만)	kg/금액(원)	비고
25	138×2	1,270×2	2,058	2,713	1,318	
26	119×2	750×2	1,293	1,682	1,300	
27	133×2	1,100×2	2,698	3,720	1,379	
28	133×2	750×2	1,333	1,568	1,176	
29	106×2	650×2	395	1,191	3,015	인천
32	139×2	1,270×2	2,585	2,933	1,134	
33	139×2	1,270×2	2,624	3,304	1,259	
34	139×2	1,270×1 1,305×1	2,937	3,048	1,037	
35	68.76×2	450×2	370	1,087	2,937	인천
36	71.91×2	430×2	67	329	4,910	인천
37	71.62×1 69.99×1	450×2	227	685	3,017	인천
38	67.11×2	420×2	412	1,287	3,123	인천감척(12월)
39	135×2	850×2	2,333	2,608	1,117	
41	101×2	1,000×2	986	1,382	1,401	
43	138×2	1,500×2	2,613	3,491	1,336	
45	119×2	1,300×2	1,683	2,500	1,485	
계			79,033	102,626	평균 1,298	

〈표 1-5-1〉에서 어획이 없는 구분 순번호 30, 31, 40, 42, 44, 46, 47, 48, 49의 9건을 제외한 표가 상기의 〈표 1-6〉이다. 우리가 눈여겨 보아야할 점은 톤수 및 마력이 어획과 비례하는 경향을 보이는 점이다. 어획이 1,500m/t 이상의 것은 특정의 경우를 제외하고는 거의 1,200마력 이상을 설치한 배들이다. 상대적으로 톤수가 적고 마력이 낮은 배들의 어획량은 역시 저위에 머문다. 가장 뛰어난 성적을 나타낸 22번은 139톤에 1,305마력, 어획 3,688m/t, 금액 5,080,000천원을 올리고 있다. 어획고에서 2,500m/t 이상은 대부분 금액에서 30억원 안팎을 올렸다.

전체 평균 단가는 kg/1,298원이며 대부분 1,100원에서 1,400원대이나 3,000원 이상을 받은 배들은 모두 톤수가 작은 인천 배들이다. 인천의 단가가 높은 이유는 이 지역의 가오리와 가자미 어획에 있다고 한다. 그러나 이곳 배들은 〈표 1-6〉의 29, 35, 36, 37, 38의 경우에서 보다시피 기관마력이 상대적으로 650~420마력 사이의 저출력이다.

그 내역을 간추리면 다음과 같다.

구분	기관마력	어획고(kg)	어획금액(천원)
29번	650	395,000	1,191,000
35번	450	370,000	1,087,000
36번	430	67,000	329,000
37번	450	227,000	685,000
38번	420	412,000	1,287,000

위의 인천의 5건은 총 4,800마력으로 척당평균은 480마력이다. 인천 배들을 제외한 부산배들 35건(이중 단선2척)은 88,020마력, 척수는 68척으로 척당 평균 1,294마력이다. 인천배들은 부산의 37%에 해당하는 마력에 불과하다.

인천의 조업일반상황이 불명하나 총어획금액의 비교에서 인천은 4,579,000천원, 부산은 98,047,000천원으로 척당 457,900천원과 1,441,867천원으로 부산이 약 3배강의 생산을 올리고 있다.

물론 〈표 1-5-1〉와 〈표 1-6〉을 볼 때 인천의 조업상황이 정상적인 것으로 볼 수 없어 이렇게 평면적인 대비는 큰 의미를 부여하지 않으리라 생각되나 한 가지 크게 암시하는 점은 인천이 부산의 어획물 단가보다 약 3배가 높다는 것은 어종의 차이에서 부산은 저급어(시가성이 낮은 어종 즉 사료용) 어획률이 높다는 것을 반증하는 것으로 보아야 할 것이다. 이것은 차후 이곳 대형기저 운영과 방법에 시사하는 것을 느끼게 한다.

총 3,959,872c/s 중 기타 잡어가 43.8%를 점하고 여기에 표시는 되지 아니했으나 기타에 멸치와 띠포리 및 강달이(조기의 치어) 등 사료용이 으뜸의 위치를 차지한다는 구술이 있었다. 참고로 구술중 강달이(조기새끼)가 157,616c/s, 금액 1,765,602천원으로 c/s평균 11,202원이 포함돼 있으며 기타의 9%에 해당된다는 요지이다.

〈표 1-7〉 2004년도 쌍끌이 어획 주요 어종

(단위 천원, c/s평균, 원)

어 종	물 량(c/s)	물 량(m/t)	생산액	평균단가
삼 치	819,970	16,400	30,706,418	37,448
갈 치	673,100	13,462	14,748,998	21,918
오징어	443,989	8,868	15,210,190	34,258
참조기	152,867	3,058	12,107,026	79,200
병 어	132,977	2,660	10,918,867	82,111
기 타	1,736,969	34,739	19,599,457	11,283
계	3,959,872	79,197	103,290,956	26,084

자료: 대형기저조합

기타 유용어종은 삼치가 20.7%, 갈치 17.0%, 오징어 11.2%, 참조기 3.8%, 병어 3.3%의 순으로 첨단장비에 고성능의 대형화된 어선이 유용어종의 어획비율이 낮은 것은 이 업종의 어업경제적 위치 즉 식료성(食料性) 어획물 공급 위치에서의 자리매김이 타 어업에 앞선다고 할 수는 없을 것 같다. 물론 멸치나 띠포리 또는 사료용의 공급이 무익하다는 것은 아니나 유용어종의 다량 공급보다 못할 것은 당연한 일이며 자원의 유효이용의 측면에서도 부정적이다.

여기에 눈여겨 보아야 할 점은 삼치와 오징어가 어획순위 상위에 위치하는 것과 이들은 중층어라는 점이다. 특히 기타에는 멸치와 띠포리가 상당한 비율을 점하고 있다.

〈표 1-7〉은 우리 나라 대형기저조합이 제시한 위판내역이며 통계의 정도(精度)로서는 이에 버금갈만한 자료는 없을 것이나 그래도 과거처럼 강제 상장제가 아니고 임의 상장제이므로 위판은 반드시 수협 위판장을 통하지 않고 자유시장에 판매하는 경우가 있다. 특히 상기의 기타에 속하는 멸치, 띠포리, 풀치 등은 이런 경우가 매우 많다. 일설에 의하면 15%~30% 수준에 이른다고도 한다.

그렇다면 상기 어획고 79,187m/t, 총어획금액 102,626,000천원, 이외에 이의 약 15%~30%의 양과 금액이 더 추가되어야 한다는 뜻이 된다. 만약 20%로 볼 때 금액은 20,525,200천원이 추가되어 총금액은 123,151,000천원 정도가 추정된다.

40건을 어획금액별로 분류해보면,

5,000,000천원	1건
4,000,000천원 이상	2건
3,000,000천원 이상	14건
2,500,000천원 이상	7건
2,000,000천원 이상	3건
1,500,000천원 이상	3건
1,000,000천원 이상	7건
500,000천원 이상	1건
500,000천원 이하	2건
계	40건

3,000,000천원 이상이 17건으로 42.5%를 점하고 2,000,000천원 이상은 27건으로 67.5%를 점하고 있다. 인천의 5건을 제외하면 35건의 27건이 2,000,000천원 이상을 올리고 있다.

한편 2003년도 해양수산통계연보에 의하면 일반해면어업의 어획고는 1,096,000m/t 생산액은 2,405,810,605천원으로 m/t당 2,197,087천원, kg당 2,197원이다.

2004년도의 일반해면어업의 어획고는 1,076,687m/t, 생산액은 2,609,717,094천원, m/t당 2,423,840천원, kg당 2,423원이다.

우리는 〈표 1-6〉에서 2004년의 대형기저 어획물의 kg당 어가는 평균 kg/1,289원을 가리키고 있음을 보았다. 2004년의 일반해면어업의 kg당 어가 2,423원과는 1,134원의 차이가 있는데 이는 대형기저 생산물의 평균적 상품가치가 일반해면어업 전체의 생산물과는 현저히 저락한 단면을 보여주고 있음을 예단할 수 있다. 이는 전기에서 지적한바 저가어종의 다획과 처리방법에서 타 어업과 비교되는 부분일 것으로 추정된다.

한편 2003년 해양수산통계연보상의 대형기저 쌍끌이의 생산관계는 어획고 66,539m/t, 생산금액 104,224,787천원으로 m/t당 1,566,371

천원, kg당 1,566원의 계산으로 〈표 1-6〉의 1,289원보다는 높게 나타나나 역시 일반해면어업의 2,423원보다는 낮다.

그러나 하나 고려할 점은 〈표 1-6〉에는 정상조업을 하지 못한 수치가 포함되어 있음을 참고할 필요가 있다.

상기에서 지적한바 40척 중 생산액 2,000,000천원 이상 어획한 27척을 정상가동으로 보면 그 어획고의 합은 68,494m/t, 생산금액은 87,071,000천원으로 m/t당 1,271,220천원, kg당 1,271원을 나타내어 평균치와 비슷한 수치를 내어 보이고 있다. 또한 3,000,000천원이상 어획의 17척의 경우를 보아도 총어획고 48,004m/t, 생산금액 61,482,000천원, m/t당 1,280,768천원, kg당 1,280원으로 대동소이하다.

어느 쪽을 택해도 쌍끌이의 저가어종 다량생산을 뒤집지 못하고 있다. 결국 이는 저가 어종의 생산폭이 전체 어획에 많은 영향을 주고 있음을 감지할 수 있다.

4. 어장

한·일어업협정, 한·중어업협정으로 종전의 어장범위보다는 현저히 축소되었음은 익히 알고 있는 일이다. 특히 상대국 EEZ 입어허가에 의한 조업도 실제에 있어서는 합의 건수와 배정량이 있음에도 불구하고 거의 입어 하지 않는 것으로 보여진다.

2003년도의 한·일 간의 EEZ 입어 합의 내용은 대형기저(외끌이 포함) 척수 105척에 1,613톤의 배정을 받았으나 결과는 거의 입어하지 않았고 2004년도에는 50척에 1,000톤의 배정을 받았으나 역시 거의 입어하지 않았다.

표면적 이유는 배정량이 적어 어획적 가치가 없다는 표현이나, 그 이면에 눈여겨 보아야 할 점은 그 해역에서의 선장들의 조업경험이 부족하여 효과적인 성과를 올릴 만한 자신감의 결여가 큰 요인인 것 같다.

상기의 '2. 조업형태'에서 보다시피 12~13일간의 조업에서 5,000c/s (약 1,000m/t) 이상에 상응할 만한 어획물을 전재할 수 있는 어장이 있어야 하고 또한 엄격한 감시하에서 보장되지 않는 어획량을 위하여 조업 후 전재를 하기 위한 어획량이 미달하면 처음부터 입어하지 않은 것보다 나을 수 없다는 생각인 것이다.

어장축소는 협정자체가 가져 온 귀결이나 거기에 더하여 입어조건은 아예 우리 어선측에는 장식물처럼 돼버린 감마저 들 정도다. 여기에서 자구적 노력이 시작되고 다량어획이 가능한 어종과 그 어장을 택하는 수순이 되지 않을 수 없게 되는 것은 하나의 생존 법칙일 수 있다.

여기에서 2개부류의 조업방법이 파생하는데, 하나는 9월~2월 사이의 오징어 조업과 다른 하나는 연안근접조업에 의한 중층 다획성어종을 대상으로 한 조업으로의 전환이다. 이것은 기본적으로 법이 정한 저인망어법에 의한 것이 아니고 중층망에 의한 인망조업에 의한 것이다.(※ 중층망에 관하여는 앞으로 어구란에서 다시 논하겠다.)

이렇게 하여 1993년경부터 오징어 어획은 동해에서 채낚기어선과 일부 공조형식의 조업이 시작되었으나 대형트롤과는 상대적으로 저생산의 영역을 벗어나지 못하였다가 2002년 2,635m/t(2002년 수산과학원 자료인용)의 생산이 〈표 1-7〉에서 보다시피 2004년에는 8,868m/t을 어획하여 주요 어획어종의 3번째를 기록하고 있다. 물론 이것이 모두 128도 이동조업에 의한 어획이란 것은 아니다.

2004년의 초가을부터 서해의 161, 171, 172, 180, 181, 191해구의 범위에서 오징어 어획이 양호하여 급격한 증가세를 보였다. 일반적 조업에서도 약간의 오징어 생산은 있어온 바이나 급격한 어획의 증가는 이동(以東)조업만을 상정(想定)할 수는 없다. 물론 이동조업을 전연 하지 않는다는 징조는 없고 개중에는 2~3건 정도가 있는 것으로 추정하고 있다.

어장의 또 다른 하나는 멸치, 풀치, 띠포리를 위시하여 삼치, 병어, 조기, 아구 등을 대상으로 한 것이다. 해역의 범위는 9월~5월사이에 제주와 남해안 사이 지점이다. 해구로는 210, 211, 213, 214, 104, 105,

110, 224, 223, 222, 221, 220해구가 해당된다.

또 다른 어장은 6월~8월 사이 제주 남쪽의 493해구를 중심으로 494, 492, 491, 461, 462, 463, 464, 465, 251, 252, 253해구의 "한·일중간수역"과 "중·일잠정조치수역" 및 "중국측과도수역"을 범하지 않는 범위의 해역이며 제주 한림항까지 5~6시간의 거리이다. 주로 조기, 병어, 갈치 등이 대상이다.〔※별첨 대형기저조업해구도〔1〕을 참조바람.〕

5. 노동문제

대형기저 쌍끌이는 척당 15명 2척에 내국선원 22명, 외국인선원 8명으로 모두 30명이 승선한다. 지금까지 논거한 조업형태에서는 인망, 이동 등 거의 24시간의 조업으로 보아야 하며 일반적으로 운반선에 전재한 날의 밤은 완전 휴식을 하나 그 이외는 가동 조업을 하는 상태다.

100톤이상이면 선박직원법에 의하여 최소한 선장, 기관장, 항해사, 기관사는 6급항해사 및 6급기관사자격을 가진 4명의 해기원이 각선에 승선하여야 하니 1통의 쌍끌이에는 8명의 해기원이 법적 요원으로 필요하다. 그래야만 법적으로 교대근무와 상호보완 관계를 유지하여 선박의 안전과 조업성과를 기대할 수 있을 것이다.

그러나 실제는 선장과 기관장만 6급해기원으로 충당되고 항해사와 기관사는 무자격자가 승선하는 경우가 일반적이다. 때문에 24시간 중 상당시간에 걸쳐 무면허자에 의한 조선(操船)이 이루어져 불의의 사고가 빈발할 수 있다.

이 문제는 해기사자격자의 부족으로 이를 충당하기가 매우 곤란한 상황이며 특히 기관장과 유자격기관사를 구하기는 더욱 어렵다. 선장과 기관장의 후계자 양성은 단시일에 이루어지는 것이 아닌 때문에 선장과 기관장 밑에서 미리 유자격자가 승선하여 선박운용과 어로기술 및 기관운전관리를 습득한 자연스러운 후계자 양성의 길을 모색해야 한다는 당위성은 경영자도 숙지하고는 있으나 적합한 사람을 찾기가 무척 어려운 실정이다.

여기에 정책의 묘가 요구된다.

상기의 어획상황에서 같은 규모와 성능의 선박 간에 그 격차의 가장 큰 요인은 원활한 기관운전을 전제로 숙달된 어로경험이 축적된 선장에 의하여 달성된다는 점을 고려할 때 경영자의 입장에서는 능숙한 선장의 확보는 사활을 결정하는 일이며 동시에 후계자 양성은 또한 필수적 조건이 된다.

해기사 자격의 요점은 자격취득에 있어 항해사의 경우 선박운용에 치중되어 출발지에서 목적지까지 안전항해에 그 주 임무가 요청되나 어선 특히 쌍끌이기저와 대형선망에 있어서는 어로기술과 경험의 축적이 겸비되어야 하는 것이다.

이런 의미에서 어로장제도의 구상과 그 도입은 긴요한 것이라 생각된다.

거기에다 일반선원의 인력부족으로 외국인 선원의 고용은 불가피하여 최근에는 6~8명 정도의 외국선원이 승선하는 것은 일반적이다.

임금제는 경비와 관련시킨 보합제는 사라지고 생산량에 따른 생산장려금제를 실시하고 있는데 그 구체내용은 노조와의 합의를 거친 취업규칙에 의하여 결정된다. 임금제도는 월고정급과 생산장려금제를 두고 새산장려금의 선원 앞 분배를 위한 짓가름(배분)을 정하여 선장의 독주를 막고 있다.

직급별 월고정급은 다음과 같다.

직급	월고정급
책임선장	1,255,000원
선장, 기관장	1,235,000원
통신사	1,225,000원
항해사, 기관사	1,025,000원
갑판장, 조기장	995,000원
1갑원	940,000원
일반선원(갑)	910,000원
일반선원(을)	890,000원

※ 이것은 기본급이고 어떤 배는 책임선장에 이 액수에 더하여 200만원, 기관장에게는 6~70만원을 추가하는 경우도 있다.

그러나 30명 중 외국선원 6~8명은 이 취업규칙의 적용에서 제외된다.

그들은 취업시 별도로 정해진 조건에 의하여 임금이 결정되며 일반적으로 그 근무년차에 따라 차이가 있으며 내용은 다음과 같다.

1년차 근무자	월고정급	60만원
	상여금 연	50만원
	퇴직금	60만원
2년차 근무자	월고정급	70만원
	상여금 연	50만원
	퇴직금	70만원

그러나 일부 성적이 좋은 경영체에서는 월 고정급에 20만원을 더 얹어 주는 경우도 있다.

1) 짓가름

생산장려금의 총액이 결정되면 아래 짓가름 배분율에 따라 당사자에 지급된다.

〈표 1-8〉 짓가름 배분율 표

구분	책임선장	선·기관장	통신사	항·기사	갑·조장	1갑원	일반선원
짓배분율	3~3.5	2.6~2.9	2.5~2.8	1.8~2.2	1.5~1.8	1.2~1.4	0.8~1.1

자료: 대형기저조합 취업규칙

15명 선원의 책임선의 짓가름율의 최하치의 합계는 18.7짓이고 최고치의 합계는 21.8짓으로 추정되나 책임선장이 해당 짓가름율의 범위내에서 선내의 7명 이내의 사관직이 근무성적, 근무기간, 상가수리, 하역작업 등의 참여도를 감안 당사자의 짓률을 정한다.

2) 생산장려금의 산출

먼저 선박별 설비 중 기관마력은 톤수와 일정비율로 설치하는 게 아니고 각기 경영체의 판단 동기에 따라 다르고 이는 어획능력과 경비면에서 매우 큰 요인으로 작용한다. 선주인 경영체는 고마력을 고비용으로 설치하고는 저마력, 저비용의 선박과 동일한 비율의 생산장려금의 지급은 불합리함을 전제로 마력수에 따라 장려금 지급률을 정하기 위하여 마력수 계층을 다음과 같이 4구분하여 지급기준을 정하도록 하고 있다.

A-1형　1,000마력 이상
A-2형　750마력 이상 10,000마력 미만
B 형　450마력 이상 750마력 미만
C 형　450마력 미만

※ 이상은 척당마력수이며 허가장에 기재된 마력을 말하며 주선과 종선의 마력이 다를 때는 그 평균치를 적용키로 하고 있다.

생산장려금 산출의 기초는 총 어획고에서 어획물 양육노무비, 보관비, 위판수수료를 공제한 금액으로 하고 있다. 상기의 4개형은 각기 생산금액에 따라 그 비율을 다음 표와 같이 정하고 있다.

〈표 1-9〉 생산장려금 지급율표

금액	A1형	A2형	B형	C형	금액	A1형	A2형	B 형	C형	금액	A1형	A2형	B형	C형
8억	4.0	4.5	5.0	6.0	8천	9.6	10.6	11.7	13.2	6천	11.8	12.8	13.8	15.8
1천	4.1	4.6	5.2	6.3	9천	9.8	10.8	11.9	13.4	7천	11.85	12.85	13.85	15.85
2천	4.2	4.7	5.4	6.6	**11억**	10.0	11.0	12.0	13.5	8천	11.9	12.9	13.9	15.9
3천	4.3	4.8	5.6	6.9	1천	10.1	11.1	12.1	13.6	9천	11.95	12.95	13.95	15.95
4천	4.4	4.9	5.8	7.2	2천	10.2	11.2	12.2	13.7	**14억**	12.0	13.0	14.0	16.0
5천	4.5	5.0	6.0	7.5	3천	10.3	11.3	12.3	13.8	1천	12.05	13.05	14.05	16.05
6천	4.7	5.7	6.4	7.9	4천	10.4	11.4	12.4	13.9	2천	12.1	13.1	14.1	16.1
7천	4.9	5.9	6.8	8.3	5천	10.5	11.5	12.5	14.0	3천	12.15	13.15	14.15	16.15
8천	5.1	6.1	7.2	8.7	6천	10.6	11.6	12.6	14.1	4천	12.2	13.2	14.2	16.2
9천	5.3	6.3	7.6	9.1	7천	10.7	11.7	12.7	14.2	5천	12.25	13.25	14.25	16.25
9억	5.5	6.5	8.0	9.5	8천	10.8	11.8	12.8	14.3	6천	12.3	13.3	14.3	16.3
1천	5.7	6.7	8.3	9.8	9천	10.9	11.9	12.9	14.4	7천	12.35	13.35	14.35	16.35
2천	5.9	6.9	8.6	10.1	**12억**	11.0	12.0	13.0	15.0	8천	12.4	13.4	14.4	16.4
3천	6.1	7.1	8.9	10.4	1천	11.05	12.05	13.05	15.05	9천	12.45	13.45	14.45	16.45
4천	6.3	7.3	9.2	10.7	2천	11.1	12.1	13.1	15.1	**15억**	12.5	13.5	14.5	16.5
5천	6.5	7.5	9.5	11.0	3천	11.15	12.15	13.15	15.15	1천	12.55	13.55	14.55	16.55

금액	A1형	A2형	B형	C형	금액	A1형	A2형	B 형	C형	금액	A1형	A2형	B형	C형
6천	6.8	7.8	9.7	11.2	4천	11.2	12.2	13.2	15.2	2천	12.6	13.6	14.6	16.6
7천	7.1	8.1	9.9	11.4	5천	11.25	12.25	13.25	15.25	3천	12.65	13.65	14.65	16.65
8천	7.4	8.4	10.1	11.6	6천	11.3	12.3	13.3	15.3	4천	12.7	13.7	14.7	16.7
9천	7.7	8.7	10.3	11.8	7천	11.35	12.35	13.35	15.35	5천	12.75	13.75	14.75	16.75
10억	8.0	9.0	10.5	12.0	8천	11.4	12.4	13.4	15.4	6천	12.8	13.8	14.8	16.8
1천	8.2	9.2	10.7	12.2	9천	11.45	12.45	13.45	15.45	7천	12.85	13.85	14.85	16.85
2천	8.4	9.4	10.8	12.3	**13억**	11.5	12.5	13.5	15.5	8천	12.9	13.9	14.9	16.9
3천	8.6	9.6	11.0	12.5	1천	11.55	12.55	13.35	15.55	9천	12.95	13.95	14.95	16.95
4천	8.8	9.8	11.1	12.6	2천	11.6	12.6	13.6	15.6	**16억**	13.0	14.0	15.0	17.0
5천	9.0	10.0	11.3	12.8	3천	11.65	12.65	13.65	15.65					
6천	9.2	10.2	11.4	12.9	4천	11.7	12.7	13.7	15.7					
7천	9.4	10.3	11.6	13.1	5천	11.75	12.75	13.75	15.75					

자료: 취업규칙 인용

이렇게 세밀하게 정한 이 표는 과거 보합제 실시시절에 야기되던 소위 공동경비 산입에 대한 물의의 문제는 해소된 듯이 보이나 현실 문제로 어업경영에 미치는 요인과 경비절감을 위한 선원의 노력을 반영시키는 데는 미흡하다 하겠다.

이 규칙은 1997년에 제정된 후 아직 개정한바 없으며 현 실정에 부합하는지의 여부는 주의 깊게 관찰할 필요가 있다.

즉 고비용 시절에 저가 어종의 다획에 의한 생산금액만의 증가를 목표로 한 어로행위는 고가의 생산요소를 남용하는 폐단의 초래가 우려되며 임금과 타 비용의 균형이 무너질 가능성이 존재한다. 뿐만 아니라 타 어업의 조업과도 상관관계가 형성되어 어업질서와 자원관리의 측면에서도 고려되어야 할 문제이다. 이 문제는 앞으로 경영분석에서 검토해볼 만한 과제다.

6. 어구문제

1) 어구개량의 배경

우리 나라의 저인망어업은 후리식어법과 저층착지어법의 2종류가 기선저인망어업으로 법적 규정되면서 오늘에 이른 과정을 갖고 있다.

특히 쌍끌이는 저층착지저인망을 어법으로 하는 대표적 어업이었고 허가내용의 어획물 지정에서도 저서어종을 나열하고 있다. 즉 저인망으로 수산동물을 채포하는 법적 규정의 까닭이다.

그러나 저층어에 대한 어획이 집중된 동중국해서의 일본의 소위 '이서저예망어업'에 의한 저서어족의 급격한 감소현상은 일본뿐만 아니라 우리 쌍끌이어업에도 막대한 부정적 영향을 가져왔다.

1945년 9월 2일 연합군사령부는 아세아어장을 종횡무진 석권하던 일본어업의 약탈적 어로행위에 제동을 걸어 아세아인의 평등한 어업자원 이용을 돕기 위해 맥아더라인을 선포하였다. 이로써 우리는 반사적 이익을 얻을 수 있는 기회를 맞이했으나 황금어장인 서해와 동중국해어장의 이용에는 큰 효과를 얻지 못한 것 또한 사실이다. 이유는 역부족이었다.

1952년 4월에 샌프란시스코 강화조약의 발효와 함께 맥아더라인의 철폐가 따라 붙었다. 이에 대처하기 위하여 우리는 1952년 1월 18일에 평화선을 사전에 선포한바 있다.

일본은 이 강화조약 성립의 기회를 놓칠세라 우리 주변의 제주, 서해는 물론 동중국해에 소위 그들의 위력적이던 이서저예망이업의 진출이 시작되어 오랜 세월 동안 저서자원에 큰 충격을 준 끝에 급기야는 어획감소에 의한 생산성의 급락으로 그들은 그 존립기반을 상실한다.

이 영향은 우리 쌍끌이기저에도 심각한 자원감소의 여파를 주었고 거기에다 국제 간 어업협정에 의한 어장의 축소는 설상가상의 격이 되었다. 이런 형국을 맞은 업계는 1980년대까지는 저층저인망으로 견뎌왔으나 생산성의 하락은 계속되어 어구어법의 개량에 의한 자구책강구의 몸부림이 시작된 것이 1990년대 초반이었다.

이것이 쌍끌이기저의 소위 다층망사용의 동기이며 이로써 지금까지 저층어 어획에 한정돼 있던 것을 중층어, 표층어를 대상 어종으로 삼아 경영의 위기에서 탈출하려는 노력이 시작된다.

먼저 참고로 일본 이서저예망어업의 조락(凋落)상을 일본 수산청통계에 의하여 그 추세를 살펴보면 1953년 현재 42척이 1959년에는 52척으로 증가하기 시작하여 1980년에는 502척으로 팽창한다. 그 추세를 다음 표에서 살펴보자.

〈표 1-10〉 일본 이서저예망어업의 추세

(단위: 어획량 천톤, 척당어획 톤, 금액 억엔)

연도	경영체수	선원수	허가척수	평균톤수	어 획 고		
					어획량	척당어획	금액
1980	60	5,785	502	138	199	396	640
1981	54	5,354	439	141	183	417	618
1982	53	4,962	437	142	169	387	613
1983	49	4,857	434	142	160	369	598
1984	48	4,631	434	143	148	341	556
1985	48	4,018	434	143	127	293	480
1986	42	3,852	414	142	118	285	444
1987	41	3,644	393	140	119	303	430
1988	41	3,355	358	143	94	263	348
1989	38	2,907	333	140	87	261	344
1990	31	2,420	243	137	79	325	370
1991	31	2,272	233	136	80	343	288
1992	19	1,844	220	137	69	314	290
1993	17	1,176	156	136	49	314	206
1994	15	1,016	122	137	40	328	190
1995	12	772	98	141	39	398	134
1996	6	470	56	143	28	500	101

자료: 일본원양저예망어업협회

이 표에서 주목할 점은 1980년부터 그 세력이 점감하는 추세와 척당어획량이 1989년까지 하락하다가 감척이 본격화된 1990년부터 상승하는 것을 볼 수 있다. 특히 56척으로 세력이 압축된 1996년에 척당어획량이 500톤이 되는 것을 볼 수 있다. 그리하여 2003년 현재 불과 2통이 잔존한 상태이다.

2) 어구개량의 필연

이 현상은 우리 쌍끌이기저에 시사(示唆)하는바가 크다. 결국 감통과 어구개량의 2대숙제와 함께 그에 걸맞는 어장선택에 의한 대상자원이 생잔(生殘)의 조건으로 대두된 것이다.

이러한 배경을 깔고 먼저 어구개량에 착수한 것이 1992년으로 덴마크의 트롤회사에서 중층트롤 완성망 1set를 수입하여 이를 쌍끌이기저의 실정에 맞게 꾸며 사용한 것이 처음이다. 그러나 이 이전에 이미 자체 노력으로 어구개량에 착수하여 망고(網高)를 높여 중층어류 어획을 시도한다.

우리의 쌍끌이는 1970년대까지는 4매망(4枚網) 어망이 주로 사용되어 왔는데 4매망은 등판·밑판·양옆판의 4매로 구성되어 있어 4매망이라 부르고 있다. 4매망은 망고가 4~5m에 불과하여 그야말로 바닥에 붙어 서식하는 대상생물만 어획하여 왔다.

그러다가 어선이 점차 대형화되면서 예인력이 커지고 어로장비도 현대화되어 어구도 대형화되기 시작하여 해저에서 다소 부상한 어군을 포획할 수 있는 망고 8m 내외의 6매망이 등장하게 된다. 이는 4매망의 양 옆판에 그물폭을 1폭씩 추가하여 망고를 높일 수 있게 한 것이다.

그러나 자원은 자꾸만 감소해가고 덧붙여 유류비, 인건비 등 지출이 과다하여 경영수지는 악화되어가면서 오징어, 갈치, 쥐치 등 주야간 부침성(浮沈性)이 강한 어종도 어획할 수 있게 망고 10~15m까지 확장할 수 있는 8매망 어망이 1980년대 중반부터 사용이 시작되어 그 효과를 발휘하기 시작하였다. 8매망은 6매망의 옆판에 그물폭 1폭을 추가하여 옆판 한쪽이 3폭의 그물로 구성되게 된다.

여기에서 상기한 덴마크의 트롤망이 도입되어 이를 견본으로 다시 발전하여 다층망이란 이름으로 불리면서 어구를 중층에 띄우지 않고 발줄이 저층에 닿게 하여 예인선 간격을 좁혀 2kt 이내로 예인한다면 망고를 41m이상까지 높일 수 있어 서해나 동중국해처럼 수심 100m이내 어장에서는 웬만한 중층어종은 쉽게 어획할 수 있게 구성되어 있다.

※ 수산과학원 자료를 참작하여 재편함

이를 좀 더 풀이하면 지금까지의 옆판을 없애고 compound rope를 사용하지 않고 와이어만을 사용하며 전에는 pendant 줄이 2가닥이었으나 지금은 4가닥으로 망고를 높이는 역할을 하게 하며 날개그물의 코를 더 키워 6,400㎜로 하여 유체저항을 낮추어 예인력 확보에 주력하여 망고를 70m까지 확장 조업중이다. 어떤 배는 날개그물을 12,800㎜까지의 그물을 써서 망고를 더 높이고 있다. 이 뿐 아니라 deck system(arrangment)를 바꾸어 drum winch를 없애고 warp winch와 net winch의 설치를 추가시설하게 되어 시설비를 가중시키고 있다.

이는 예인력의 확충을 불가피하게 하였고 그 결과는 선폭의 확충(130톤급)과 고마력 기관의 설치에 이르러 심지어는 2,000마력 기관의 설치까지 하는 배가 있어 상대적으로 경비앙등 등의 부작용이 파생하여 고비용 압력을 정면에서 받게 된다.

이는 다시 맹목적 다어획의 몸부림을 초래하는 악순환의 수레바퀴의 늪에 빠지게 되는 요인이 된다. 이 현상은 법을 떠나서 언제까지 이 악순환을 반복하여 연명하느냐의 문제와 직결된 것 같다.

문제는 여기에서 파생되는 현실제도와의 관계이다. 저인망으로 규정된 현 법규는 글자 그대로 저인망(底引網, 저층을 끄는 그물)이다. 이는 글자 그대로의 해석으로서는 중층 이상을 끌 때는 해석이 맞지 않는다.

그러나 지금의 쌍끌이는 모두 이 다층망을 사용하여 중층어와 표층어를 어획하고 있는 실정은 상기의 "3. 어획상황"에서 본바와 같이 이들이 태반 이상을 차지하고 있음이 반증하고 있다.

7. 어획물 처리

어획능력의 극대화는 조업일수의 증가를 도모해야하고 이는 어장에 머무는 기간을 늘려야하는 필수적 조건이다. 따라서 과거에 선어 위주의 제품에서 동결품으로 바꾸어 어획물 선도의 확보와 어장 체류의 장기화를 위하여 척당 2대의 급속냉동 시설의 운전을 위한 전력생산의 필요에 따라 척당 2대의 200~250마력의 보조기관의 설치는 이 또한 필수적이다. 가령 1,300마력의 주기 2대, 240마력의 보조기 4대를 설치한다면 1통의 총마력수는 3,560마력으로 굉장한 연료수요를 동반하게 되는 것이다.

때문에 어획물의 대부분은 냉동품으로 위판되며 특히 사료용은 냉동품이 아니면 판매가 안 된다. 때문에 운반선도 냉동선이어야 하니 이를 구하기가 여간 어렵지 않다는 말들이다.

이러한 어장과 조업형태의 변화는 시장의 변화를 초래하였고 제품은 냉동품으로서 적격한 규격과 포장이 등장한다.

총 제품의 40%는 펜동결 후 냉동각으로 판매하며 60%는 35×55×8cm의 carton box나 목상자를 사용하며 이는 삼치 등 어류가 대상이다.

Ⅳ | 경영체의 운영 실태

이상 쌍끌이기저의 일반상황과 문제점 등은 대략 지실하게 되었을 것이라 생각되며 여기에서 보편적 위치에 있는 것으로 판단되는 경영체의 운영실태를 객관적으로 살펴볼까 한다.

이 자료는 본고의 취지를 양식적으로 이해하고, 있는 그대로를 개진하는 조건으로 대담하고 필요한 자료의 제공을 약속 받은 것을 먼저 밝히되 상대의 상호와 선명은 밝히지 않는 것으로 하였다.

1. 경영체 (A)의 경우

1) 생산

(1) 선박 제원

139톤×2, 주기관 1,300마력×2, 보조기관 240마력×4
냉동기 급속 62B×4, 40~50℃
최대적재량 7,000c/s, c/s/20kg
선령 9년, 1997년 건조

(2) 인 원

15명×2(30명), 외국인선원 8명, 내국인선원 22명

(3) 조업상황

과거 어획 후 입항 판매, 출어의 패턴으로 1년에 12~13항차 하던 형식의 조업형태는 Ⅲ 쌍끌이의 현황, 2 조업형태에서 밝힌바와 같이 사라지고 주된 형태는 운반선에 의한 전재반입 판매와 1일~3일 정도 조업 후 통영 등지에 양육 판매하는 것이 (A)의 경우 주형태이다. 이 형태의 조업

은 6~7년 전부터 이루어져 왔다.

① 어기: 9월 ~ 5월(273일)

㉠ 당일조업 30회정도

(36일 소요, 16시출항 조업, 새벽 입항, 판매, 16시 출항)

16시 출항, 18시~19시 사이 어장도착, 야간인망 2~3회 후 아침 일찍 입항, 즉시 시장에 판매한다. 그리고 다시 16시경에 출항 조업에 들어간다. 이 경우를 당일치기(갓바리)라 부르기도 하며 상기 어기 중 30회정도 이루어지는 것이 일반적이다. 따라서 조업 판매의 소요시간은 24시간을 한 순배로 보면 된다. 이 형태는 지속적으로 이뤄지는 것은 아니고 필요에 따라 하며 정비 · 휴식 등의 시간을 참작하여 30회에 소요일수는 36일로 보았다.

이때의 어종은 약간의 삼치, 멸치, 풀치, 띠포리 등이나 사료용이 대부분이다. 어획량은 300c/s~1,000c/s이며 값은 3,000원~7,000원 사이가 일반적이다. 이의 평균생산액은 650c/s×5,000원=3,250천원이며 30회의 총액은 97,500천원이다. 그러나 300c/s의 경우는 극소수이므로 평균치를 택하지 않고 최고치의 80%를 적용키로 하여 800c/s×5,600원×30회=134,400천원이 계산된다.

• 조업: 30일 • 정박: 6일

㉡ 10월10일~1월(113일)

월 4회정도 전재. 총 15회 전재. 조업 5일, 입출항 1일 전재하역 · 휴식 1.5일, 계 7.5일 1항. 어종은 풀치, 멸치, 띠포리 등과 조기, 갈치, 병어 등이며 사료용과 일반 어류의 비율이 4:6으로 어류 쪽이 좀 높다. 전재지는 거문도, 성산포, 한라 등이며 주어종은 삼치, 멸치, 띠포리 등. 1회 전재량은 5,000~6,000c/s, 가격은 c/s 12,000~40,000원이다.

평균치로 집계하면 5,500c/s×26,000원×15회=2,145,000천원. 어가를 평균치 26,000원과 최고가격 40,000원의 중간치를 택하면

5,500c/s×33,000원×15회=2,722,500천원. 그러나 2004년 11월~2005년 1월 사이의 c/s당 평균어가는 27,700원으로 확인은 되나 상자수로는 사료용이 40%정도를 점한다는 말로서 상세한 상자수자는 불명이다.(2005년 3월 7일 확인)

이때의 27,700원을 적용하면 5,500c/s는 152,350천원이며 15회의 전재판매액은 2,285,250천원이다.

그러면 1회 전재량 평균수량이 5,500c/s임으로 이의 40%인 2,200c/s는 사료용으로 추정된다. 2,200c/s×12,000원=26,400천원. 60%인 3,300c/s는 3,300c/s×40,000원=132,000천원. 전체 c/s당 평균치는 (26,400+132,200)÷5,500c/s=28,800원이 된다.

총 어획은 5,500c/s×15회×28,800원=2,376,000천원이 추정액이 된다.

• 조업: 75일 • 입출항: 15일 • 정박: 23일 • 계: 113일

㉢ 2월~4월10일(69일)

조업 2일, 입항·출항 1일, 하역, 판매, 휴식, 1일 계4일. 입항지 통영. 입항회수 17회, 사료용이 많고 갈치, 조기, 병어 등이 약간 있다. 어획량은 1회에 4,000c/s~5,000c/s, 4,500c/s×17회=76,500c/s, 실제에 있어 2004년 2~4월 사이 75,960c/s, 금액 562,714천원, c/s당 평균 7,400원이다.(이 부분은 3월 9일 확인) 본선 선원 교체 및 수리로 입항시 4,000c/s~5,000c/s 적재, 판매 회수는 18회.

평균치로 집계하면 4,500c/s×7, 400원×18회=599,400천원

• 조업: 34일 • 입출항: 17일 • 정박: 17일

㉣ 수리 및 선원교체

(4월10일~5월30일, 50일)

② 어기

㉤ 6월~8월 (92일)

통영 등지의 입항이 주로 이루어지며 일반적으로 3~4일 간격이다. 조업 2일, 출입항 및 하역 1일 계 3일의 형태가 일반적이다. 모두 31회의 입항 판매의 실적. 1항 700c/s~1,200c/s, 가격 c/s당 5,500원~6,000원.

평균치로 집계하면 950c/s×5,750원×31회=169,337천원

실제로 2004년 7월~8월에 통영에서 20회 판매하였다. 6월에도 이런 수준으로 입항한 것으로 여기에서는 11회로 본다. 어종은 멸치, 풀치, 띠포리, 약간의 삼치 등이나 이러한 단기간에 걸친 어획의 판매에도 모두 냉동처리 된다. 약간의 선어를 제외하고는 대부분 사료용임으로 매입자가 어차피 냉동 보관하여 판매해야하니 먼저 선내냉동을 원하고 있다.

• 조업일: 62일 • 입항일수: 11일 • 정박: 30일

(4) 조업집계

㉠ 가동일수: 310일

㉡ 조업일수: 201일

㉢ 입출항항해일 43일 ※시간적으로 구별이 안 되어 약10일의 정박일과 겹치는 것을 고려해야 할 것임.

㉣ 정박: 76일

(5) 생산의 집계(평균치) 2003년 6월 1일 ~ 2004년 4월 9일

	금 액	생 산 량
㉠형	134,400천원	24,000c/s
㉡형	2,376,000천원	82,500c/s
㉢형	599,400천원	81,000c/s
㉤형	169,337천원	29,450c/s
계	3,279,137천원	216,950c/s

※ c/s당 15,115원 kg/756원

이상은 구술에 의한 것을 정리한 것으로 실제의 장부와는 약간의 차이가 있을 것으로 생각되나 큰 간격은 없을 것이다. 경영체의 손익계산서는 2004년의 12개월을 기준한 것을 받았으나 본고는 선원 교체 및 출어수리를 끝내고 초출어한 2003년 6월1일에서 조업 철망시인 2004년 4월9일까지를 1어기간으로 본 때문에 손익계산서상의 개별 항목의 수치와 일치하지 않을 것임. 이하 경비도 이에 준한다.

2) 경 비

(1) 직접경비: 1,720,415천원

① 연료: 814,297천원

경유: 283,237천원(4,644d/m × 60,990원)

벙커A: 477,330천원(7,930d/m × 60,193원)

LO기타: 53,730천원(199d/m × 270,000원)

② 포장비: 82,657천원(상자 및 카턴(박스))

상자: 78,752천원(216,950c/s×0.6×0.55×1,100원=78,752천원)

※ 이 중에서 상자 없이 냉동각으로 판매하는 것이 약 45%로 해당량은 58,576개가 된다.

카턴: 3,905천원(216,950×0.03×600원)

※ 사료용은 가턴을 쓰지 않고 동결팬에서 그냥 각으로 판매한다. 해당수량 78,607개

③ 수수료: 91,815천원(131,165천원)(4%)

( )의 금액은 총어획금액 3,279,137천원의 4% 해당액

※ 참고 3,279,137천원의 약 30%는 사매에 돌리는 때문에 2,295,395천원이 수수료 대상어획금액이 된다. 손익계산서상의 수수료도 이의 근사치로 91,516천원이 계상돼 있다.

④ 하역비: 151,856천원(151,856c/s×1,000원)

사매량 30%를 공제한 양이 하역비 지불 대상이며 216,950c/s의 70%는 151,856c/s이며 이 양이 하역비 대상이다.

⑤ 운반비: 67,500천원(4,500천원×15회)

⑥ 수리비: 231,732천원

선체수리비: 34,000천원(상가비용 등)

주기수리비: 73,265천원(219,796천원은 오버홀 가격이므로 1년의 수리비는 그 3분의 1이다.)

보기수리비: 34,354천원

냉동기수리비: 30,258천원

전기수리비: 13,891천원

무전기수리비: 32,507천원

도장비: 13,457천원

⑦ 어구비: 147,474천원

초출어시 어망 6통을 적재하나 그중에는 아직 계속 사용가능한 것이 3통이 있음. 1통/20,000천원, 연간 2~3통정도 수리 보충하는데 수리비가 상당이 높다. 이 수리비와 함께 와이어, 속구, net recorder 등의 비용이 포함된다.

⑧ 소모품비: 73,967천원(기관, 갑판 선용품 일체)

⑨ 주부식비: 59,112천원

부식: 41,610천원(30명×3,800원×365일)

쌀: 12,129천원(30명×6홉×365일=65,700홉)

65,700÷20kg/260홉×48,000원

5,373천원(53,739천원의 10% 해당액 추가공급 또는 위로용 기호식품 공급)

소계: 1,720,415천원

(2) 간접경비: 444,957천원

① 복리후생비: 6,125천원(상육비 등 기타)

② 보험: 142,908천원

선체보험: 66,611천원

선원보험: 53,373천원

국민연금: 13,548천원

의료보험: 9,376천원

③ 잡비: 55,000천원

현장의 접대 교제비 선원 휴식비 사고수습비 등

④ 사무통신비: 10,321천원

⑤ 일반관리비: 201,155천원(사무실 임차, 교통비, 임직원급료 등)

⑥ 차입금 이자: 6,500천원(100,000천원×6.5%)

⑦ 공과금: 22,948천원

소계: 444,957천원

(3) 임금: 762,739천원

① 생산장려금: A1형

394,610천원(3,279,137천원－151,856－91,815)×13%

② 월고정급: 251,389천원

15,060천원: 책임선장(1,255천원×1×12)

2,400천원: 추가지급(200천원×12)

29,740천원: 선장, 기관장(1,235천원×2×12)

14,700천원: 통신장(1,225천원×1×12)

24,600천원: 항해, 기관사(1,025천원×2×12)

23,880천원: 갑판, 조기장(995천원×2×12)

22,569천원: 1 갑원(940천원×2×12)

60,060천원: 일반선원(910천원×6×11)

58,740천원: 일반선원(890천원×6×11)

계: 22명

③ 상여금: 22,100천원

8,800천원: 추석(400천원×22명)

9,900천원: 설날(450천원×22명)

3,400천원: 기관장활동비(1,700천원×2)

④ 퇴직금: 21,640천원(1개월분)

⑤ 외국인: 73,000천원(1년차 2명, 2년차 6명)

14,400천원: 1년차 선원 600천원×12월×2명=50,400천원

2년차 선원 700천원×12월×6명

4,000천원: 상여금(500천원×8명)

4,200천원: 퇴직금(700천원×6명)

※ 월고정급에 각자 월 200천원을 첨가지급하고 있다 함.

3) 경비총계: 2,928,111천원

① 직접경비: 1,720,415천원

② 간접경비: 444,957천원

③ 임 금: 762,739천원

4) 손 익

① 어획대금: 3,279,137천원

② 경비총액: 2,928,111천원

③ 손 익: 351,026천원(감가상각 유보시)

※ 선가 4,300,000천원, 감가상각 정율 10년

어업이익률: 10.7%

5) 경영지표

① 어획고에 대한 이익률: 10.7%

② 어획고에 대한 총경비의 비율: 89.3%

③ 어획고에 대한 직접경비의 비율: 52.5%

④ 어획고에 대한 간접경비의 비율: 13.7%

⑤ 어획고에 대한 임금의 비율: 23.2%

⑥ 어획고에 대한 연료의 비율: 24.8%

⑦ 총경비에 대한 임금의 비율: 26.0%

⑧ 총경비에 대한 연료의 비율: 27.8%

⑨ 직접경비에 대한 연료비의 비율: 47.3%

조업상황의 분석

① 가동일수에 대한 조업일수의 비율: 64.8%

② 가동일수에 대한 입출항 항해일수의 비율: 13.8%

③ 가동일수에 대한 정박일수의 비율: 24.5%

④ 가동일수 1일당 어획량: 699.8c/s(13,996kg)

⑤ 조업일수 1일당 어획량: 1,079.6c/s(221,592kg)

⑥ 조업일수 1일당 어획금액: 16,314천원

⑦ 가동기간의 월간 어획량(10.3개월): 21,063c/s

⑧ 가동기간의 월간 어획금액: 318,362천원

⑨ 기관운전 1일당 연료소비량: 51.5d/m

※ 기관운전일은 조업일과 입출항 항해일을 말함

⑩ 선박 1톤당 어획량(139톤×2): 780c/s(15,600kg)

⑪ 기관마력당 어획량

(1300×2, 240×4, 3,560마력) 60.7c/s(1,214kg)

⑫ c/s당 금액: 15,114원(kg/755원)

6) 임금 분배의 내용

〈표 1-8〉에서 생산장려금의 직급별 분배율을 제시한바 있거니와 이 표의 율은 고정급, 상여금, 퇴직금, 등은 해당되지 않는다. 30명에 대한 전원의 수령사항을 기재하기에는 그 의의가 약함으로 주요간부와 하급선원의 경우를 예시하기로 한다. 먼저 총인분수(總人分數)의 최고치와 최하치는 21.8인분과 18.7인분이나 실제 개인별 해당률은 작업의 기여도, 성실도 등을 참작하여 간부회에서 결정한다. 본란에서는 편의상 최하치 18.7인분을 기준하여 작성해본다.

대상금액은 394,610천원으로 1인분은 21,102천원이다. 이에 의하여 직급별생산장려금과 고정급, 상여 퇴직금 등 총 수령액을 추정 산정해 보았다. 한편 고정급과 생산장려금의 합계액 645,999천원을 선원수(내국인에 한함)로 나눈 수치를 선원 평균임금으로 한다면 29,363천원이 된다.

〈표 1-11〉 직급별 수령총액

(단위: 천원)

직 급	분배율	생산장려금	고정급	상여 퇴직금	합 계	월 액
책임선장	3인분	63,306	15,060	3,460	81,826	6,818
선장	2.6인분	54,865	14,820	3,460	72,935	6,077
기관장	2.6인분	54,865	14,820	5,180	74,665	6,222
통신장	2.5인분	52,755	14,700	2,175	69,630	5,802
항해사	1.8인분	37,983	12,300	1,975	52,258	4,355
갑판장	1.5인분	31,653	11,940	1,945	45,538	3,794
선원 (갑)	1.2인분	25,322	11,280	1,890	38,492	3,207
선원 (을)	0.8인분	16,881	10,010	1,860	28,751	2,613

※월액은 선원(을)은 11개월, 그 외는 12개월간의 월액이다.

이 표를 볼 때 합계액에 있어 책임선장이 가장 높고 다음이 기관장이나 이에는 활동비로서 청산시 1,700천원을 지급하고 있기 때문에 종선선장보다 약간 높다. 이것은 기관장에 대한 배려를 의미하며 구인난을 말하는 것이다. 책임선장의 경우 월 6,818천원에 대하여 하급선원은 2,613천원의 꼴이나 이는 최하급의 경우이고 일반적으로 1인분을 받는 경우의 인원이 많을 것이니 이때는 월 3,267천원은 된다. 고된 중노동에다 불안전한 해상노동이지만 타 산업의 경우에 비하여 크게 차이는 나지 않는 것 같다.

2. 경영체 (B)의 경우

1) 생산

(1) 선박 제원

선체: 139톤×2
주기: 1300마력×2
보기: 240마력×4
냉동기: 42B×4
선령: 83년 건조

(2) 인 원

주선: 14명, 종선: 13명
계: 27명에 외국선원 8명

(3) 조업상황: 6월15일→5월15일(11개월)

① 어기 6월 16일~9월 20일까지 97일간(부산 입항 3일)

풀치, 깡치(조기새끼), 갈치 등이 주 어획물이고 월 3회 정도 전재한다. 조업 5일, 입출항 1일, 전재 하역 및 휴식 1일, 계7일. 기관정비관계로 부산 입항 1회, 조업 4일 입출항 2일, 판매 하역 및 수리정비 1.5일, 계 7.5일. 전재회수 13회, 부산 입항판매 1회, 판매회수 14회이나 부산 판매는 기관고장의 긴급입항이므로 판매량은 4,000c/s로 준다. 1회 전재량 5,000c/s~6,500c/s. 가격 c/s당 17,000원~18,000원. 전재항은 제주, 서귀포, 성산포. 이때의 사료용의 비율은 약 65% 수준. 전체의 40%는 팬 동결의 각으로, 30%는 카턴, 30%는 상자로 판다.

※ 평균 5,750c/s×17,500원×13회=1,308,125천원
4,000c/s×17,500원=70,000천원
계: 1,378,125천원

• 조업: 69일 • 입출항: 15일 • 정박: 14일 • 계: 98일

※ 제품의 내용
(5,750c/s×13회+4,000개)×65%=51,187개 — 사료용
78,750c/s×40%=31,500c/s — 각 제품 (non carton)
78,750c/s×30%=23,625c/s — 카턴제품
78,750c/s×30%=23,625c/s — 상자제품

② 어기 9월 21일~12월 31일까지(102일, 상가수리 4일 포함)

어획물은 좀 자란 갈치, 조기, 삼치, 기타. 월 3~4회의 전재. 1회 전재량 5,000c/s~6,000c/s. 사료용 40%. c/s당 25,000~26,000원. 조업 5일, 입출항 1일, 하역 전재 및 휴식 1.5일 계 7.5일로 전재회수는 모두 12회.

11월에 상가를 위하여 부산에 입항하며 이때도 5,000~6,000c/s를 싣고 들어간다. 조업 5일, 입출항 2일, 하역 판매 1일, 상가 수리 4일, 계 13일이 추정된다.

※ 5,500c/s×25,500원×12회=1,683,000천원
5,500c/s×25,500원=140,250천원 — 상가입항시
계: 1,823,250천원(71,500c/s)

• 조업: 65일 • 입출항: 14일 • 정박: 23일 • 계: 102일

※ 제품내용
71,500c/s×40%=28,600c/s — 사료용
28,600c/s×5%=1,430c/s — 사료용 카턴사용
28,600c/s×95%=27,170c/s — 각 제품(non carton)
71,500c/s×60%=42,900c/s — 일반어류

42,900c/s×50%=21,450c/s — 상자제품

42,900c/s×20%=8,580c/s — 카턴제품

42,900c/s×30%=12,870c/s — 각 제품 (non carton)

③ 어기 1월 1일~3월 31일(90일)

어획물은 삼치, 멸치, 풀치, 떠포리 등이며 사료용이 60%를 넘는다. 월 3회 정도의 전재를 할 수 있다. 조업 8일, 입출항 1일, 하역전재 및 휴식 1.5일 계 10.5일. 전재회수는 9회가 된다. 1회 전재에 4000c/s~5,000c/s. 어가는 c/s 당 2만원. 어장이 추자, 거문도, 초도를 둘러싸고 있어 이 때 다른 배들은 통영 등지에 입항 판매하나 이 배는 운반선 전재를 한다.

조업: 68일, 입출항: 9일, 정박: 13일

계: 90일

※ 4,500c/s×20,000원×9회=810,000천원

※ 이를 경우 조업은 금지구역 내임으로 주간조업을 하지 않아 2~3일 간격으로 입항하여 하역 후 다시 출항 하는 것을 반복하는 것이 일반적이나 이배의 경우는 그렇게 하지 않는다는 것을 강조하고 있다.

※ 제품내용

40,500c/s×65%=26,325c/s — 사료용

26,325c/s×5%=1,317c/s — 사료용 카턴사용

26,325c/s×95%=25,009c/s — 각 제품(non carton)

40,500c/s×35%=14,175c/s — 일반어류

14,175c/s×10%=1,417c/s — 일반어류카턴제품

14,175c/s×90%=12,757c/s — 상자제품

④ 어기 4월 1일~5월 15일(45일)

어장과 어획물은 상기에 준하며 전재는 월 1.5~2회. 전재량도 상기에 준한다. 어장이동이 광범위 해져 제주 남방까지 왔다 갔다 할 때가 있다. 조업 7일, 입출항 1일, 하역 전재 및 휴식 1.5일, 계 9.5일. 부산입항시는

조업 6일, 입항 1일, 계 7일. 전재회수 4회, 부산판매 1회, 판매 5회. 철망을 위하여 부산 입항을 한다. 이때 1회판매가 있다.

4,500c/s×20,000원×5회=450,000천원

조업: 34일, 입출항: 5일, 정박: 6일

계: 45일

※ 제품내용

4,500c/s×5회=22,500c/s

22,500c/s×65%=14,625c/s — 사료용

14,625c/s×5%=732c/s — 사료용 카턴사용

14,625c/s×95%=13,893c/s — 각 제품(non carton)

22,500c/s×35%=7,875c/s — 일반어류

7,875c/s×10%=787c/s — 일반어류카턴제품

7,875c/s×90%=7,088c/s — 상자제품

이상의 어기에 있어 어장은 "Ⅲ 쌍끌이의 현황, 4어장"을 참작바람.

※ 별첨 대형기저조업해구도〔1〕을 참조바람

(4) 생산의 집계

① 1,378,125천원(78,750c/s)

② 1,823,250천원(71,500c/s)

③ 810,000천원(40,500c/s)

④ 450,000천원(22,500c/s)

계: 4,461,375천원(213,250c/s, 4,265m/t)

※ c/s당 가격 20,920원, kg/1,046원

사매는 없다는 장담이다.

213,250c/s 중 사료용 어획물은 120,937c/s로 전체의 57%에 해당된다.

(5) 선박운항의 분석

① 가동일수: 335일(11개월)

② 조업: 236일

③ 입출항: 43일 (이 때의 1일은 24시간이 아닐 수도 있음)

④ 정박: 56일 (정박중에도 보기는 풀가동 중임)

2) 경 비

(1) 직접경비 2,714,880천원

① 연료: 1,096,716천원

경유: 381,323천원(6,045d/m, d/m당 63,080원)

B/A: 643,964천원(11,716d/m, 54,965원)

LO: 71,429천원(264d/m, 270,000원)

② 포장비: 94,144천원(상자 및 카턴)

상자: 64,920개×1,100원=71,412천원

카턴: 37,888개×600원=22,732천원

각: 110,442개

계: 213,250개, 94,144천원

③ 수수료: 176,653천원

10,208천원: 부산입항분 300,250천원×3.4%

166,445천원: 마산입항분 4,161,125천원×4%

※ 사매가 없으므로 상대적으로 수수료 지불이 증가한다.

④ 하역비: 213,250천원

213,250개×1,000원

※ 사매가 없기 때문에 하역비가 높다.

⑤ 운반비: 190,000천원(5,000천원×38회)

⑥ 수리비: 554,421천원

기관: 212,100천원

기관 수리비 주기: 153,000천원

보조기수리비: 29,900천원

냉동기수리비: 29,200천원

선체: 342,321천원

※ 본선은 2003년에 인수하여 많은 보수와 시설개수를 하고 철저한 정비로 어로에 임하는 경영자의 의지가 반영되어 수리비가 일반적인 경우와 비교하여 상당히 높은 편이다.(고정자금부분이 고려되지 않음)

⑦ 어구비: 281,233천원

※ 기본적으로 6통을 싣고 조업 중 그물 손상으로 3~4통은 그 때마다 운반선에 의하여 부산에 반입되어 수리한다. 이 수리비가 매우 높다. 그물 1통의 값은 23,000천원이며 출어시에 3통을 신품으로 적재하며 3통은 사용하던 것을 적재하는데 조업중의 반입 수리비가 신품에 맞먹는 값이 되어 큰 비중을 차지한다. 또한 끌줄 와이어 6환, 목줄 3환 정도가 보충된다.

⑧ 소모품(선구품): 45,197천원

⑨ 주부식비: 63,266천원

부식: (27명+8명)×3,800원×335일=44,555천원

쌀: 35×6홉×335일=70,350홉

70,350÷20kg/260홉×48,000원=12,960천원

추가공급: 주부식비의 10% 5,751천원

(2) 간접경비: 495,277천원

① 복리후생비: 66,887천원

※ 손익계산서상의 130,153천원 중에서 주부식비 63,266천원을 뺀 금액을 복리후생비로 보았다.

② 보험: 155,000천원

선체보험: 92,000천원

선원공제: 38,000천원

국민연금: 15,000천원

의료보험: 10,000천원

③ 잡비: 65,000천원

※ 조업 중의 선원 회식비, 사고수습비, 교제비외 일체의 잡비성 지출.

④ 사무통신비: 10,000천원

⑤ 일반관리비: 120,000천원(사무실 임차료, 교통비, 임직원급료)

⑥ 차입금이자: 29,500천원

영어자금: 200,000천원×3.5%=7,000천원

일반자금: 250,000천원×9%=22,500천원

⑦ 공과금: 48,890천원

※ 제세공과금과 각종보험금을 합쳐 203,890천원을 계상한 것 중에서 보험료 155,000천원을 제한 금액을 제세공과금으로 보았다.

(3) 임금: 963,171천원

① 생산장려금: 529,291천원

(4,461,375천원-213,250-176,653)×13%

② 월고정급: 325,490천원

15,060천원: 책임선장(1,255천원×1×12)

24,000천원: 추가지급(2,000천원×12)

29,740천원: 선장, 기관장(1,235천원×2×12)

14,700천원: 통신장(1,225천원×1×12)

24,600천원: 항해사, 기관사(1,025천원×2×12)

23,880천원: 갑판장, 조기장(995천원×2×12)

45,120천원: 1 갑원, 기원(940천원×4×12)

70,070천원: 일반선원(갑)(910천원×7×11)

78,320천원: 일반선원(을)(890천원×8×11)
계: 27명

③ 상여금: 26,350천원
10,800천원: 추석(400천원×27명)
12,150천원: 설날(450천원×27명)
3,400천원: 기관장활동비(1,700천원×2)

④ 퇴직금: 26,240천원(1개월분)

⑤ 외국인: 55,800천원(1년차 6명, 2년차 1명)
43,200천원: 1년차 선원(600천원×12월×6명)
8,400천원: 2년차 선원(700천원×12월×1명)
3,500천원: 상여금(500천원×7명)
700천원: 퇴직금(700천원×1명)

3) 경비 총계: 4,173,458천원

① 지접경비: 2,714,880천원
② 간접경비: 495,277천원
③ 임　　금: 963,301천원

4) 손 익

① 어획대금: 4,461,375천원
② 경비총액: 4,173,458천원
③ 손　　익: 287,917천원
※ 감가상각 유보, 선가 45억, 10년 정율
어업이익률 6.5%

5) 경영지표

① 어획고에 대한 총경비의 비율: 93.6%
② 어획고에 대한 직접경비의 비율: 60.9%
③ 어획고에 대한 간접경비의 비율: 11.1%
④ 어획고에 대한 임금의 비율: 21.6%
⑤ 어획고에 대한 연료의 비율: 24.6%
⑥ 총경비에 대한 임금의 비율: 23.1%
⑦ 총경비에 대한 연료비의 비율: 26.3%
⑧ 직접경비에 대한 연료비의 비율: 40.4%

조업상황의 분석

① 가동일수에 대한 조업일수의 비율: 70.4%
② 가동일수에 대한 입출항 항해일수의 비율: 12.8%
③ 가동일수에 대한 정박일수의 비율: 16.7%
④ 가동일수 1일당 어획량: 636.5c/s(12,730kg)
⑤ 조업일수 1일당 어획량: 903.6c/s(18,072kg)
⑥ 조업일수 1일당 어획금액: 18,904천원
⑦ 월간 어획량: 19,386c/s
⑧ 월간 어획금액: 405,579천원
⑨ 기관운전 1일당 연료소비량: 63.6d/m
※ 기관운전일은 조업일과 입출항 항해일을 말함
⑩ 선박 1톤당 어획량(139톤×2): 767c/s(15,340kg)
⑪ 기관마력당 어획량(1,300×2, 240×4, 3,560마력): 59.9c/s(1,198kg)
⑫ c/s당 평균금액: 20,920원(kg/1,046원)

6) 임금분배의 내용

〈표 1-8〉에서 생산장려금의 직급별 분배율을 제시한바 있거니와 이 표

의 내용은 여기에도 해당되며 고정급, 상여금, 퇴직금 등은 해당되지 않는다. 27명에 대한 전원의 수령사항을 기재하기에는 그 의의가 약하므로 주요간부와 하급선원의 경우를 예시하기로 한다.

먼저 총인분수(總人分數)의 최고치와 최하치는 21.8인분과 18.7인분이나 실제 개인별 해당율은 작업의 기여도, 성실도 등을 참작하여 간부회에서 결정한다. 본란에서는 편의상 최하치 18.7인분을 기준하여 작성해 본다. 따라서 각 직급별 배분율도 최하치를 적용하게 된다.

대상금액은 생산장려금 529,421천원으로 1인분은 39,509천원이다. 이에 의하여 직급별생산장려금과 고정급, 상여 퇴직금 등 총 수령액을 추정산정해 보았다. 고정급과 생산장려금의 합계액 854,781천원을 내국인수로 나눈 금액을 평균 임금으로 하면 31,658천원이 된다.

〈표 1-12〉 직급별 수령총액

(단위: 천원)

직 급	분배율	생산장려금	고정급	상여 퇴직금	합 계	월 액
책임선장	3인분	84,933	15,060	3,460	103,453	8,621
선장	2.6인분	73,608	14,820	3,460	91,880	7,657
기관장	2.6인분	73,608	14,820	5,180	93,608	7,800
통신장	2.5인분	70,777	14,700	2,175	74,422	6,201
항해사	1.8인분	50,959	12,300	1,975	65,234	5,436
갑판장	1.5인분	42,466	11,940	1,945	56,351	4,095
선원 (갑)	1.2인분	33,973	11,280	1,890	47,143	3,928
선원 (을)	0.8인분	22,648	10,010	1,860	34,518	3,138

※ 고정급의 선원(을)은 11개월분, 그 외는 12개월분으로 월액도 이에 준한다.

이 표를 볼 때 합계액에 있어 책임선장이 가장 높고 다음이 기관장이나 이에는 활동비로서 청산시 1,700천원을 지급하고 있기 때문에 종선선장보다 약간 높다. 이것은 기관장에 대한 배려를 의미하며 구인난을 말하는 것이다.

책임선장의 경우 월 11,420천원에 대하여 최하급선원은 3,952천원의 꼴이나 이는 최하급의 경우이고 일반적으로 1인분을 받는 경우 선원(갑)의 인원이 많을 것이니 이때는 월 5,048천원은 된다. 고된 중노동에다 불안전한 해상노동이지만 타 산업의 경우에 비하여 크게 뒤지는 것 같지는 않다. 문제는 어획고 44억원에 대한 이익률이 감가상각유보에도 불구하고 불과 6.4%에 지나지 않는 것은 연료 값을 비롯하여 직접경비의 지출이 과대함을 말하며 앞으로 유가가 상승하면 어가의 비례적 상승 없이는 이 어업에는 사활적 요인이 될 것이다.

3. 경영체 (C)의 경우

1) 생산

(1) 선박 제원

선체: 134톤×2
주기: 1,100마력×2
보기: 267마력×4
냉동기: 42B×4

(2) 인 원

주선: 14명, 종선: 13명
계: 27명에 외국선원 8명

(3) 조업상황: 2003년 5월6일→2004년 5월15일(12개월)

전기 경영체 (B)의 경우와 어장은 거의 같으나 특이한 것은 (B)는 남쪽 어장조업이 많은 편이라 전적으로 운반선에 의존하였으나 이 (C)의 경우는 어장이 가까워 통영, 부산에 본선이 직접 입항하는 회수가 많고 운반선 회수가 상대적으로 적다. 운반선 전재회수는 18회, 통영 입항이 10회, 부산 입항이 4번이다.

참고로 경영체 A, B, C의 운반선 전재와 본선입항 회수를 비교해보자.

선박	전재	본선입항
A	32회	62회
B	38회	3회
C	18회	14회

※ 본선입항이란 직접 부산, 여수, 통영, 마산 등 판매항에 입항하는 것. 그리고 전재물의 판매도 부산보다는 상기의 타지가 많다.

① 어기 5월6일~9월30일(148일)

풀치, 깡치(조기새끼), 갈치 등이 주 어획물이고 월 3회 정도 전재 또는 입항판매 한다. 조업 8일, 입출항 1일, 전재 하역 및 휴식 1일, 계 10일. 1회 판매량은 4,500~5,000c/s, c/s당 평균 9,000원. 전재회수 5회, 본선입항 11회(통영 또는 부산). 어장은 제주와 남해안 사이.

② 어기 10월1일~12월31일(92일, 상가수리 4일 포함)

어획물은 좀 자란 갈치, 조기, 삼치, 기타. 월 2~3회의 선재. 1회 전재량 5,000c/s~6,000c/s. 사료용 40%. c/s당 25,000~26,000원. 조업 9일, 입출항 1일, 하역 전재 및 휴식 1.5일 계 11.5일로 전재 회수는 모두 7회. 9월 하순에 상가를 위하여 부산에 입항하며 이때도 5,000~6,000c/s를 싣고 들어간다. 조업 10일, 입출항 2일, 하역 판매 1일, 상가 수리 4일, 계 17일이 추정된다. 본선 입항 1회.

③ 어기 1월1일~5월4일(124일)

어획물은 삼치, 멸치, 풀치, 띠포리 등이며 사료용이 60%를 넘는다. 월 2~3회 정도의 전재를 할 수 있다. 조업 10일, 입출항 1일, 하역전재 및 휴식 1.5일, 계 12.5일. 1월에 상가를 겸해 부산에 입항한다. 조업 10일, 입항 1일, 하역 판매 상가 4일, 출항 1일 계 16일 소요. 5월4일 철망을 위해 부산 입항. 조업 10일, 입항 1일, 하역 1일 계 12일. 전재 6회, 본선입항 4회 판매회수는 10회가 된다. 1회 전재에 4,000c/s~ 5,000c/s. 어가는 c/s 당 20,000원. 어장이 추자, 거문도, 초도를 둘러싸고 있어 이 때 통영 등지에 입항판매가 주로 이루어진다.

(4) 생산의 집계

① 684,000천원: 76,000c/s(9,000원)
② 1,122,000천원: 44,000c/s(25,500원)
③ 900,000천원: 45,000c/s(20,000원)
계: 2,706,000천원: 165,000c/s, 3,300m/t

※ 1. c/s당 평균가격 16,400원, kg/820원.
2. 사매는 없다고는 하나 20~30%를 수긍하고 있음.
3. 165,000c/s의 포장별 내역을 추산하면 다음과 같다.
1) 76,000c/s×65%=49,400c/s(사료용)
이중 냉동각: 41,990c/s (non carton)
상자: 2,470c/s
카턴: 4,940c/s
일반어류: 26,600c/s
상자: 14,630c/s
카턴: 3,990c/s
냉동각: 7,980c/s (non carton)
2) 44,000c/s×40%=17,600c/s(사료용)
이중 냉동각: 16,720c/s (non carton)
카턴: 880c/s
일반어류: 26,400c/s
상자: 11,880c/s
카턴: 3,960c/s
냉동각: 10,560c/s (non carton)
3) 45,000c/s×55%=24,750c/s(사료용)
이중 냉동각: 22,275c/s (non carton)

카턴: 2,475c/s
일반어류: 20,250c/s
상자: 9,112c/s
카턴: 3,038c/s
냉동각: 8,100c/s

4) 종류별 포장별 집계
사료용: 91,750c/s
일반어류: 73,250c/s
냉동각: 107,625c/s
목상자: 38,092c/s
카턴: 19,283c/s

(5) 선박운항의 분석

① 가동일수: 365일
② 조업: 301일
③ 입출항: 27일
※ ②③의 1일은 시간적 계산이 아니므로 참작이 필요하다.
④ 정박: 37일
※ 정박중에도 보기는 풀가동 중임

2) 경비총액: 2,833,742천원

(1) 직접경비 1,767,184천원

① 연료: 795,581천원
경유: 10,285d/m
LO: 51,712천원 191d/m
② 포장비: 59,470천원
목상자: 38,092개×1,100원
카턴: 29,283개×600원

③ 수수료: 73,062천원 165,000c/s×32.5%=53,625c/s 사매분.

(165,000−53,625)×16,400원=1,826,550천원

1,826,550천원×4%=73,062

④ 하역비: 111,375천원

⑤ 운반비: 90,000천원

⑥ 수리비: 354,800천원

선체: 189,300천원

기관 주기: 122,000천원

보기: 21,000천원

냉동: 22,500천원

⑦ 어구비: 179,524천원

신망: 92,000천원

수리: 56,000천원

와이어 등: 31,524천원

⑧ 소모품: 36,382천원

⑨ 주부식비: 66,990천원

부식: (27명+7명)×3,800원×365일=47,158천원

쌀: 34명×6홉×365일=74,460홉

74,460÷20kg/260홉×48,000원=13,742천원

추가공급: 기호식품 등 주부식비의 10%, 6,090천원

(2) 간접경비: 335,195천원

① 복리후생비: 13,340천원

② 보험: 117,000천원(선체공제 56,000천원)

선원공제: 41,000천원

국민・의료: 20,000천원

③ 잡비: 35,000천원

※ 조업 중의 선원 회식비, 사고 수습비, 교제비외 일체의 잡비성 지출.

④ 사무통신비: 10,000천원

⑤ 일반관리비: 80,000천원(사무실 임차료, 교통비, 임직원급료)

⑥ 차입금이자: 29,500천원

영어자금: 200,000천원×3.5%=7,000천원

일반자금: 250,000천원×9%=22,500천원

⑦ 공과금: 50,355천원

※ 제세공과금과 각종보험금을 합쳐 147,355천원을 계상한 것 중에서 선원 및 선체공제 97,000천원을 제한 금액을 제세공과금으로 보았다.

(3) 임금: 751,590천원

① 생산장려금 327,600천원

(2,706,000천원−111,938−74,062)×13%

② 고정급 315,600천원

15,060천원: 책임선장(1,255천원×1×12)

24,000천원: 추가지급(2,000천원×1×12)

29,640천원: 선장, 기관장(1,235천원×2×12)

14,700천원: 통신장(1,225천원×1×12)

24,600천원: 항해사, 기관사(1,025천원×2×12)

23,880천원: 갑판장, 조기장(995천원×2×12)

45,120천원: 1 갑원, 기원(940천원×4×12)

70,070천원: 일반선원(910천원×7×11)

68,530천원: 일반선원(890천원×7×11)

계: 26명 　*선원1명결원중

③ 상여금: 26,350천원

10,800천원: 추석(400천원×27명)

12,150천원: 설날(450천원×27명)

3,400천원: 기관장활동비(1,700천원×2)

④ 퇴직금: 26,240천원(1개월분)

⑤ 외국인: 55,800천원(1연차 6명 2연차 1명)

43,200천원: 1연차 선원(600천원×12월×6명)

8,400천원: 2연차 선원(700천원×12월×1명)

3,500천원: 상여금(500천원×7명)

700천원: 퇴직금(700천원×1명)

3) 경비총계: 2,853,969천원

① 직접경비: 1,767,184천원

② 간접경비: 335,195천원

③ 임금: 751,590천원

4) 손 익

① 어획대금: 2,706,000천원

② 총경비: 2,853,179천원

③ 손익: −147,179천원

어업이익률: −5.4%

5) 경영지표

① 어획고에 대한 총경비의 비율: 105.4%

② 어획고에 대한 직접경비의 비율: 65.4%

③ 어획고에 대한 간접경비의 비율: 12.4%

④ 어획고에 대한 임금의 비율: 27.7%

⑤ 어획고에 대한 연료비의 비율: 29.4%

⑥ 총경비에 대한 임금의 비율: 26.5%

⑦ 총경비에 대한 연료비의 비율: 28.1%

⑧ 직접경비에 대한 연료비의 비율: 44.9%

조업상황의 분석

① 가동일수에 대한 조업일수의 비율: 82.4%

② 가동일수에 대한 입출항 항해일수의 비율: 9.6%

③ 가동일수에 대한 정박일수의 비율: 10.1%

④ 가동일수 1일당 어획량: 452.0c/s(12,730kg)

⑤ 조업일수 1일당 어획량: 548.1c/s(18,072kg)

⑥ 조업일수 1일당 어획금액: 8,990천원

⑦ 월간 어획량: 13,750c/s

⑧ 월간 어획금액: 225,500천원

⑨ 기관운전 1일당 연료소비량: 33.5d/m

※ 기관운전일은 조업일과 입출항 항해일이며 사간은 24시간을 말함

⑩ 선박 1톤당어획량(134톤×2): 615.6c/s(12,312kg)

⑪ 기관마력당 어획량(1,100×2, 240×4, 3,160마력): 52.2c/s(1,044kg)

⑫ c/s당 금액: 16,400원(kg/820원)

6) 임금분배의 내용

〈표 1-8〉에서 생산장려금의 직급별 분배율을 제시한바 있거니와 이 표의 율은 고정급, 상여금, 퇴직금, 등을 제외한 생산장려금에만 해당된다.

27명에 대한 전원의 수령사항을 기재하기에는 그 의의가 약함으로 주요간부와 일부직급의 경우를 예시하기로 한다.

먼저 총인분수(總人分數)의 최고치와 최하치는 21.8인분과 18.7인분이나 실제 개인별 해당율은 작업의 기여도, 성실도 등을 참작하여 간부회에서 결정한다.

본란에서는 편의상 18.7인분을 기준하여 작성해본다. 따라서 각 직급별 배분율도 최하치를 적용하게 된다. 대상금액은 생산장려금 327,600천원이며 1인분은 17,518천원이다. 이에 의하여 직급별생산장려금과 고정급, 상여 퇴직금 등 총수령액을 추정 산정해 보았다.

한편 생산장려금과 고정급의 합계를 내국인수로 나눈 금액을 선원 1인

당 평균임금으로 볼 때 24,708천원이다.

〈표 1-12〉 직급별 수령총액

(단위: 천원)

직 급	분배율	생산장려금	고정급	상여 퇴직금	합 계	월 액
책임선장	3인분	52,554	15,060	3,460	71,074	5,923
선장	2.6인분	45,546	14,820	3,460	63,826	5,319
기관장	2.6인분	45,546	14,820	5,180	65,546	5,462
통신장	2.5인분	43,795	14,700	2,175	60,670	5,055
항해사	1.8인분	31,532	12,300	1,975	45,807	3,817
갑판장	1.5인분	26,777	11,940	1,945	40,162	3,346
선원 (갑)	1.2인분	21,021	11,280	1,890	34,191	2,849
선원 (을)	0.8인분	14,014	10,010	1,860	25,884	2,353

※ 고정급의 선원(을)은 11개월분, 그 외는 12개월분이며 월액도 이에 준한다.

개인별 임금의 합계액에서 책임선장의 생산장려금은 73.9%, 고정급은 21.2%, 기관장은 64.1%와 22.6%를 나타내고 있다. 선원(갑)은 61.5%, 32.9%, 선원(을)은 54.1%, 38.6%를 점하고 있다. 이는 고급선원은 생산장려금의 비중이 높고 하급선원일수록 고정급의 비율이 높음을 나타내고 있음을 알 수 있다. 개별 임금의 합계에서 책임선장은 선원(을)의 0.5배에 달하나 이러한 기조는 전기 A, B에 있어서도 같은 경향을 보이고 있다. 요는 어획고에 따라 개별 해당 임금의 높낮이가 다를 뿐 분배의 원칙은 그 흐름을 같이 하고 있음을 알 수 있다.

책임선장의 경우 월 5,923천원에 대하여 최하급선원은 2,353천원의 꼴이나 이는 최하급의 경우이고 일반적으로 1.2인분을 받는 선원(갑)의 인원이 많을 것이니 이때는 월 2,849천원은 된다. 전기 B에 비하면 낮은 편이나 일반적 노무자와는 좀 다른 점이 있는 것 같다.

문제는 어획고 27억원에 대한 이익률이 감가상각유보에도 불구하고 손익에서 적자를 시현하고 있는 점이다. 연료 값을 비롯하여 직접경비의 지출이 과대함에도 불구하고 어획이 이를 커버하지 못 한다. 그러니 어획에서 고급어종을 의식하지 않는 것은 아니나, 하질 품의 다량어획이라도 하여 생산하지 않을 수 없다는 딱한 현실을 말하는 것이다. 앞으로 유가가 현재보다 더 상승하면 경영압박은 일층 가중될 것이 예상된다. 어획부진을 극복하기 위한 시설·성능의 고도화와 경비 및 임금의 상승은 결국 어업질서의 문제와 직결되어 어업경영의 악순환을 거듭할 따름이다.

V | 경영체별 실태의 비교

우리는 세 경영체의 어선운영상황을 보았다. 가장 놀라운 것은 쌍끌이의 기관마력과 어망의 극대화이며 이에 따라 무제한적 어장선택과 어법의 제도적 개념기준 이탈의 현상이다.

즉 조업구역의 이탈과 연안근접 조업이 일반화되고 대상 어종의 다양화 즉 법에 명시된 "저인망으로 수산동물을 어획하는 어법"이 무용지 규제가 되어 어망은 전기 'Ⅲ 쌍끌이의 현황' '6 어구문제'에서 지적한바 저층이 아닌 표·중층어를 주대상으로 하는 어망의 개발로 조업수층이 약 10년 전의 개념과 완전히 달라져 중층과 표층을 인망하는 어법이 된 것이다. 이는 곧 조업수역의 변화를 의미하며 타 어업과의 마찰과 자원이용의 양태를 바뀌게 하는 형상이 되었고 전면적 제도의 조정이 불가피하게 된 것을 뜻하는 현상이 노출된 것이다.

이런 상황에서 전기의 경영체 A, B, C의 조업 상황을 비교분석하여 그 대책의 기초적 자료로 삼게 하려는 것이다.

1. 선박제원의 비교

〈표 1-13〉 대상선박의 제원 비교

구분	톤수	마력		최고적재량	선령
		주기	보기		
A	139톤×2척	1300마력×2척	240마력×2척×2대	7,000c/s	8년
B	139톤×2척	1300마력×2척	240마력×2척×2대	7,000c/s	8년
C	134톤×2척	1100마력×2척	267마력×2척×2대	6,500c/s	14년

선박 규모에 있어서는 C가 약간 작으나 3척 모두 비슷하다. 척당 주기에 있어서는 A, B는 같으나 C가 200마력이 낮다. 대신 보기는 오히려 C가 높다.

A, B는 각각 마력 총량이 3,560마력이며 C는 3,268마력이나 주기마력의 총량 비교에서 400마력이 낮다. 이 마력의 차이가 어획고에 영향을 갖는지 관심이 간다. 선령은 8년~14년 사이로 아직 장령 층에 속한다. 그러나 14년의 C는 어획고에서 A와 B에 뒤진다.

2. 어 장

선박별로 약간의 차이는 있으나 어장의 범위는 대략 다음과 같다.

9월~5월 사이에 제주와 남해안 사이에서 조업이 많이 이루어진다. 해구를 표기하면 210, 211, 213, 214, 104, 105, 110, 224, 223, 222, 221, 220해구가 해당된다. 편의상 이 어장의 범위를 '북쪽 어장'이라 칭하겠다. 이들 해구는 완전한 금지구역 내이다. 주 대상 어종은 삼치, 멸치, 풀치, 띠포리 등이며 사료용이 대부분이다. 뿐만 아니라 치어도 많이 혼획(混獲)될 것이다. 날개그물의 망목이 6.4m에서 12m까지 확대하였다고는 하지만 이것은 치어 어획과는 상관없는 일이다.

이와 다른 어장은 6월~8월 사이 제주 남쪽의 493해구를 중심으로 494, 492, 491, 461, 462, 463, 464, 465, 251, 252, 253해구의 "한·일중간수역"과 "중·일잠정조치수역" 및 "중국측과도수역"을 범하지 않는 범위의 해역이며 제주 한림항까지 5~6시간의 거리이다. 주로 조기, 병어, 갈치 등이 대상이다. 편의상 이 어장의 범위를 남쪽어장이라 칭하겠다. 요는 이러한 범위에서 남북으로 이동이 심한 배와 전기 북쪽 어장에 중점을 두어 조업하는 2종류의 형태를 추정할 수 있다.

전기 B선은 남북의 왕복이 좀 더 많은 편으로 이는 기민한 어황정보에 따라 신속한 어장이동으로 고가 어종 어획을 꾀하는 뜻도 있다.

이를 반증하는 것이 kg당 어가에서 B는 1,046원인데 A와 C는 756원과 820원을 시현하고 있다.(이 부분 각선의 "생산의 집계" 참조 바람) 따라서 상대적으로 A와 C는 북쪽어장 조업이 많은 것이다.

항해일지를 확인하지 않는 한 남·북어장 이용의 비율을 알 수는 없으며 그렇다고 어종별의 확연한 어획량의 분류에 의하여 어장을 추정할 수도 없다. 단지 대화에서 일반어류의 비율이 40% 수준이란 정도의 발언을 참고할 수밖에 없다.

A, B, C의 조업상황의 실적을 아래 표에서 비교해 본다.

〈표 1-14〉 조업실적의 비교

(단위: c/s, 천원)

선별	가동일수 (개월)	조업일수	어획량			어획금액			kg/단가
			총어획	월 간	1일당	총생산액	월 간	1일당	
A	310일 (10.3개월)	201	216,950	21,063	1,079	3,279,137	318,363	16,314	756원
B	335일 (11개월)	236	213,250	19,386	904	4,461,375	405,579	18,904	1,046원
C	365일 (12개월)	301	165,000	13,750	548	2,706,000	225,500	8,990	820원

※ 월간 어획량과 금액은 가동월수분의 1월, 1일당은 조업일수 1일분임.
kg/단가는 1c/s 20kg를 기준한 것임.

이 표를 들여다 보면 조업의 효율성이 비교된다. 기초적인 문제로 각선의 가동일수에 상당한 차이가 있음을 알 수 있다. 이것은 첫 출어하여 1년이 가까운 어느 시점에서 선원임금정산, 선박총정비, 선원교체 등을 위해 입항할 때를 조업종료일로 잡은 때문에 가동일수에 자연히 차이가 발생하였다.

취업규칙에도 임금정산은 연 1회로 규정하고 조업종료일로부터 10일 이내에 실시하도록 되어 있다. 이 때 계속 승선할 사람과 하선할 사람이 있고 또는 선장을 바꾸거나 스스로 그만두는 경우도 있다. 이를 볼 때 대체로 계약기간을 1년으로 보는 것이 타당하나 운반선 사용을 하기 때문에 종전과 같은 1항차 개념이 없어지는 대신 취업규칙에서 1항차를 95일로 정하여 선원휴식의 공간을 제공하고 항차수를 대체로 1년에 맞추되 사정상 조업이 95일을 초과할 때는 매1일에 대하여 1인당 일/2만원을 지급키로 하고 있다.

그러나 이 세 경영체의 가동일수가 10~12개월 사이에 있는 것은 각기의 사정이 있겠으나 경영자의 운영방침에서 달라진다.

첫째 이유는 조업종료 때까지 중간 정비 상가를 전혀 하지 않고 버티다가 임금정산 할 때(1년에 한 번) 총정비를 하기 때문에 가동일수가 짧아진다. A의 경우다. 즉 정산과 정비 및 선원교체의 기간을 합해 1년으로 어기를 잡는 경우가 된다.

둘째는 B와 C처럼 가동기간 중 1~2회의 상가를 한다. 이에 소요되는 조업일수의 보충을 위한 조치가 필요한 것이다. 이의 장단점을 일률적으로 평하기는 다소의 난점이 있다. 요는 어획을 좀더 할 것인가? 아니면 선체와 기관에 무리를 주어 선박의 수명을 단축할 것인가의 문제인데 경영마인드에 속하는 일이라 속단하기 어렵다.

A와 B는 가동일수가 10개월과 11개월인데 총어획량은 비슷하나 월간어획량과 조업 1일당 어획량은 A쪽이 높으나 금액에 있어서는 B보다 낮다. A는 저가 어획물이 많다는 말이 된다.

조업 1일당 어획량은 A는 1,079c/s(16,314천원). B는 904c/s(18,904천원). C는 548c/s(8.990천원)를 나타내어 다어획=고생산액의 등식을 부정하고 있다. 물론 C는 A, B에 비하여 어획능력 자체의 열세(어로장비 시스템과 기관 등의 노령화)와 선장의 어장선택 및 조업방법이 A, B양선에 비교되는 것 같다.

C의 선령이 14년이고 주기마력에서 400마력이나 떨어져 어망규모의 상대적 축소는 불가피해질 것이다. 이는 곧 바로 어획률과 직결되리라 보여진다. 일반적으로 어민의 고마력 지향 의지는 어구규모의 극대화가 그 목적이다.

A와 B에 있어 가동일수가 A는 10개월, B는 11개월임에도 총어획량이 비슷한 것은 조업일수가 많은 B의 조업1일당 어획이 A보다 낮은 904c/s인 때문이기는 하나 어망규모가 비슷한 것으로 전제한다면 단지 어장선택방법이 선장의 취향에 영향 받고 있는 것 같다. 그러나 이 B의 취향은 남쪽어장 선택율이 높아 바른 방향으로 보이며 이는 곧 평균 어가의 상대적 고수준을 획득한 것이라 생각된다.

3. 경 비

1) 직접경비

이 3척의 직접경비사용의 내역은 바로 조업운영의 반영이며 비교하면 다음과 같다.

〈표 1-15〉 직접경비의 비교

(단위: d/m, 천원)

항목 \ 선별	A		B		C	
연 료	물 량	금액	물 량	금 액	물 량	금 액
	12,773	812,297	18,025	1,096,716	10,476	795,581
포장비	75,498		94,144		59,470	
수수료	91,815		176,653		74,062	
하역비	151,856		213,250		111,938	
운반비	67,500		190,000		90,000	
수리비	231,732		554,421		354,800	
어구비	147,474		281,233		179,524	
소모품	73,967		45,197		36,382	
주부식	59,112		63,266		66,990	
금액합계	1,720,415		2,714,880		1,767,184	

※ 연료는 경유와 벙커C유의 혼용이며 C만이 경유전용이다. 어느 경우든 윤활유는 포함되지 않은 것이며 따라서 본 표의 연료비는 윤활유 값만큼 감액된 것임. 'Ⅳ 경영체의 운영실태'의 경비중 연료비는 윤활유 값이 포함된 것임.

직접경비는 어업생산량의 고저에 영향을 주는 일정기간의 어로생산 활동에 직접 투입되는 비용을 말한다. 직접경비는 B가 A보다 994,465천원, C보다는 947,696천원이 많아 양선에 비하여 약 10억원정도가 높다. 가장 큰 요인은 연료비, 수리비, 운반비, 수수료에서 기인되는 것으로 보인다. 연료비의 과다는 상기에서 지적한 바 남북간 어장이동이 빈번한 이유로 보며 수수료의 과다는 되도록 사매를 부정하고 전량 계통위판의 주장을 수용한 때문이며 수리비는 철저한 정비주의에 의한 선박관리의 철저를 내세우고 있으나 연간수리비로서는 좀 과다한 것 같다. 수리비 중 기관수리비 212,100천원을 빼면 342,321천원이 선체수리비에 해당되는데 선령 8년째의 배로서는 좀 과다한 것으로 보인다. 아마 2003년에 구입하여 대대적 수리와 장비개선이 고정비에 해당되는 것이 있을 것 같다.

운반비는 총 38회의 운반선 사용인데 B는 단가에 있어 1회에 50만원이 많은 5,000천원에 더하여 A 15회, C 18회에 비하여 월등히 운반선 사용이 잦았다.

각선의 직접경비는 그 총생산금액에 대하여 몇 개의 경비항목에 대하여 그 내용의 심층을 비교해본다.

① 연료

이 표를 보면 연료의 사용량에서는 B선이 단연 우위에 있으나 직접경비에 대한 비율에 있어서는 37.8%를 차지하여 A의 45.8%, C의 44.9%와는 비교된다. 아마 B선의 수리비와 하역비 및 운반비의 비율이 높아 상대적으로 연료의 비율이 낮은 것 같다.

A와 B는 마력에 있어 동일하나 사용량은 B가 A보다 29.28%나 높다. 물론 A는 가동일수가 10개월, B는 11개월인 점을 고려할 필요는 있으나 월간 사용량에 있어 A는 1,257d/m, B는 1,646d/m의 차이는 이를 뒷받침할 뿐 아니라 B는 남북이동이 잦았다는 이유도 있을 것 같다. C는 기관이 400마력이 낮아 사용량이 가장 적으며 월간 사용량 역시 857d/m로 가장 저위에 있다.

동일출력을 가진 경영체의 한쪽이 사용량이 많은 현상은 조업회수와도 관련 있겠으나 남북으로 어장이동이 많아 항행거리가 긴 것과 깊이 연관한다. 반대로 월간 사용량이 적은 것은 이동이 많지 않고 동일 어장에 머무는 시간이 길다는 의미가 된다. 즉 북쪽어장 조업이 많다는 의미로 추정된다.

연료소비의 생산성에서 고려하면 A는 d/m당 생산이 17.25c/s (260,820원), B는 12.0c/s (251,040원), C는 16.0c/s(262,400원)로 나타나 A가 생산량이나 금액에서 앞서 효율성이 있어 보인다.

그러나 각선의 d/m당 가격은 A는 60,487원, B는 57,726원, C는

72,325원으로 각기 다르나 이는 유종의 혼용율과 수시로 변하는 유가 적용의 시점과도 관계가 있을 것이다. 혼용율의 관점에서 C는 100% 경유 사용이며 A, B는 벙커C유와 경유의 혼용이며 그 비율은 A는 1: 1.71(경유: 벙커C), B는 1: 1.93에 해당된다.

상기 각기의 1d/m당 가격에 대한 어획금액은 A는 54,212천원, B는 77,285천원, C는 37,414천원으로 B가 가장 효율적이며 이는 어획 어종의 질적 양적문제와 관련이 있다 하겠다.

② 포장비와 수수료

과거에는 그냥 목상자에 입상(入箱)하여 경매에 출시하였으나 어종과 처리 내용에 따라 상품성의 가치를 달리함으로 그 포장 역시 달라졌다.

〈표 1-16〉 포장별의 추정비교

(단위: c/s, 천원)

항목 / 선별	어획량	포장비	목상자		카톤박스		냉동각	
			수량	금액	수량	금액	수량	금액
A	216,950	75,498	71,593	78,752	6,508	3,905	138,849	-
B	213,250	94,144	64,920	71,412	37,888	22,732	110,442	-
C	165,000	59,470	38,092	41,901	29,283	17,569	97,625	-

※ 어획량과 수량은 c/s, 금액은 천원이며 냉동각은 포장이 없음으로 금액은 없다.

〈표 1-17〉 수수료의 비교

(단위: 천원, c/s)

항목 / 선별	총생산액	수수료대상금액	요율	수수료	비율	대상어획량
A	3,279,137	2,295,395	4%	91,815	2.8%	151,856
B	4,461,375	4,461,395	4%	176,653	4.0%	213,250
C	2,706,000	1,826,550	4%	73,062	2.7%	111,375

※ 1. 요율은 부산 3.4%. 통영, 마산 등지는 4%이나 부산 위판량이 미소함으로 편의상 일률적으로 4%적용 산정한다.
2. B의 경우 대화 당사자가 사매는 일절 하지 않는다는 강조에 따라 전량 위판한 것으로 수수료를 산정하였으나 사료용(냉동각) 어획물은 위판하지 않는 것이 통상적인 때문에 이 부분은 참작할 필요가 있다.
3. 때문에 총생산액 중 수수료 대상금액이 A와 C는 각각 70%와 67.5%이나 B는 100%이다.

목상자와 카턴박스로 포장한 것과, 팬에 동결하여 그 각체로 판매하는 3종류로 나눌 수 있다. 목상자는 어류일반이고 카턴은 비교적 고급어로 소비자가 취급하기 좋게 생선 중 삼치를 주로 하되, 조기, 갈치 등을 5~15kg들이에 넣어 냉동한다. 이외의 풀치, 깡치 등 사료용 대상어종은 거의 팬 동결하여 냉동각으로 판매하기 때문에 포장비가 필요치 않다.

포장비에 의하여 각선의 사료용 어획의 비율도 추정할 수 있다.

각선 어획량의 제품별 비율은(각선 직접경비의 포장비 참고바람) 다음과 같다.

A	목상자 33%	카턴 3%	냉동각 64%
B	목상자 30.4%	카턴 17.8%	냉동각 51.8%
C	목상자 23.1%	카턴 17.7%	냉동각 59.2%

목상자와 카턴을 고급어류로 간주할 때 A는 33%, B는 48.2%, C는 40.8%로 나타나 각선의 어장선택과 조업경향을 가늠할 수 있을 것이다. 여기서 간과할 수 없는 부분이 냉동각의 경우는 거의 사료용이라 포장비가 없을 뿐 아니라 사매인 때문에 판매수수료와 다음의 하역비도 없다.

③ 하역비

이 하역비는 운반선에 의하거나 본선이 직접 입항 판매시 어획물을 선박에서 경매장까지의 운반과 배열을 인부에 맡기는데 이는 부두 노조가 간여한다. 수수료와 하역비는 선원의 생산장려금 산출과 밀접한 관련이 있어 별도로 하역비의 내용을 비교해본다.

〈표 1-18〉 하역비의 비교

(단위: 천원, c/s)

선별 \ 항목	총생산액	하역비	개당단가	비 율	하역수량
A	3,279,137	151,856	1,000원	4.6%	151,856
B	4,461,375	213,250	1,000원	4.8%	213,250
C	2,706,000	111,375	1,000원	4.1%	111,375

상기 수수료에서도 언급하였거니와 B는 전량 계통위판을 한 것으로 되어 있어 하역비가 높으나 현실적으로 냉동각은 거의 사매인 것을 참작하면 B선의 냉동각수 110,442개(직접경비 중 포장비란 참조바람)를 제외한 102,808c/s(개)만의 하역비를 생각할 수 있다. 그 때는 213,250천원이 102,808천원의 하역비로 변한다.

한편 〈표 1-17〉 B의 수수료에 있어서도 이에 준한다면 수수료 대상 어획금액은 2,150,743천원(102,808c/s × 20,920원)으로 변하여 수수료는 86,030천원이 된다.

하역비와 수수료는 임금부분의 생산장려금 산출과 관계되어 이 상정적 결과는 생산장려금의 상승을 의미하게 된다.

〈표 1-17〉과 〈표 1-18〉에서 B의 경우 수수료와 하역비의 총생산에 대한 비율의 합계는 8.8%이나 만약 하역비와 수수료에서 추정되는 사매분(사료용 냉동각)을 상정(想定)하면 하역비에서 110,442천원, 수수료에서 90,623천원이 각각 감소되어 하역비는 102,888천원, 수수료는 86,030천원으로 변하여 이 합계 금액 188,918천원은 총생산금액의 4.2%에 해당되어 전기 8.8%의 절반 이하로 줄어든다.

※ 총생산량 213,250c/s
냉동각수 110,442c/s(개)
213,250c/s－110,442c/s(냉동각)＝102,808c/s (수수료 및 하역비 대상)
102,808c/s×20,920원(상자당 평균가액)＝2,150,743천원(수수료 대상 금액)
2,150,743천원×4%＝86,030천원(수수료)
102,808c/s(개)×1,000원＝102,808천원(하역비)
이럴 경우 B의 생산장려금의 변화를 추정해 보면,
(4,461,375천원－86,030천원－102,808천원)×13%＝555,429천원
생산장려금은 당초의 529,291천원보다 26,130천원이 증가한다.

2) 간접경비

이 간접경비는 상기의 직접경비와는 달리 어업활동에 직접 투입되지 않는 자금으로 경영체의 본연적 능력에 따라 달라진다. 즉 어획의 증감에 관계없이 항상 필요한 일정의 경비다. 자기자본의 비율이 높으면 금융비용이 낮아 경영체의 건전성에 plus 요인이 되는 것과 같은 경비다.

〈표 1-19〉 간접경비의 비교

(단위: 천원)

항목 / 선별	총생산액	간접경비							간접경비 총계
		복리후생	보 험	잡 비	사무통신	일반관리	이 자	공과금	
A	3,279,137	6,125	142,908	55,000	10,321	201,155	6,500	22,948	444,957
B	4,461,375	66,887	155,000	65,000	10,000	120,000	29,500	48,890	495,277
C	2,706,000	13,340	117,000	35,000	10,000	80,000	29,500	50,355	335,195

각 선의 총생산금액에 대한 간접경비의 비율은 A는 13.7%, B는 11.1%, C는 12.4%로서 A가 가장 높고 다음은 C, B의 순이다. 특기할 것은 B, C는 각기 2통을 경영하는 경우이기 때문에 일반관리비에서 부담의 절감효과(규모의 효과)가 있어 보인다. A는 차입금이 일반자금 100,000천원밖에 없어 이자부담이 B, C에 비하여 낮다.

항목 중 잡비는 일반관리비의 개념에 적용할 수 있는 것과 그렇지 않는 것이 있으나 편의상 일괄하여 간접경비에 잡비항목에 넣었다. 예를 들면 배들이 조업 중 선장이 현장사정상 부득이 현금사용이 불가피할 때와 교제비 등이 여기에 해당된다.

원칙적으로 이 경비에는 감가상각비가 들어가야 하나 응답자들이 이를 정확히 밝히지 않아 부득이 보류하였다.

3) 임 금

'Ⅲ 쌍끌이의 현황, 6 노동문제'에서 임금 산출에 관한 원칙을 거론한

바 있어 생략하고 그 원칙에 의하여 결정된 각 선의 임금을 비교해볼까 한다. A, B, C의 3척의 성적은 취업규칙상의 생산장려금 적용 등급 A1호에 해당되어 총생산금액에서 수수료와 하역비를 공제한 금액의 13%를 갖게 된다.

〈표 1-20〉 임금의 비교

(단위: 천원, %)

항목 선별	총생산금	인원	임금						외국인	임금총액
			생산장려	비율	고정급	상여금	퇴직금	외국인		
A	3,279,137	22명	394,610	12.0	251,389	22,100	21,640	73,000	8명	762,610
B	4,461,375	27명	529,291	11.9	325,490	26,300	26,240	55,800	7명	963,171
C	2,706,000	27명	327,600	12.1	314,810	26,350	26,240	55,800	7명	750,800

※ 비율은 총생산금에 대한 생산장려금의 비율

임금총액의 총생산금에 대한 비율은 A는 23.3%, B는 21.6%, C는 27.7%로서 역시 총생산금액이 낮은 C가 높다. 임금총액에 대한 생산장려금의 비율은 A는 51.7%, B는 55.0%, C는 43.6%로 총생산금의 고저와 관계된다.

총생산금에 대한 생산장려금의 비율은 모두 12%수준으로 비슷하나 요는 총생산금이 높아야 임금이 높아지는 것이다. 때문에 선원들은 특히 간부선원은 무엇이든 잡아놓고 보자는 심리와, 값이 나는 고기를 잡아야 한다는 2종류의 어부근성을 잘 나타내고 있다. 이를테면 마구잡이다.

고정급에서 A가 B, C보다 낮은 것은 가동기간이 10개월이고 내국인 22명에 외국인 8명 계 30명으로 내국인이 적다. 반면에 B와 C는 내국인 27명, 외국인 7명, 계 34명으로 내국인이 상대적으로 많이 구성되는데 이는 빈번한 중도 하선자에 대한 대비책의 일환이다.

다음은 경영체별 주요 직급별 임금을 비교한 것이다.

〈표 1-21〉 직급별 임금의 비교

(단위: 천원)

항목 / 직급	A				B				C			
	장려금	고정급	기타	합계	장려금	고정급	기타	합계	장려금	고정급	기타	합계
선장(a)	63,306	15,060	3,460	81,826	84,933	15,060	3,460	103,453	52,554	15,060	3,460	71,074
선장(b)	54,865	14,820	3,460	72,935	73,608	14,820	3,460	91,888	45,546	14,820	3,460	63,820
기관장	54,865	14,820	5,180	74,865	73,608	14,820	5,180	93,608	45,546	14,820	5,180	65,546
통신장	52,755	14,700	2,175	69,630	52,755	14,700	2,175	74,422	43,795	14,700	2,175	60,670
항해사	37,983	12,300	1,975	52,258	50,959	12,300	1,975	65,234	31,532	12,300	1,975	45,807
갑판장	31,653	11,940	1,945	45,538	42,466	11,940	1,945	56,351	26,277	11,940	1,945	40,162
선원(갑)	25,322	11,280	1,890	38,492	33,973	11,280	1,890	47,143	21,021	11,280	1,890	34,191
선원(을)	16,881	10,010	1,860	28,751	22,648	10,010	1,860	34,518	14,014	10,010	1,860	25,884

먼저 책임선장의 임금을 보면 B는 103,453천원, A는 81,826천원, C는 71,074천원의 순으로 B와 C의 격차는 32,379천원이나 벌어진다. 최하급선원인 선원(을)의 경우 B는 C보다 8,634천원이 높고 A보다 5,767천원이 높다. 이 두 직급의 가동기간의 월간 임금은 책임선장의 경우 A는 6,818천원, B는 8,621천원, C는 5,922천원으로 B와 C 간에는 2,699천원의 격차가 있다. 선원(을)은 A는 2,613천원, B는 3,138천원, C는 2,353천원으로 B와 C 간에는 월간 785천원의 차액이 나타난다.

객관적 관찰에서 B 선의 정도만 되면 결코 타 산업의 책임노동자와 비교해볼 만한 수준이다. 가동기간은 A는 10.3개월, B는 11개월, C는 12개월을 적용하였다.

이러한 월간 임금의 격차는 조업이 진행되면서 선원 각자는 임의 개별계산으로 자기 몫을 추정하여 어기 후반기부터 선원 이탈의 빌미가 되어 하선자를 속출하게 되나 반면에 B 같은 성적에서는 하선자가 드문 상황이 된다. 이 표를 볼 때 일반적으로 책임선장은 하급선원 임금의 3배 안팎의 수준이다.

그러나 1990년 초반의 보합제 임금시절에 비하면 어획만 좋으면 상당한 금액의 보장은 되는 결과이므로 막무가내의 마구잡이 조업을 불사하는 것이 아닌지 생각해 본다.

4. 생산성 비교

1) 경영지표의 비교

① 어획고와 경비

〈표 1-22〉 어획고와 경비

(단위: %)

항 목 \ 선 별	A	B	C
총경비/어획금액	89.3	93.6	104.75
직접경비/어획금액	52.5	60.9	65.4
간접경비/어획금액	13.7	11.1	12.4
임금/어획금액	23.2	21.6	27.7
임금/총경비	26.0	23.1	26.5
연료비/어획금액	24.8	24.6	29.4
연료비/총경비	27.8	26.3	28.1
연료비/직접경비	47.3	40.4	44.9

이미 각 경영체별 분석에서 보다시피 C는 손익에서 적자를 시현한바 있어 어획금액에 대한 총경비의 비율이 104.75%로 나타나 있다. 이를 반증하는 것으로 직접경비의 어획고에 대한 비율이 65.4%로 3척 중 가장 높다. 즉 어획에 비하여 경비가 많다는 뜻이다. 그러면서도 임금의 portion이 다른 배들보다는 상대적으로 더 높은 것이다.

연료사용량도 다른 두 척보다 비율이 높은 편이며 이들 요인들이 낮은 어획고와 반비례한 것이다. 특히 연료에 있어서는 A, B보다 400마력이나 낮으면서 그러하다. 추정되는 상황은 결국 단위 인망에 대한 어획량이 낮아 인망회수와 어장체류시간이 긴 때문인 것으로 풀이할 수밖에 없다.

② 생산성의 비교

〈표 1-23〉 생산성 비교

(단위: %, c/s, 천원, d/m, 원)

항 목 \ 선 별	A	B	C
조업일수/가동일수	64.8	70.4	82.4
입출항항해일/가동일수	13.8	12.8	9.6
정박일수/가동일수	24.5	16.7	10.1
가동1일당어획량	699.8	636.5	452.0
조업1일당어획량	1,079.6	903.6	548.1
조업1일당어획금액	16,314	18,904	8,990
가동월간어획량	21,063	19,386	13,750
가동월간어획금액	318,362	405,579	225,500
기관운전1일연료소비량	51.5	63.6	33.5
선박1톤당어획량	780	767	615.6
마력당어획량	60.7	59.9	52.2
c/s당 평균금액	15,114	20,920	16,400
탑승인원	30명(8명)	34명(7명)	33명(7명)
선원1인당어획량	7,231	6,272	5,000
선원1인당어획금액	109,300원	131,210원	82,000원

※ 탑승인원의 ( )는 외국인수

이 표에서 가동기간 중 조업률에서는 C가 가장 높다. 그러나 조업1일당 어획량은 A가 높고 다음은 B이며 C는 가장 낮다. C는 조업1일당 어획금액에서도 가장 낮으며 B가 가장 높다. 이러한 현상은 지금까지 거론한 것처럼 어획이 많아도 그 질적 문제로 가격과 비례하지 않는 것을 말하고 있다. 그러나 기관운전1일당 연료소비는 A와 B의 비교에서 B가 1일 10d/m이상 높아 B의 활발한 어장이동이 많음을 나타내는 것 같은데 반면 A는 d/m당 20.9c/s, 316,770원의 생산을, B는 d/m당 14.2c/s, 297,230원, C는 16.4c/s, 268,360원의 생산으로 연료소비에 있어 생산성이 높은 쪽은 A가 된다.

외국인을 포함한 선원 1인당 어획량에서는 A가 높으나 금액에서는 B가 높다. 그러나 내국인 선원만의 것에서는 A는 9,861c/s, 149,040천원. B는 7,898c/s, 167,320천원, C는 6,346c/s, 104,080천원의 순으로 어획량에 있어서는 A가 높고 어획금액은 B가 훨씬 높다.

또한 내국인 선원에 해당하는 생산장려금과 고정급의 합계액을 내국인 수로 나눈 평균임금은 A는 29,363천원, B는 31,658천원, C는 24,708천원으로 역시 B가 높다.

쌍끌이 1통당 내국인 선원수는 위의 A, B, C의 경우 22명, 27명, 26명이며 49통의 전체도 이러한 범위의 수준으로 추정되며 외국인 역시 그러할 것이다. 가령 1통당 26인 평균으로 보면 26×49건=1,274명이며 대체로 1,300명이 추정된다.

이들이 연간 79,000m/t, 102,626,000천원의 생산을 올리고 있다.

Ⅵ | 경제적 위치

1. 일반해면어업에서의 위치

2004년도 통계연보에 의하면 일반해면어업의 생산량은 1,076,687 m/t, 금액은 2,609,717,094천원이다.

일반해면어업에 속하는 기저(대형기저 쌍끌이·외끌이, 중형기저)의 2004년도 총생산은 94,678m/t, 187,524,290천원으로 생산량에서 8.8%, 생산액에서는 7.2%를 점하는 위치에 있다. 이 중 대형쌍끌이의 어획고는 66,539m/t, 104,224,787천원으로 일반해면어업에서의 위치는 생산량에서 6.2%, 생산금액에서는 4.0%를 차지하고 있다.

한편, 전체 기저의 생산량의 70.3%, 금액은 55.6%를 점하는 위치에 있어 우리 나라 기저의 중추적 역할을 담당하고 있음을 알 수 있다. 이를 기저별 생산실적으로 비교해 보면 다음과 같다.

업 종	어획량(m/t)	금액(천원)
대형기저쌍끌이	66,539	104,224,787
대형기저외끌이	10,502	24,934,307
동해구기저	4,705	18,340,825
서남구외끌이	10,973	34,692,483
서남구쌍끌이	1,959	5,331,888
계	94,678	187,524,290

자료 : 2004년도 해양수산통계연보 인용

기저 전체의 m/t당 금액은 1,980,653원이며 각 업종별 m/t당 금액은 다음과 같이 나타난다.

대형기저쌍끌이	1,566,371원
대형기저외끌이	2,374,243원
동해구기저	3,898,156원

서남구기저	3,161,162원
서남구쌍끌이	2,721,739원

기저의 어업경제면에 미치는 영향은 대형기저쌍끌이가 거의 절대적 위치에 있으나 그 생산물의 경제적 가치면에서는 최하위에 속한다. 이는 본고에서 누누이 언급한바 어획물의 질적 문제를 도외시한 마구잡이식 어획방법을 반증하는 것이다.

2. 임금의 구조

1) 임금에서 본 위치

대형기저의 실질임금의 위치를 알기 위해 타 기저업종의 실질임금과 비교해 볼 필요가 있으며 따라서 임금 산출의 방식도 비교할 이유가 있다.

다음은 기저업종간의 노동생산성에서 얻어지는 선원1인당 연간평균임금을 비교해본다.

※ 대형기저쌍끌이 이외의 것은 제2편 제3편의 외끌이 내용에서 인용한다.

연간평균임금의 비교

대형기저쌍끌이	A선	29,363천원
	B선	31,658천원
	C선	24,708천원
대형기저외끌이		21,299천원
여수트롤(대형기저)		21,945천원
경남트롤(대형기저)		37,568천원
여수서남구(트롤)		24,742천원
부산서남구(외끌이)		27,850천원
울산서남구(외끌이)		20,097천원

※ 대형기저쌍끌이와 외끌이는 합법적 명칭이며 여수트롤, 경남트롤은 대형기저의 허가인데도 트롤으로 개조 조업 하는 것이다. 여수서남구는 서남구기저허

가인데도 트롤으로 개조 조업하는 것. 부산 및 울산서남구는 합법적 조업구조다. 이상의 업종분류는 "제2편과 제3편"을 인용 분류한 것임.

평균임금의 산출은 선원이 노동의 대가로 받는 직접적 임금대상금액을 실인원수로 나눈 것인데 대형기저쌍끌이는 생산장려금과 고정급의 합계액(기타 지불금은 제외), 그 이외의 업종은 제수당과 상여 등을 제외한 보합금 해당금액을 그 대상으로 하였다.

2) 임금 산출방법의 비교

여기서 특히 지적할 2개의 포인트는 자료선박의 연간 어획생산고에 있어서 앞으로 제2편과 제3편에서 거론 될 외끌이의 어획금액은 쌍글이가 모두 27억원이상인데 비하여 외끌이업종은 모두 10억원이하인 점과(경남트롤은 10억원대), 대형쌍끌이는 생산장려금제인 반면 다른 업종은 모두 보합제라는 점이다.

생산장려금 산출은 총생산액에서 위판수수료와 하역비를 공제한 금액의 13%해당액이며 고정급은 어획량의 고저에 관계없이 취업규칙에서 정한 직급별 월정액이며 이 둘의 합이 대형기저의 개인별 임금총액이다.

보합제는 총생산액에서 간접경비(공동경비)와 별도로 합의한 경비를 공제한 금액을 일정비율(일반적으로 선원분 45%)에 의하여 산출하는 제도이다. 이 외에 업종에 따라 각종 수당제도를 도입하는 경우가 있으며 대표적인 것이 동해기저의 항차수당이다.

또한 보합제에도 매달 생활비 상당액을 지불하지만 선별로 일정하지 않다. 이는 일단 가불형식으로 지불하고 보합금이 배당되면 해당액을 회수하는 형식인 때문에 고정급은 없는 것 같으나 적자인 경우는 회수가 안되니 고정급의 성격을 띄고 있다.

위에서 보는 바와 같이 이러한 기본적 요건의 차이로 대형기저쌍끌이와 외끌이들의 실질임금에서 격차가 생기는 것이다. 우리가 주시해야 할 점은 쌍끌이나 외끌이의 노동집약도와 노동생산성에서의 총노동시간은 차이가 있을 것이나 거의 같을 것으로 추정할 때 생산금액과 임금산출의 방법에서 많은 차이가 발생하는 것을 알 수 있다.

물론 고려해야 할 점은 투하자본에서의 큰 차이는 단위어획노력량의 격차로 이어져 생산량에 비례하겠지만 비슷한 노동량에 대한 임금이란 관점에서 보면 다른 견해가 있을 법하다.

참고로 대형쌍끌이와 제2편 및 제3편의 외끌이 업종들의 최하위선원의 수령금액을 비교해본다.

대형기저 자료선박 최하위선원 1인수령액(연간)

	A선	35,428천원
	B선	43,477천원
	C선	24,708천원
	이상 제1편 참조	
부산외끌이		17,143천원
여수서남구		17,319천원
여수트롤		12,787천원
경남트론		28,440천원
부산서남구		13,004천원
울산서남구		13,860천원
	이상 제2편 참조	
동해기저	A선	13,180천원
	B선	14,455천원
	C선	10,481천원
	D선	15,888천원
	이상 제3편 참조	

Ⅶ | 제도적 고려

1. 제도적 해이와 괴리의 확대

이상 논거한 쌍끌이기저에 대한 다각적 관찰에서 가장 부각되는 점은 현 제도와의 괴리적 부분이다. 단순히 "현실과 제도의 괴리"로서 표현하기에는 어딘가 적절하지 않은 아쉬움과 정부나 업계의 양측 모두가 역부족 같은 느낌을 갖는 동시에 어업인 전체의 "공동의 운명" 선상에서 너와 나를 가려 당사자만의 책무로 돌리기에는 너무나 많은 모순을 안은 채 오늘에 이른 것이라 생각된다.

그 원인을 요약하면 다음과 같다.

① 생산위주의 확장 정책에서 시작한 무분별한 어획노력량의 증강.

② 이에 수반한 과잉투자를 수반하는 단위 어획노력량의 경쟁적 증강.

③ 투자회수의 중압과 자원을 고려치 않은 남획의 자행.

④ 국제어업환경에 따른 어장축소와 경영악화.

⑤ 이에 부응하는 제도적 대응의 미흡.

⑥ 대상자원의 급격한 감소로 인한 무분별한 제도 이탈의 조업.

⑦ 적정규모의 구조조정의 실패.

⑧ 당국이나 업계의 현실에 대한 불가피성적 체념현상과 개선노력의 부족 및 방향 설정의 난점.

⑨ 미래를 내다보는 어장개척노력의 부재.

물론 쌍끌이의 당면과제가 비단 이 9개항에만 집약되는 것은 아니고 여기에 노동문제, 경제사회적 요인까지 고려하면 더욱 어려운 문제임은 확실하다.

2. 제도와 현실

1) 저인망의 성질

이미 지적한 바와 같이 "총톤수 60톤이상의 동력어선에 의하여 底引網을 사용하여 수산동물을 포획하는 어업"(시행령 제25조제1항제1호)의 규정에 의한 쌍끌이어업의 적격성 문제이다.

쌍끌이의 사전적 의미는 저층에 서식하는 어류를 주 대상으로 양측에 달린 긴 자루그물 1통을 어선 2척이 저층을 끌어서 대상 어류를 포획하는 것이다. 즉 자루그물 입구와 날개그물의 상부에는 뜸을, 하부에는 발돌을 달아 입구가 상하로 벌어지도록 하고, 양쪽 날개그물 끝에서 후릿줄, 끌줄을 각각 내어 배 2척이 끌줄 1가닥씩을 잡고 일정한 거리를 유지하면서 끌어 입구가 좌우로 벌어지도록 하여 조업한다.

'Ⅲ 쌍끌이의 현황, 6 어구문제'에서 밝힌바와 같이 이러한 기본적 어구 구조에서 탈출하여 저층어류 포획보다는 중층이상 어류 포획의 길로 가는 다층망 사용이 시작되어 지금은 과거의 망고 불과 4~5m로 바닥에 붙어 서식하는 어류만을 포획하던 것을 망고를 심지어는 70m까지 확대하는 현실이 되어 저인망이 아니라 중·표층 예망의 형식이 되었다.(이 부분은 'Ⅲ 쌍끌이의 현황, 6 어구문제'를 참조하기 바란다.)

이는 법 시행령 제25조제1항제1호의 규정은 쌍끌이기저에 한하여는 현실에 합치 않음을 말하는 것이다.

어구어법은 영구불변하는 것이 아니고 여러 요인에 따라 변하는 것이지만 법규를 변천해 가는 하나하나의 사안에 맞추어 그때그때 바꾸는 것 또한 제도 전체의 틀에서 어려운 일이 아닐 수 없다. 그러나 지금의 규정을 강제하여 현실을 불법으로 할 것인지 규정을 현실에 맞게 할 것인지에 대해서, 국가는 법 질서차원에서, 어업자는 생잔의 차원에서 이 문제의 해결책을 모색해야 할 일이다.

이것이 쌍끌이기저의 소위 다층망사용의 동기이며, 이로써 지금까지 저층어 어획에 한정돼 있던 것을 중층어·표층어를 대상 어종으로 삼아 경영의 위기에서 탈출하려는 노력이 시작된다.

2) 조업구역의 문제

쌍끌이의 조업구역은 법 제52조(어업조정)에 근거하여 자원보호령 제17조에서 「경남 해안선과 동경 128도선의 교점, 북위 33도20분 동경 128도의 교점 및 북위 33도 30분 동경 129도50분의 교점 을 순차로 연결한 이북의 동해를 제외한 서해와 동지나해」로 규정돼 있다.

물론 이 해역에서 한·일, 한·중 어업협정에 의한 상대방 EEZ수역이 어장으로서 상실되는 셈이며 단지 서로 입어교섭의 합의에 따라 매년 그 척수가 정해지기는 하나, 예로서 2003년도의 한·일 간의 EEZ입어합의 내용은 대형기저(외끌이 포함) 105척에 1,613톤의 배정을 받았으나 결과는 거의 입어하지 않았고 2004년도에는 50척에 1,000톤의 배정을 받았으나 역시 거의 입어하지 않았다.

불행히도 이들 협정 이전에 그 해역 조업의 실적에 관한 자료는 없다. 그러나 자료는 없으나 그곳에서 조업해 온 것만은 엄연한 사실이며 단지 그곳의 어획이 쌍끌이 어업생산에 차지하는 비중이 컸음에도 불구하고 이를 알 수 없음은 안타까운 일이다.

그러므로 쌍끌이 조업어장이 축소된 사실만은 인정되지만 그 축소된 어장의 넓이는 알 수 없는 현실이 된 셈이다. 이유는 협의 대상 EEZ 이외의 어장에서 더 많은 조업을 해왔기 때문이다. 여기서 한·일 간 일본 EEZ내 어획배정 합의 결과를 보면 〈표 1-24〉와 같다.

이렇게 합의된 입어 가능어획량이 있으나 대형기서의 쌍끌이는 물론 외끌이도 입어 조업한 실적이 없다. 이러하다 보니 2002년의 130톤 배정이 50톤으로 급강하여 사실상 입어의 가치는 물론 그 50톤을 잡기 위하여 까다로운 입어수속과 엄격한 감시를 받으며 조업할 가치를 느끼지 못하는 것이 업계의 변이다.

〈표 1-24〉 일본 EEZ 입어 합의 상황

연 도	2002		2003		2004	
항목 / 업종	합의사항		합의 사항		합의사항	
	척수	톤수	척수	톤수	척수	톤수
총업종(12종)	1,395	89,773	1,232	80,000	1,098	70,000
기저 및 트롤	130	3,000	105	1,613	50	1,000
타어업	1,265	86,773	1,127	78,387	1,048	69,000

※ 타 어업이란, 꽁치봉수망, 오징어채낚기, 중형기저, 선망어업(40,290톤), 연승어업, 외줄낚시, 복어채낚기, 갈치채낚기, 원양오징어를 말하며, 기저 및 트롤은 대형기저, 대형외끌이, 대형트롤을 말함.

결국 업계가 주장하는 조업어장의 축소와 경영악화는 이 업종존속의 위기를 가져와 〈표 1-4〉에서 보는바와 같이 1997년에서 2004년까지 8년간에 263척의 감척을 단행하게 된다. 2003년 8월 개정으로 정한수는 180건에서 45건으로 감소되나 초과한 현존건수는 경과조치로 자연소멸될 때까지 존속된다.

그러함에도 불구하고 경영체 A, B, C에서 보다시피 연간 어획생산 30억원을 상회하지 않으면 적자경영으로 그 경영은 어렵고 조업구역 밖 조업으로 치닫는 현상이 된다.

3) 조업금지구역

기저의 조업금지구역의 설정은 이미 1929년 조선어업령시절의 조선어업보호취체규칙(朝鮮漁業保護取締規則)에서 정해져 내려왔다. 그 중 남한에 해당되는 부분을 발췌하면 다음과 같다.

㉮ 조선어업 보호 취체규칙

(4) 강원도 고성군 수원단에서 동도 양양군 옹진단 정동 1해리의 점, 동도 강릉군 주문진단 정동 1해리의 점, 동군 정동진단 정동 1해리의 점, 동도 삼척군 임원말 정동 1해리의 점, 동도 울진군 용추갑 정동 1해리의 점, 동군 화모말 정동 1해리의 점, 경북 영덕군 축산포 동북단 정동 1해리의 점, 동도 영일군 장기갑 정동 2해리의 점, 경남 울산군 울기 정동 10해리

의 점, 동도 부산부 절영도 상이말 남동 8해리의 점, 동도 통영군 홍도 고정 , 전남 여수군 백도 고정, 동도 제주도 우도 동단 정동 6해리의 점, 동도 마라도 고정 정서 6해리의 점, 동도 영광군 안마군도 횡도 서단 정서 6해리의 점, 전북 옥구군 어청도 고정 정서 6해리의 점, 충남 서산군 북격렬비도 고정, 황해도 장연군 소청도 서단, 동군 대청도 서단, 동군 백련도와 평북 용천군 신도 서단을 거쳐 동군 용천면 매노리 남서돌각에 이르러는 선내.

이에 상응하는 현 대형기저의 조업금지구역을 보면 다음과 같다.

㉯ 현행 수산자원 보호령

동경 128도선 및 경남 통영시 한산면 홍도 고정과 전남 여수시 상백도 고정을 연결한 선과의 교회점, 여수시 상백도 고정, 제주도 우도 동단 정동 6해리의 점, 제주도 내어곶 남동 6해리의 점, 제주도 문도 고정 6해리의 점, 제주도 마라도 고정 남서 1해리의 점, 전남 신안군 소흑산도 서단, 신안군 매가도 서단 정서 6해리의 점, 인천광역시 옹진군 백련도 서단, 평북 용천군, 신도 서단 및 용천군 매화리 남서돌각을 순차로 연결한 선내의 해역.

그러나 대하를 목적으로 한 9월1일부터 10월31일까지의 기간 동안 "옹진군 백령도 서단, 동군 대청도 서단, 동군 소청도 서단, 충남 태안군 북격렬비도 고정, 북격렬비도 고정에서 정서로 대형기저금지구역과 교차되는 선내의 해역"에 대하여는 조업을 허용하고 있다.

이상의 두 금지구역을 비교할 때 ㉮는 당시의 기저 모두에 해당된 것으로 하되 엄격한 조업구역이 행정구역 별로 정해져 있었다.

㉯의 경우는 대형기저에 한한 것으로 차이점은 ㉮는 "부산부 절영도 상이말 남동 8해리의 점, 동도 통영군 홍도 고정, 전남 여수군 백도 고정, 동도 제주도 우도 동단 정동 6해리의 점, 동도 마라도 고정 정서 6해리의 점, 동도 영광군 안마군도 횡도 서단 정서 6해리의 점, 전북 옥구군 어청도 고정 정서 6해리의 점, 충남 서산군 북격렬비도 고정, 황해도 장연군

소청도 서단, 동군 대청도 서단"으로 돼 있어 ㉯의 "동경 128도선 및 경남 통영시 한산면 홍도 고정과 전남 여수시 상백도 고정을 연결한 선과의 교회점, 여수시 상백도 고정, 제주도 우도 동단 정동 6해리의 점, 제주도 내 어곶 남동 6해리의 점, 제주도 문도 고정 6해리의 점, 제주도 마라도 고정 남서 1해리의 점, 전남 신안군 소흑산도 서단, 신안군 매가도 서단 정서 6해리의 점, 인천광역시 옹진군 백련도 서단"의 선내를 금지구역으로 하고 있어 축소된 차이점이 보인다.

제주 우도 동단 6해리점에서 마라도 고정 정서 6해리의 점까지의 해역이 ㉯는 ㉮보다 좀 넓어진 것이고 서해 쪽에서 약간 ㉮는 마라도 고정 6해리의 점에서 안마도 횡도 서단의 직선 내, ㉯는 마라도 고정 남서 1해리의 점에서 소흑산도를 엮는 직선에서 많은 차이점이 보인다.

여기서 주의 깊게 볼 포인트는 제주 북안과 남해안 사이의 수역은 금지구역의 한 복판이란 점이다. 이미 'Ⅲ 쌍끌이의 현황, 4 어장'에서 지적한 해당 해구를 참고하면 될 것이다.

4) 어획물

자료대상 3척의 주 어획물은 삼치, 조기, 갈치, 깡치, 멸치, 풀치, 띠포리 등이며 깡치(조기새끼), 멸치, 풀치, 띠포리 등은 대부분 사료용으로 판매된다. 깡치, 멸치, 풀치 등은 모두 소형 새끼고기로 보호령 상에는 체장 등의 규제 규정은 없으나 잡지 않고 좀 더 키웠다가 어획하면 자원보호면이나 경제적 유효 이용에서도 바람직함은 쌍끌이 당사자들도 모르는 바는 아닐 것이다.

특히 멸치는 경북과 경남의 특정 연안의 2,000m에서 5,000m이내의 수역에서의 어획을 금지하고 있으며 특히 보호령 제7조 제11항~제14항은 멸치를 목적으로 한 어구를 명시하여 금지하고 있으며 경남의 일부해역에서는 3월 1일부터 6월 30일까지 멸치를 목적으로 어망사용을 금지하고 있다.

더욱이 제14항은 경남, 부산, 울산 및 전남 해역에서는 4월 1일부터 6월 30일까지 멸치를 목적으로 한 기선선인망, 들망, 근해선망·연안선망을 사용해서는 아니 된다는 규정이 있다. 그러나 대형기저는 이 나열에서는 빠져 있다.

물론 대형기저는 이 해역에서 멸치 어획을 허용한 것은 아니다. 이 규정을 만들 때는 물론 법적으로 대형기저조업금지구역 밖에서도 멸치를 목적으로 조업을 하지 않는 것이 일반적 상식에 속한 일이며 특히 금지구역 안에서의 대형기저의 멸치어획을 금하는 그 자체가 법적 모순을 야기하기 때문이다. 금지구역 내에서는 어떤 어종을 망라하고 이를 목적으로 조업이 규제된 곳이다.

그렇다고 현실을 수용하는 차원에서 이를 허용한다면 현 제도상의 법질서를 유지할 수 없다. 이것이 당국이나 업계가 당면한 딜레마일 것이다. 그러면 이를 방치할 것인가? 절대 그럴 수는 없다.

5) 정한수

쌍끌이의 정한수는 시대적 정책수요, 국제적 어업환경의 변화, 조업어장의 축소와 자원감소 및 경영압박의 요인으로 구조조정과 자연도태로 인한 급격한 세감퇴(勢減退)는 49건으로 위축하였음을 전기 'II 대형기저쌍끌이의 연혁'에서 이미 밝힌 바다.

정부는 1992년 10월 근해어업의 신규허가금지조치를 단행한 바 있으나 이는 실제로 근해어업의 세 확장을 막기 위한 것이었다.

한편 2003년 8월 자원보호령의 개정으로 【별표12】를 개정하여 쌍끌이의 허가정수를 45건으로 하였다. 이는 현존 건수를 특정조치에 의하여 45건으로 맞춘다는 뜻보다는 신규허가를 하지 않는다는 조치와 같다.

6) 허가장 기재

어업허가및신고에관한규칙 제17조에 의하여 교부되는 상기의 허가증에

담당부서	수산행정과
책임자	권영찬
담당자	김수여
연락처	888-3255

(앞 쪽)

어 업 허 가 증

성 명			주민등록번호		
주 소	부산시 서구 서대신동3가 70 르네상스 (전화)				
사 용 어 선	어선종류	동력선	동력선		
	선 명				
	어선번호	9506187-6210009	9506188-6210008		
	톤 수(톤)	138	138	이하여백	
	기관종류	디젤	디젤		
	마력(PS)	1740	1740		
	선 질	강	강		
	주요치수 길이(m)	34.92	34.92		
	주요치수 깊이(m)	3.10	3.10		
	주요치수 너비(m)	6.80	6.80		
	주 어 업			그 외의 어업	그 외의 어업
허 가 번 호	부산 쌍끌이대형기선저인망 제2004-11호			이하여백	
어업의 종류	대형기선저인망어업				
어업의 명칭	쌍끌이대형기선저인망어업				
조업의 방법과 어구명칭	쌍끌이대형기선저인망				
조 업 구 역	경상남도 해안선과 동경128도선의 교점 · 북위 33도 20분 동경 128도의 교점 및 북위 33도 30분 동경 129도 50분의 교점을 순차로 연결한 이북의 동해를 제외한 서해와 동지나해				
어업의 시기	1.1~12.31				
포획 · 채취물의 종류	조기, 민어, 광어, 상어, 갈치, 가자미, 기타잡어				
허 가 기 간	2004. 7.30. ~ 2009. 7.29. (5 년)				
주요기기 및 시설	무전기, 어탐기, 방탐기, 레-다, 로란				
양 륙 항	수협위판장				
제한 또는 조건	뒤쪽참조				

수산업법 제41조제1항 제1호 · 제2항 제1호 및 어업자원보호법 제2조의 규정에 따라 위 어업을 허가합니다.

2004년 7월 30일

부 산 광 역 시 장

실제 허가된 허가증 사본

는 어업의 종류 “대형기선저인망어업”, 어업의 명칭 “쌍끌이대형기선저인망어업”, 조업의 방법과 어구명칭은 “쌍끌이대형기선저인망”으로 명기돼 있다. 문제는 여기에 있다. 『조업의 방법과 어구의 명칭』의 기재에 구체성 있는 명시가 없다. 말하자면 그물의 구성 규격이나 전개의 방법이 표시되어야 할 난이다. 그렇다고 “쌍끌이대형기선저인망“의 정의가 규정돼 있는 것도 아니다.

포획・채취물의 종류의 난에는 “조기, 민어, 광어, 상어, 갈치, 가자미, 기타 잡어로 나열되어 있으나 기타 잡어를 제외하면 거의 저서어족이다.

이때의 기타 잡어의 함축적 의미는 상기의 주어종을 어획하는 과정에서 목적하지 않는 소수의 타 어종의 어획을 뜻하며 주 대상 어종이 아님을 뜻하는 것이 일반적 인식이다.

어업의 종류나 명칭이야 규정 그대로니까 법적 명칭을 기재하면 그만이지만 요는 그 명칭이 법이 요구하는 어법과 어구인가의 문제는 누구든 수긍하지 않을 것이다.

현재의 조업형태가 쌍끌이임은 분명하나 어망은 명칭에 합치한 저인망은 아니란 것이다.

일부지역의 몇 척을 제외하고는 거의 중층망의 예망이다. 이를 좀 강변하면 기선선인망어업에 유사한 것이므로 “조업의 방법과 어구의 명칭”의 기재내용이 틀린 것이다. 그러므로 이러한 불합리한 점을 고쳐야 하는 것이다.

먼저 어업의 명칭인 「쌍끌이대형기선저인망어업」은 부령에 의한 어업명칭이며 그 근거는 법 제41조와 시행령 제25조에 명시된 「총톤수 60톤 이상의 동력선에 의하여 底引網을 사용하여 수산동물을 포획하는 어업」의 조항에 있다. “저인망을 사용하여”는 저변을 예망(曳網)할 수 있는 그물을 사용하여 어획한다는 뜻이다. “저인망을 사용하여”는 특정수층을 지칭하지 않았다는 이유로 저인망이란 어망으로 저층, 중층, 표층을 예망할 수 있다는 개념이 아니다. 즉 저인망의 이름 그대로의 그물로 저변을 예망하여 수산동물을 포획하는 어업으로 정의한 것이지 수층의 명시를 하지 않았으니 저인망이란 이름의 그물로 총수층을 예망할 수 있다는 주장이 있다면 지나친 자의적 주장이 된다.

입법시 만약 그러한 뜻으로 "저인망을 사용하여"의 용어를 썼다면 "저인망"이란 용어를 쓰지 않고 다른 용어를 썼을 것이다.

Ⅷ | 개평(槪評)

맺고자하는 말은 적법한 부분이 잘 보이지 않는 것이 대형기저쌍끌이어업이라 해도 과언이 아닐 것 같다. 그러면 어떻게 할 것인가? 법을 고쳐야 하나 현실을 법에 맞추어야 하나? 어법은 간단없이 발달되어야 하고 어장은 어업이 있는 한 개척되어야 함은 어업에 있어 기본적 조건이다.

이럴 때 정부는 각종 어업 간의 조업질서의 조정과 자원관리의 측면에서 필요한 규칙들을 어민에게 이의 준수를 요구하게 된다.

당연한 일이기는 하나 수산업법의 범주에 여러 종류의 업종이 있되 그 중에 어류를 포획하는 어로행위는 수렵에 있어서 수렵질서나 수렵자원의 보호는 물론 인축의 안전에 대한 제반조건들을 준수해야하는 것처럼 어업 간의 질서와 자원보호의 규칙을 준수해야하는 것은 어로의 ABC에 속하는 문제이다.

수산업법의 개념에서 보면 그 속에는 어로(漁撈), 양식·축양(畜養: 가두리), 보장·가공의 생산양식(樣式)을 달리하는 3종의 산업이 포함돼 있다. 이 중 앞의 두 종류는 농림목축업과 함께 자연 활용형의 산업으로 인식하는 것이 일반적이며 1차산업의 범주에 속할 것이다.

수산업법에 보면 「어업이라 함은 수산동식물을 포획·채취 또는 양식하는 사업」으로 정의하면서 포획과 양식을 어업으로 〔일괄〕하고 있다. 이러한 것은 어업의 특수성을 고려하는 점에서는 적절하다고 말할 수 있는 분류법 같다.

그러함에도 농림목축업과 수산의 양식·가두리형의 생산부문을 함께 묶는 분류를 해도 그렇게 어긋나는 모순을 느끼지 않으나 어업생산의 그 태반을 이루고 있는 어로에 의한 생산부문은 "마치 수렵(狩獵) 그 자체인 것"이라는 점에서 고려할 때 앞의 〔일괄〕 같은 분류로서 통해온 것은 좀 어색한 부분이 없지 않다. 물론 어로나 가두리업, 양식업은 식료생산업이며 전자는 "수렵·채취", 후자는 "사육·재배"를 관점에 두고 자연인가, 인위인가라는 레벨에서 보면 크게 상위한 것을 알 수 있다.

그러나 공업 등 타 산업과 비교하면 지금까지의 통상적(通常的) 구분으로서 모순은 없다. 즉 어업을 포함한 식료생산업에 공통적인 것은 단위시간당의 생산량이 자연의 재생산력이나 지역 풍토적 조건에서 기본적으로 규정되기 때문에 생력화나 증산에 스스로 한계가 있는 반면 재생산에 의한 영속적 생산이 가능하다는 점에서 큰 특징이 있다.

여기에 비하여 눈부시게 발전을 거듭하고 있는 2차산업은 화석자원을 대량소비하면서 생력화와 증산의 비약적 확대를 지속하고 있다. 이러한 은혜의 향수(享受)를 당연시 하는 풍조가 현대사회이지만 그 발상을 식료생산업에도 갖다 붙이려는 풍조도 무리하지 않으나 초장기적 관점에서 본다면 2차산업도 생산량은 현존량에서 규정되어 있는 것이며 태반은 재생산력이 없는 화석자원인 이상, 현재의 증산체제는 언젠가는 정체에서 감산으로 탈바꿈하는 숙명에 있다.

따라서 장차에 필요한 발상은 단기적으로 비효율적이라도 장기적으로는 합리성이 있는 어업 같은 식료생산업형 산업의 선택이 불가피할 것으로 사료된다. 때문에 어업을 기계화·생력화로 비약적인 발전을 거듭한 2차산업과 동렬에 올려 취급해서는 어업발전에 오류를 범하는 꼴이 되는 것이다. 이것은 어업에 관련하는 사람들 스스로가 깊이 인식해야 할 점이다.

"수렵"이라는 어로의 산업특성을 후진성으로 볼 것인가, 합리성으로 볼 것인가는 어업에 대한 평가의 방향을 결정적으로 2분하는 기본적 관점이라 할 수 있다. 그러나 육상에서의 식료생산업이 수렵·채집형에서 사육·재배형의 생산양식(生産樣式)으로 전환한 것이 수세기를 지났으나 21세기인 현재 세계의 인구폭발과 증산기술의 개발한계가 심각한 문제로 대두한 지금 어업생산업은 바로 인류 생명산업으로 부각되지 않을 수 없다.

FAO의 통계에 따르면 세계의 어획고는 1억톤을 돌파, 2003년 현재 164,000천m/t에 이르고 그 중 어류어획고는 103,000천m/t 전체의 62.8%를 점하고 있다.

정설은 아니나 어업자원에 있어 갖가지 예측치는 현시점의 1.5배~수배, 심지어 수십 배까지를 내다보며, 어떻든 큰 여력을 예상하고 있는 측면이 있다. 이를 볼 때 해양에 있어서 식료생산업이란 '그 중심을 이루는 수렵형 생산형을 바꿀 필연성도 없을 뿐 아니라 영속적 발전을 이룩할 유일한 산업'으로서, 보는 방법에 따라서는 가능성이 인정되리라 본다. 멀리 갈 것 없이 우리의 사정을 보면 한 때 300만m/t의 어획을 올렸으나 국제어장의 제반규제로 인한 어장의 축소로 점차 총어획고의 감소를 이어 오다가 2003년의 총어획고는 2,487,042m/t으로 다음과 같이 구성된다.

해면어업	2,467,362m/t
일반해면어업	1,096,526m/t
(해면어류)	(728,921m/t) (1,927,936,306천원)
천해양식어업	826,245m/t
(어류)	(72,393m/t) (639,003,751천원)
원양어업	544,591m/t
(원양어류)	(397,196m/t) (827,132,403천원)
내수면어업	19,680m/t

일반해면어업과 원양어업 및 천해양식어업을 합친 2,467,362m/t중

해면어류	728,921m/t	1,927,936,306천원
원양어류	397,196m/t	827,132,403천원
양식어류	72,393m/t	639,003,751천원
합계	1,198,510m/t	3,394,072,460천원

이와 같이 1,198,510m/t의 어류생산은 총 어획고의 48.6%를 점하며 수렵형 식료생산형인 어로에 의한 어류생산은 1,126,117m/t이며 사육·재배형인 양식어류는 72,393m/t의 모습으로 어류생산에 있어 어로와 양식의 비율은 94%와 6%의 차이를 보이고 있다. 이는 어류공급에 있어 어로라는 생산양식의 절대적 위치를 가리키는 것이다.

어류양식에 있어 '1kg의 양어(養魚)를 위해 거의 10kg의 타어종의 이료가 필요하다'는 대목에서는 수렵형 어로의 생산양식의 가치와 의의를 명

료히 하는 것 같다.

※ 이 부분은 기바다 쓰도무(木幡 孜)의 『어업의 이론과 실제』를 참조하여 재편하였다.

한편 2003년의 수산물 수입상황을 보면,

(단위: 천톤)

총수입	조기	갈치	아귀	명태	(명란)	대구	고등어	기타
1,239	56	43	24	231	(8)	14	31	832

이 중 주요어류 6종이 399,000m/t을 점하여 해면어류생산량 728,921m/t의 약 절반 이상을 수입해야 우리의 식탁을 채울 수 있다는 말이 된다. 물론 상기의 기타 832,000m/t에도 기타어류가 상당량 있을 것이니 이를 추정 약 200,000톤으로 보면 2003년 당해연도의 어류수요량은 국내생산분 1,198,510m/t, 수입어류 599,000m/t, 계 1,797,510m/t이 되어 이 중 우리의 수렵 어로에 의한 생산은 1,126,117m/t으로 전체 수요의 64.8%에 불과하다.(원양어업분을 국내수요에 포함)

정부의 기르는 어업의 장려에 의한 어류증산도 여러 부작용을 동반하고 있는 가운데 그 증산도 어느 정도 한계성을 노정하고 있다.

되돌아가서 전기의 FAO 통계는 수렵형 어로인 현생산 양식(樣式)은 후진성이건 합리성이건 지구적으로는 장래의 가능성을 시사하고 있으나 우리는 후퇴의 기운이 역역한 현황이다. 그 어획부진의 주요인을 남획 때문에 "고기가 줄었다"에만 초점을 맞추고 제반의 시책도 여기에 기점(起點)을 두고 발상을 한다.

거의 무방비상태인 환경오염에 의한 자원 감소에 대한 인식은 충만하나 이를 풀 방도를 찾지 못하고 요인을 단락화(短絡化) 해버린다. 이의 즉답은 감선, 소위 구조조정이다. 그러나 어업을 둘러싼 현 여러 규칙의 제도적 발상과 제도 간의 조업적 연계성을 고려한 제도의 재구성을 이룩하지 못하는 데에서도 그 원인의 일단을 찾아야 할 것이다. 본래의 재생산자원의 자연적 요소의 보호와 조장의 기틀아래에서 영속적 "수렵" 어로를 할 수 있는 우리의 지혜를 총집해야 한다.

대형기저는 지금과 같은 연안근접조업과 사료용에 지나지 않는 치어류의 어획을 즉각 중단하고 이 어업이 어업인 간에 신뢰를 구축할 수 있는 본연의 위치에 돌아가서 새로운 대형기저상을 수립하여 상기에서 지적한 바와 같이 인류생명산업으로서의 과감한 개선책을 제시해야 할 것이다. 이는 정부의 제1차적 책무에 속하며 업계의 대전환적 사고의 출발에서 시작될 수밖에 없다.

■ 개선책의 새방향의 구상

대원칙: 대형기저어업은 존속할 수 있다.

(1) 기본방향

대형기저에서 가장 시급한 조치는 현행 다층망을 제도적으로 수용할 것인가? 이를 수용하려면 먼저 그 어법이 통용될 수 있는 조업구역의 범위가 결정되어야 한다. 그리고 그 조업구역의 추정자원량에 대한 관련 어업별 적정 노력량(단위어획노력량－척수)을 정하고 거기에서 결정된 대형기저의 어획노력량에 따라 증감된 세력을 전기 "Ⅷ 개평"의 취지에 입각하여 정부는 육성정책을 적용하며 국가의 기간어업세력으로 구축한다.

그리고 생잔자는 지금까지와는 다른 자세로 조업에 임하는 심기일전의 기회를 맞이하게 될 것이며 자원관리에 대한 자율적 규제 등의 창설로 국가적 지원을 받는데 국제적 간섭이 배제되도록 abstention 원칙을 스스로 확립한다.

이에는 몇 가지 조건이 전제된다.

(2) 전제조건

① 연안어업과 겹치지 않는 해역

② 치어 등 사료용 어획이 되지 않는 해역

③ 주요대상어종이 주류를 이루는 명백한 해역

④ 대상자원의 유지 가능한 정책의 병용

⑤ 경비지출의 감축을 위한 시설장비의 단위를 낮추어 경영개선의 시도와 조업형태의 정상화

(3) 개선안

① 저인망을 다층망으로 법을 개정한다.

② 다층망의 유연성있는 규격의 범위를 규정화 한다. 그리고 필요하면 이 다층망 사용 어장을 한정할 수 있다.

③ 연안어업과의 마찰을 고려하여 연안 근접조업은 금해야 한다. 물론 지금도 조업금지구역이 획정돼 있으나 거의 무용지물이다. 따라서 이의 범칙은 엄벌주의에 입각해야 한다.

④ 상용(常用)조업구역의 설정과 특정기간만 조업하는 구역의 설정을 구상한다.

⑤ 이 때 특정기간조업구역에서는 기존 타 어업과의 관계를 고려하여 조업척수의 조절, 어구규격을 법정어구규격의 상한이내에서 관련업종과 협의 결정할 수 있다.

⑥ 신설되는 ④의 상용조업구역이 축소되어 현 세력의 수용이 어려우면 감척을 실시한다. 감척의 원칙은 본 조치시행 현재의 합계톤수와 합계마력을 기준으로 하되 상기한 '기본방향'에서 제시한 자원추정량에 따른 그 비율만큼의 감축을 실시한다.

⑦ 선복과 기관출력은 본 조치 당시의 수준을 상한으로 하되 그 이상 증량은 허용하지 않는다.

⑧ 단위어획노력당 허용어획량제도를 고려한다. 이의 운용에 관한 세부 지침을 정한다.

⑨ 특정기간의 운반선 사용에 제한을 둔다.

⑩ 양육항을 지정한다.

⑪ 어획보고의 의무는 판매자와 어업자 쌍방에 둔다.

⑫ 자원관리를 위한 자제노력체(自制努力體)를 구성한다.

제2편
외끌이기선저인망어업

제1장
외끌이의 연혁과 실태

I | 서 론

현행 기선저인망어업(이하 기저로 약칭함) 중 기형적 존재로 유지돼 온 업종이 대형기저의 외끌이 기저이다.

법 제41조제1항과 동 시행령 제25조제1항제1호 "대형기선저인망어업; 총톤수 60톤이상의 동력선에 의하여 저인망을 사용하여 수산동물을 채포하는 어업"의 규정에 의한 업종이다.

그러나 1953년 제정된 수산업법에서 기저의 기법에 대한 인식과 정책 적용의 혼동으로 기저규정의 단일화로 야기된 것이 대형기저 속의 외끌이 어업이 탄생되는 출발점이 되었다. 이에 대한 전후관계는 앞으로 상세히 논거하겠으나 일언이폐지(一言以蔽之)하여 제도적 기형임에는 틀림없다.

따라서 제도적으로는 동종 대형기저의 쌍끌이기저와의 양립의 모순, 타 외끌이기저와의 불균형, 이로써 야기되는 정책의 오류는 제도와 현실의 괴리에서 파생한 어업질서적 차원과 자원관리상의 심각한 대립을 초래한 것이 어장의 현실이다.

가장 심각한 모순은 기저 제도의 변천에서 대형외끌이를 규정한 구체적 조항은 없이 언제나 대형기저니 원양기저니 하는 일변도의 규정 "총톤수 60톤 이상의 동력선에 의하여 저인망을 사용하여 수산동물을 채포하는 어업"으로 소위 외양 지향적인 범주에 넣어 그 정책의 대상으로 삼아왔다.

1963년 11월15일자 개정 시행령 제9조는 "……「대형기선저인망어업에 있어서는 어선 2척에 어구 1구마다」 다음의 사항을 기재한 신청서를 제출 하여야 한다"로 개정한 것을 보면 이때까지의 외끌이 허가를 지양하겠다는 뜻으로 보인다. 그러던 것을 1965년 1월 15일의 시행령 개정에서 전기의 「대형기저의 허가에 있어서는 어선 2척에 어구 1구마다」를 삭제하여 외끌이대형기저의 허가를 합리화하였다. 동시에 이 개정은 2척을 1조로 한 쌍끌이의 어망 소지통수를 복수로 늘려주려는 목적도 있었던 것으로 보인다.

물론 그 동안 1수인 2수인이라는 호칭으로 구별하여 허가는 하였으나 그것은 규정에서 분류되어 있은 것은 아니고 허가 신청시 이를 구분하여 본인의 기재에 따른 형식을 취했으나 이로써 법규상 외끌이허가를 정규화한 것이다.

다행히 1995년부터 부령에서 어업의 종류 대형기저, 어업의 명칭에 "외끌이대형기저" 또는 "쌍끌이대형기저"로 분류하기 시작한 것이다. 이에 대하여는 앞으로 구체적으로 논거하게 될 것이다.

더욱이 한 · 일, 한 · 중어업협정에 의하여 어장의 축소를 여지없이 수용한 지금은 이 외끌이의 어업형태는 외끌이 본연의 후리식조업과 끌이식조업에 옷타를 장치한 트롤식조업까지 등장하여 대형외끌이의 제도적 이탈현상이 발생하고 있다. 더욱이 전체 후리식어선의 어업경영은 2002년 현재 타어업보다 더한 곤궁에 빠져있음을 각종 지표와 문헌이 입증하고 있다.

물론 기저어업의 곤궁이 외끌이만의 문제는 아니나 이 외끌이의 제도적 모순과 불합리를 해소하지 않는 한 근해어업 전체의 합리화 그 중에서도 기저의 합리적 제도수립은 불가능할 것이다.

본고는 여기에 기저(基底)를 두고 대형외끌이기저의 현실과 함께 경북과 울산의 경계점으로부터 방위각 107도선 이남과 이서해역에서 조업하는 정상적 외끌이와 이들 속의 제도를 이탈한 트롤조업들의 실태를 파악하고 그 대책을 함께 찾으려는 것이다.

Ⅱ | 외끌이의 현실

1. 외끌이의 기법

외끌이 기선저인망(이하 기저라 약칭함)이란 1척의 동력선에 의하여 후리식으로 어망을 전개한 후 인망하는 것인데 전개방법을 약기하면 먼저 부이를 띄우고 약 1,000m 전방으로 전진한 후 체인을 놓고 거기서 좌측 45도각으로 다시 1,000m 전진 그 자리에 어망을 투척한 후 당초의 부이 쪽으로 1,000m 정도 전진하다가 다시 체인을 놓은 다음 부이쪽으로 1,000m 정도 가서 부이를 잡는다. 그때부터 인망이 시작된다. 이 순간의 모양을 마치 야구장의 다이어몬드형을 생각하면 된다. 어망을 두고 양측에 2,000m의 인망줄이 형성되어 인망이 이루어진다.

이 과정을 소요시간별로 구분을 하면 투망(어망전개, 후리) 13~15분, 인망 50~60분, 양망 18~20분이 소요되며 이것이 1인망이다.

2. 외끌이의 법정사항

외끌이는 법적으로 60톤이상의 대형기저와 20톤이상 60톤미만의 중형기저로 분류되어 있으나 외끌이의 기법에 대하여는 법규상의 규정에 이를 명시하지 않았다. 이들의 법적 조업구역은 각각 다음과 같다.

1) 조업구역

(1) 대형기저외끌이: 쌍끌이와 동일함

경남해안선과 동경128도선의 교점, 북위33도 20분 동경128도의 교점 및 북위33도 30분, 동경129도 50분의 교점을 순차적으로 연결한 이북의 동해를 제외한 서해와 동지나해.

(2) 중형기저의 조업구역

① 동해구: 경북과 울산광역시의 경계와 해안선과의 교점에서 107도선 이북의 해역.

② 서남구: 경북과 울산광역시와의 경계와 해안선과의 교점에서 107도선 이남과 이서의 해역.

이상에서 보다시피 외끌이는 세 갈래의 조업구역과 선박규모에 있어 20톤이상 60톤미만과 60톤이상 140톤미만의 두 갈래에 제도적으로 나뉘어 전자는 동해구기저와 서남구기저가 해당되며 후자는 대형기저의 쌍끌이와 외끌이가 해당된다.

그러나 다음의 "Ⅲ. 외끌이의 부침"에서 윤곽이 밝혀지겠으나 대형기저 외끌이는 후리식과 제도를 벗어난 "트롤"의 2종으로 나뉘고 그것도 지역별로 특색을 갖고 있다. 이를 여기에 명기하면 부산의 대형외끌이, 여수와 경남의 대형외끌이가 트롤어법으로 조업하는 것과 서남구기저의 정상조업방법의 1군과 여수의 서남구기저가 트롤어법을 구사하는 1군이 있다.

또한 이 서남구기저는 조업근거지별로 조업형태를 달리하여 울산과 부산을 근건거지로 하는 후리식과 여수를 근거지로 하는 전기의 트롤조업을 합해 3파를 이루고 있다.

2) 어업명칭의 약칭

본고를 진행함에 있어 상기와 같은 복잡한 양상의 어업들을 다음과 같이 약칭하여 진행의 편의와 독자의 혼돈을 막는데 도움을 얻고자한다.

	본칭	약칭
①	대형기저외끌이	부산외끌이
②	여수대형기저외끌이(트롤)	여수트롤
③	경남대형기저외끌이(트롤)	경남트롤
④	울산서남구기저외끌이	울산서남구
⑤	부산서남구기저외끌이	부산서남구
⑥	여수서남구기저외끌이(트롤)	여수서남구

1) 연혁의 탐색

1953년의 수산업법 제정 당초의 기저는 모두 외끌이로 그 때는 전국 해역을 6개의 조업구역으로 구분하여 총톤수 30톤(구톤수)이상 50톤미만, 70마력이상 120마력미만으로 조업구역과 그 정한수를 아래 표와 같이 규정한다.

〈표 2-1〉 제정 수산업법상의 기저의 조업구역과 정한수

구명	조 업 구 역	정한수
제1구	함경북도 관할해역	50척
제2구	함경남도와 강원도 관할해역	40척
제3구	경상북도 관할해역(남쪽은 경・남북의 교회점과 남 73도선 동쪽해역)	30척
제4구	전기( )의 선과, 남해이리산정에서 전남 여천남면작도고정을 바라보는 선간의 해면	40척
제5구	경남 하동남면가인포남갑에서 동면대도서단을 거쳐 남해도덕산말에 이르는 선, 남해이리산정에서 전남 여천군남면작도고정을 바라보는 선과 전북 옥구군미면연도북단, 동면어청도북단을 바라보는 선간의 해면	15척
제6구	전북 옥구군미면연도북단과 어청도북단을 바라보는 선 이북의 해면	10척

※ 제1구~제4구의 조업구역의 상세기재는 약했고 제5구와 제6구는 규정대로 명기하였음.

이렇게 하여 합계 185건(척)을 정한수로하고 어법에서는 "「스크류」를 비치한 선박에 의하여 저예망(底曳網)을 사용하여 하는 어업"으로 규정하였으나 지금의 외끌이방식의 후리식만을 일컬은 것이다.

물론 이 때는 통일을 전제로 조업구역을 동해는 함북과 함남 및 강원북부(38선 이북) 일부를, 서해는 제6구를 전북 이북해역으로 하여 경기, 황해, 평남, 평북을 포함하였으나 실효적 조업구역은 강원남부 일부와 경북, 경남, 전남, 전북이북의 휴전선 이남에 한정하였으므로 제2구의 강원남부는 우리의 실권하에 있어 26척을 잠정 허가한 것으로 알고 있다. 그럼으로 실수는 강원 26척, 경북 30척, 경남 40척 계 96척이 1953년 제정수

산업법에 의한 외끌이후리조업을 하고 있었다. 제5구와 제6구는 다음에 상술되겠지마는 허가를 보류하였다.

2) 식민지시절

한편 일제시대인 1929년 조선총독이 시행한 조선어업령에서 〈표 2-1〉과 같은 조업구역을 6개로 정하면서 각 조업구역의 정한수를 아래 표와 같이 정하여 시행해 온 것을 볼 수 있다.

〈표 2-2〉 기선저예망어업의 조업구역과 정한수

조업구역		허가의 정한수	
구별	조업구역	허가수	허가척수
제1구	기재생략	50	50
제2구	〃	40	40
제3구	〃	20	20
제4구	〃	30	30
제5구	〃	65	65
제6구	〃	45	45
계		250	250

자료 : 1929년 12월 10일 조선총독부관보. 조업구역은 <표 2-1>과 같음.

이 표에서 보는 정한수 250척은 제정수산업법에 의한 〈표 2-1〉의 정한수 185척과는 상당한 차이가 있음을 알 수 있다. 특히 제5구, 제6구의 110척이 25척으로 85척이 정한수에서 감소된 것을 알 수 있다. 그리고 우리가 주시해야할 섬은 제5구, 제6구의 척수가 모두 홀수인 것과 건수와 척수가 동일한 것은 외끌이임을 반증하는 것이다.

그러나 250척은 1933년 11월에 고시의 변경으로 제2구의 40척이 45척이 되어 총 255척으로 증설하면서 시행규칙의 허가처분방법에서 기저는 어구 1구마다를 허가 대상으로 한다고 명시하여 1허가 1어구(어망)를 기준하여 허가하고 있었다.

한편 조선총독부통계연보의 어구류별(어업별) 견적가액표에 표시된 기저의 통수는 1936년 187통, 1943년 284통인데 전기의 255건(통)보다 29건이 많다.

이런 가운데 이들 기저 경영자 중 조선인의 비율은 얼마인지 구별되지 않으나 참고로 1917년의 조선총독부 통계에 전국 기저 111건중 29건이 조선인 앞 허가인 점을 고려할 때 1930년부터는 일본인과 조선인을 구분하는 통계의 지양으로 1943년경의 조선인 소유 기저의 수치는 불명하나 전기의 비율에서 크게 벗으나지는 않았을 것으로 짐작된다.

특히 1930년에 〈표 2-2〉를 시행할 때는 명태어업이 각광을 받을 때였고 주산지인 함북(제1구), 함남(제2구), 강원(제3구)의 115건 중 조선인 앞 허가는 상기의 지적을 고려할 때 불문가지의 수에 지나지 않았을 것이며 동시에 타 구역에 있어서도 별반의 차이는 없을 것이다. 굳이 이를 지적하는 것은 광복이 되면서 일인 소유의 허가는 정한수에서 공백이 발생하는 것을 지적해두려는 뜻이다.

그러나 법적 정한수의 공백과 실제의 기저어선의 수는 일치할 수 없었다. 일인이 퇴거하면서 사용한 것과 미리 조선인에게 양도형식을 취한 때문이었다.

1945년 8월 9일 이전의 한국수역에 있었던 선박을 등록시켜 관재령(管財令)에 의하여 불하형식을 취해 어민에게 넘어간 것은 불과 17척에 지나지 않았다.

3) 광복후의 조치들

그러나 광복후 미군정은 1946년 3월1일 일반포고에 의한 어업취체규칙을 발포하고 15일후에 동시행규칙에 의하여 허가를 받되 동년 4월15일 이후는 이에 의한 허가 없이는 조업을 금하는 조치를 하였다. 그러나 1950년 5월 정부는 "어업에관한임시조치법"에 의하여 50톤이상 120마력 이상의 대형기저의 허가를 단행하여 전남, 전북, 제주를 제3구남으로 하여 34건, 69척(1척은 트롤). 전북이북인 충남, 경기, 황해를 제3구북으로 하여 30건, 60척. 계 64건 128척의 쌍끌이를 갖춘 대형기저의 구조를 갖게 된다.

이로써 조업구역은 4구분이 되어 1952년 현재 다음과 같은 구역별 기저의 세력분포가 된다.

A. 30톤이상 50톤미만
  a. 제1구 65건(경북, 강원) 65척(이 속에는 경기 4척이 있었으나 아마 경기에 주소를 둔 사람이 강원을 근거지로 운영한 것 같음).
  b. 제2구 55건(경남)중 외끌이 52건, 쌍끌이 3건 계 58척.
B. 50톤이상 120마력이상
  a. 제3구남(전남, 전북, 제주) 쌍끌이 34건, 트롤 1건(척) 계69척.
  b. 제3구북(전북이북인 충남 경기 황해) 쌍끌이 30건, 60척.

이렇게 되어 A의 소형은 허가건수로는 외끌이 117건 117척, 쌍끌이 3건 6척 계 123척. 대형기저 64건에 128척과 트롤 1척이 있은 것으로 추정된다. 그러나 대형기저 속에는 외끌이의 존재는 보이지 않는다.

※ 이 부분 대형기저40년사의 일부와 상공부수산국 통계연보를 참고하였음.

4) 수산업법상의 기저허가

그러나 상기한 바와 같이 1953년 새로이 제정된 수산업법은 6개의 조업구역 중 제5구와 제6구에는 15척과 10척의 정한수를 두었으나 수산업법 제정 이전에 이미 임시조치법에 의한 쌍끌이 64건 128척이 있은 것으로 추정된다.

제5, 6구의 조업구역은 30톤이상 50톤미만으로 서해와 동중국해를 어장으로 삼기에는 역부족의 현실을 감안 상기의 제5, 6구의 정한수 25척의 외끌이에 대하여는 원양어업장려의 명분으로 장관내훈에 의거 잠정허가처분을 보류하여 오던 것을 1961년 7월에 이를 해제하였다(1961년 12 30

일 원양기저어업허가사무취급훈령 제46호를 위한 참고자료에 따름).

이 뜻은 법적 규제인 30톤이상 50톤미만 70마력미만의 기저를 허가한다는 뜻이지 원양기저의 외끌이를 허가한다는 취지는 아니다.

이미 1955년 1월12일 해무청은 "어업처분방침에 관한 건" 중에 원양기저는 어장개척과 해어업의 발전책으로 170건(340척)을 한도로 하여 이를 장려조성한다고 밝히고 있다. 이에 의하여 1956년 12월에 대통령령으로 "수산업장려보조금교부규칙"의 제정으로 원양어선의 건조 또는 구입, 원양어업시설, 원양어업경비 등에 대하여 80%이내의 보조금을 교부할 수 있게 하였다.

이로써 대형쌍끌이기저 세력이 격증하게 되나 그 내용은 장려취지와는 다른 방향으로 치닫고 있었다.

1962년 해무청수산국 어업통계를 참고하면 기저의 세력 추세는 아래와 같다.

〈표 2-3〉 기선저인망어업의 허가건수 추이

(단위: 건)

기저＼연도	1957	1958	1959	1960	1961
외끌이	96	96	96	219	221
쌍끌이	90	87	104	48	51
합계	186	183	200	267	272

자료: 1962년 해무청어업통계 인용. 2001년 한규설 저 『한국어업제도변천의 100년』 참조

여기에서 고려할 점은 상기의 제정 수산업법이 제49조에서 185건의 정한수를 정하면서 기저의 규모를 30톤이상 50톤미만, 70마력이상 120마력이하만을 기저로 규정하였음은 이미 지실하는 바다.

그러나 상기에서 밝힌바 제5, 6구의 25건의 외끌이는 허가를 보류하였기 때문에 1957년~1959년까지는 통계상 외끌이는 96건으로 고정된다. 이는 강원 26건(법적 정한수 40건이나 강원의 북부는 행정의 실권적 효력이 미치지 못함), 경북 30건, 경남 40건의 외끌이 건수의 합계일 것이다.

5) 원양어업영역 개념의 대형기저의 장려정책

즉 법정 기저의 정의는 법 제11조와 법 제49조의 정한수에 의한 것 뿐이었다. 이 외의 기저는 1953년 현재는 법적으로 존재하지 않았으나 당시만 해도 제5구, 제6구는 원양어업의 영역에 두어 이를 적극 장려해야할 어업사회 여건으로서 공감대가 있었다. 그래서 수산업법 제13조의 규정(허가어업의 설정; 수산자원의 번식보호와 어업단속상 필요하다고 인정할 때에는 전 2조에 규정한 외에 허가를 받아야하는 어업을 대통령령으로 정할 수 있다)을 적용하여 원양기저를 신설하고 조업구역을 지정하여(현 대형기저조업구역) 기존의 64건의 대형쌍끌이 외에 허가를 이에 추가하였다.

상기에서 논급한 바와 같이 1956년에는 수산업장려보조금교부규칙에 의하여 건조비 및 구입비, 어업시설과 어업경비에 대한 소요자금의 80%를 보조하게 되어 이를 원양어업으로 적극 장려하게 된다.

이들 어선의 조업구역은 제5구, 제6구로서 경남 남해도이리(以里) 산정에서 전남 여천남면작도(鵲島)를 바라보는 이서해역(동지나해 포함)이 되나 수산업법 제13조에서 새로운 기저인 원양기저로 정하고 반드시 쌍끌이에만 허가하기로 한 것이다.

〈표 2-3〉에서 보다시피 1957년의 쌍끌이 90건이 1959년에는 104건으로 증강되는 모습이 이 영향으로 인한 것이라 볼 수 있다.

해양수산부가 보관하는 해무청 시절의 행정자료에 의하면 1958년의 대형기저의 어획고는 50,021m/t, 이중 외끌이가 41,022m/t(82%), 쌍끌이는 8,999m/t(18%)으로 기록되어 있다. 이 자료를 인용한다면 전기 〈표 2-3〉의 허가건수와의 관계에 대단한 모호성을 발견하게 되나 이때의 대형기저의 현실적 구성구조에 있어 외끌이 세력이 주도하고 있음을 입증한 것이다. 즉 〈표 2-3〉의 1958년도의 쌍끌이 허가건수 87건 속에는 외끌이가 대부분이란 결론이 된다.

구체적 자료는 없으나 1957년에는 원양어업장려의 기치를 올리기 위해 부산 자갈치에는 수십척의 해당 기저를 집결시켜 태극기와 대어기에 만국

기까지 게양하여 상공부장관이 참석한 성대한 출어식을 거행하고 일제히 부산 남항을 출항하는 모습을 연출하였다. 그리고는 그날 오후 늦게 모두 부산으로 되돌아 와서는 각기의 어장으로 나갈 준비를 마치고는 재출항했었다.

그 때 지향한 목표어장은 지금의 동중국해와 가까이는 제주남쪽의 스코트라 암초해역으로 지금의 원양개념과는 상당한 거리감이 있었다. 이것이 우리 나라가 원양을 부르짖은 효시적 사건이나 솔직히 말해 동지나해나 스코트라 해역을 주어장으로 한 배는 그 수에 있어 얼마 되지 않은 것이 사실이었다.

그 이유는 무엇일까? 어선규모, 장비의 열악, 기술미흡과 자금부족에 의한 의욕부진이 겹치고 있었으나 멀리 나가지 않아도 근해어장에서의 어획이 어느 정도의 경영을 유지시켜주는 생산이 있은 것이 그 이유라 추정된다.

상기의 보조금 특히 출어경비의 보조에 매료되어 1959년에는 쌍끌이 허가는 104건으로 증가하나 이 104건은 척수로 환산하면 208척이며 상당수는 급조한 꿰다 맞춘 모양만의 쌍끌이허가를 받은 것이다.

6) 허가처분 기준의 미비

〈표 2-3〉이 가리키는 1960년의 외끌이 219건의 급증과 쌍끌이가 104건에서 48건으로 급감하는 모습이 이를 말한다. 그 때의 해무청의 정책은 쌍끌이로 원양진출을 장려하려던 것인데 오히려 법 규정의 미비와 장려정책을 악용한 외끌이의 양산에 이르고 부정어업으로 어업질서의 문란을 초래하였다. 요는 쌍끌이허가 기준의 마련도 없이 2척의 배가 톤수와 마력수에 상당한 차이가 있어도 이 두 척을 묶어 쌍글이허가를 신청하면 허가를 주었다. 그러나 어장에서는 각기 외끌이로 조업을 하고 원양어업장려정책의 혜택을 입었다.

7) 외끌이대형기저의 합법화와 억제

그러다가 1959년 하반기에 이를 현실화하여 1건의 쌍끌이허가로 2척의 외끌이를 하는 것을 2건의 외끌이허가로 합법화하고 또한 외끌이의 신규진입을 허용하였다. 여기에서부터 우리 나라에 소위 대형기저의 외끌이가 법적으로 탄생하게 된 것이다. 〈표 2-3〉에서 보는 바와 같이 1960년에 외끌이는 219척으로 격증하고 쌍끌이는 48건으로 격감하는 것이 이를 입증한다.

그러나 정책이 원양장려이므로 외끌이의 허가를 제한하고 쌍끌이를 장려하기 위하여 농림부수산국은 1965년 8월 "외끌이대형기저허가처분 방침"에서 허가갱신이나 신규허가신청이 있는 경우 1964년 10월31일이전에 허가받은 허가장이 있는 선박에 한하여 허가하도록 조치하면서 외끌이는 1968년 3월 5일까지의 허가기간이전에 가급적 쌍끌이어업으로 전환하도록 지도할 것을 당부하였다.

8) 기저세력의 상황

1950년대의 통계자료의 불비로 1963년도의 농림부수산국의 통계연보와 어선통계연보를 참고하면 이때의 기저어선의 단위어획노력량과 그 어획량을 추정하기가 퍽 어려울 것 같다. 첫째 1964년에 발간한 1963년의 수산통계연보와 어선통계연보에는 1962년의 자료와 1963년의 것이 혼재돼 있어 인용에 혼돈이 발생하고 둘째는 수산통계와 어선통계에 일치성이 결여되어 있어 인용에 난점이 있었다.

〈표 2-4〉와 〈표 2-5〉를 보면 1962년의 우리 나라 기저의 척수는 강선 19척, 목선 351척 합계 370척이며 목선이 전체의 94.8%를 차지하였고 척당평균톤수와 마력은 각각 54.2톤과 119.5마력이다.

강선은 부산과 전남에만 존재하였고 척당평균톤수와 마력은 각각 85.7톤과 209마력이나 세력분포는 부산이 90%를 점한다. 이것은 모두 쌍끌이로 추정된다.

〈표 2-4〉 1962년 선질별 지방별 기저어선세력(강선)

(단위: 척, 톤, 마력 %)

규모별		50~99톤			100톤 이상			합계		
척수 및 장비		척수	톤수	마력	척수	톤수	마력	척수	톤수	마력
부산	규모별합계	15	1,228	3,068	2	210	500	17	1,438	3,568
	척당평균		81.8	204		105	250		84.5	209
전남	규모별합계	2	192	480	-	-	-	2	192	480
	척당평균		96	240					96	240
계		17			2			19		

자료: 1963년 농림부수산국 어선통계연보 참고.

〈표 2-5〉 1962년 선질별 지방별 기저어선 세력(목조)

규모계층별		30~49톤			50~99톤			합 계		
척수 및 장비		척수	톤수	마력	척수	톤수	마력	척수	톤수	마력
부산	규모별합계	21	795	1,873	147	9,408	20,951	168	10,203	22,824
	척당 평균		37.8	89.1		64.0	142.5		60.7	135.8
경기	규모별합계	3	109	204	23	1,336	2,674	26	1,445	2,878
	척당 평균		36.3	68		58.0	116.2		55.5	110.6
전북	규모별합계	16	532	1,202	3	181	304	19	713	1,506
	척당평균		33.2	75.1		60.3	101.3		37.5	79.2
전남	규모별합계	2	60	100	50	3,075	6,647	52	3,175	6,747
	척당평균		30	50		61.5	132.9		61.0	129.7
경북	규모별합계	31	1,142	2,616	1	55	99	32	1,197	2,715
	척당평균		36.8	84.3		55	99		37.4	84.8
경남	규모별합계	21	775	1,888	13	809	1,500	34	1,584	3,388
	척당평균		36.9	89.9		62.2	115.3		39.6	99.6
강원	규모별합계	20	715	1,896	-	-	-	20	715	1,896
	척당평균		35.7	94.8	-	-	-		35.7	94.8
합계		114			237			351	19,032	41,954

자료: 1963년 농림부수산국 어선통계연보 참고

목선에 있어 규모계층별의 지방별 각 단위 평균을 보면 30~49톤 계층의 척당평균톤수는 부산의 37.8톤이 가장 높고 전북의 33.2톤이 낮은 곳이며 척당평균마력도 강원 94.8마력 경남 89.9마력과 부산 89.1마력의 순이 된다.

또한 50~99톤 계층도 역시 부산은 척당평균톤수와 마력이 64.0톤과 142.5마력으로 가장 높다. 이중 100톤이상은 부산에 2척 있을 뿐이다.

또한 부산의 기저세력이 목선 168척 강선 17척 계 185척으로 전체 370척의 50%를, 경남은 9.1%에 해당되어 부산과 경남의 합은 59.1%를 차지하여 이 지방이 기저의 중심적 위치임을 나타낸다.

그러나 어느 경우든 대형외끌이를 구별할 수 없다.

9) 전체 기저세력 중의 대형외끌이

〈표 2-3〉의 1961년의 외끌이 허가건수는 221건(척), 쌍끌이는 51건(102척)으로 기저척수는 323척이다. 전기 〈표 2-5〉 1962년의 목선 351척과 〈표 2-4〉의 강선 19척(쌍끌이 9건 외끌이 1건으로 추정)의 합계 370척은 1961년에 대하여 1962년에 47척이 증가한 것을 나타낸다. 불행히도 1962년의 허가건수 자료는 없다.

1962년의 목선 351척과 강선 19척 계370척을 중심으로 외끌이 수를 추정한다면 고정적 정한수인 강원, 경북, 경남의 외끌이 96척을 빼면 370척−96척=274척이 1962년의 대형기저(외끌이 포함)인 셈이다.

〈표 2-3〉의 수치 중 쌍끌이 건수 51건(102척)을 부동치로 하고 1962년의 상기 274척에 관련시키면 274척−102척=172척(62.7%)이 대형외끌이가 되는 것으로 추정이 된다. 〈표 2-3〉의 통계상의 221척과는 49척이 모자라나 1961년에서 1962년에 47척이 추정 증가한 것을 고려한 219척을 참고하면 〈표 2-3〉의 외끌이 221척에 어느 정도의 이해가 될 것 같다. 물론 이 47척이 모두 외끌이라는 보장은 없다.

이상을 정리하면 1962년에 부산에는 총 361척의 기저가 있었고 쌍끌이 102척, 대형외끌이 219척, 4구기저 40척 합계 361척의 기저가 있은 셈이다.

허가상의 건수로 계산하면 쌍끌이 51건(102척), 대형외끌이 219건, 4

구 40건 합계 310건(361척)이다.

당시의 통계 집계시의 척수와 건수의 혼돈에서 온 것인지 또는 통계집계상의 문제만으로만 볼 것인지 의문이 되나 요는 당시의 대형외끌이의 대체적 동정(動靜)의 경향을 짐작할 수는 있을 것 같다.

10) 기저의 생산

한편 1963년의 수산통계연보에는 업종별 어획고의 집계는 없고 종류별 위판고만 있는데 총위판고 중 어류 위판고의 추이는 아래와 같다.

〈표 2-6〉 1958년~1962년 위판고에 의한 어류생산추이

(단위: m/t, 천원)

항목 / 연도	총위판고		어류위판고		비 율		m/t 단가
	중량a	금액b	중량c	금액d	c/a	d/b	
58	218,358	1,954,482	188,197	1,613,816	86.1%	82.5%	8,575
59	225,592	2,131,216	191,580	1,741,695	84.9%	81.7%	9,091
60	209,892	2,341,256	179,466	1,917,033	85.5%	81.8%	10,681
61	212,704	2,638,758	176,813	2,034,984	83.1%	77.1%	11,509
62	260,229	3,462,561	211,152	2,795,177	81.1%	80.7%	13,237
58/62	19.1%	76.6%	12.1%	73.2%	54.8%	78.3%	54.3%

자료: 1963년 농림부수산국 수산통계연보 참고

〈표 2-6〉을 보면 1962년의 전국 총위판고 260,229m/t. 금액 3,462,561천원 중 어류위판고는 211,152m/t에 2,795,177천원으로 각각 81.1%와 80.7%를 나타내며 m/t 단가는 13,237천원이다. 불행히도 통계연보에는 지방별 위판고란이 없다.

또한 당시의 통계연보에는 업종별 어획고의 집계가 없어 이 중 기저의 위판고를 가늠할 수는 없으나 통계연보 중의 지방별 종류별 어획고에 1963년분이 게재되어 총어류어획고는 249,873m/t에 금액 4,760,924천원. 이중 부산의 어류 어획고는 54,961m/t 금액 1,069,364천원으로 각각 21.9%와 22.4%를 점하고 있다. 부득이 1962년의 위판고와 1963

년의 어류어획고 및 부산의 어류어획고를 비교 대입시켜 부산의 어류생산의 위치를 검토해 본다. 편의상 기저의 주대상 어종어획을 이에 국한하여 관찰한 것이다.

〈표 2-7〉 부산어류어획고의 위치

(단위: m/t, 천원)

생산별 항목	전국총위판고			전국어류어획고			부산어류어획고			관련항목비교			
	생산a	금액b	단가	생산c	금액d	단가	생산e	금액f	단가	a/c	d/b	e/c	d/f
내역	260,226	3,462,562	13,305	249,873	4,760,924	19,037	54,961	1,069,364	19,468	96.0%	137%	21.9%	22.4%

자료: 농림부수산국 수산통계연보

※ 총위판고; 1962년분. 어획고; 1963년분 임

우리는 〈표 2-6〉과 〈표 2-7〉을 참고하여 부산의 1963년의 기저 어획고의 추정을 시도하려 한다.

먼저 1963년의 통계연보 중 〈표 2-7〉에 의한 부산의 어류생산의 월평균어획고를 추정하니 54,961m/t÷12월=4,580m/t이 된다.

같은 통계연보 중의 지방별 어종별 어획고에서 1963년의 수산통계연보의 월별 어종별 어획고란에서 1월, 3월, 6월, 9월, 12월의 기저 추정 생산대상어종(17 - 21종)을 편의상 골라 그 월별 어획고를 다음 표에 이를 조성해 본다.

〈표 2-8〉 1963년 부산의 어류어획고와 기저대상어종 추정어획고의 비교

(단위: m/t, 천원, %)

항목 월별	월별 어류총어획고		대상어종어획고		비 율	
	생 산a	금 액b	생 산c	금 액d	c/a	b/d
1월	2,585	58,702	1,538	52,826	59.5	89.9
3월	4,066	77,203	3,801	70,910	93.4	91.8
6월	10,602	147,157	8,306	55,067	78.9	37.4
9월	5,834	127,549	2,869	55,778	49.1	43.7
12월	5,331	104,307	4,754	93,859	89.1	89.9
계	28,428	514,918	21,268	328,440	74.8	63.7
평균	5,685	102,983	4,253	65,688		

자료: 1963년 농림부수산국 수산통계연보를 인용한 추정.

다시 상기의 방법으로 그 월별 대상어종어획고 중 잡어 어획을 집계하니 다음과 같다.

〈표 2-9〉 대상어류어획고 중 잡어 어획 비율

(단위: m/t, 천원, %)

월별	대상어류어획고 a	금액	m/t단가	잡어어획고b	금액	b/a	잡어m/t단가
1월	1,538	52,826	34,347	573	11,630	22.1	20,296
3월	3,801	70,910	18,655	627	13,367	16.4	21,318
6월	8,306	55,067	6,629	2,060	19,271	24.8	9,354
9월	2,869	55,778	19,441	868	12,656	28.5	15,471
12월	4,754	93,859	19,743	1,539	24,533	32.3	15,940
계	21,268	328,440	15,442	5,667	81,457	26.6	14,373
평균	4,253	65,688		1,133	16,291		

자료: 1963년 수산통계연보 참고

대상 어종의 5개월의 어획고는 21,268m/t, 월평균 4,253m/t으로 상기 부산의 전체 어류어획고의 월평균 4,580m/t과 비슷하나 문제는 4,253m/t 중에 비기저 생산 어획의 portion이 얼마나 되느냐에 있다. 4,580m/t과 4,253m/t의 차이 336m/t을 비기저 생산고에 대치하기에는 그 수치가 합리성이 없다. 4,253m/t 속에는 기저생산과 겹치는 어종이 상당히 있다.

한편 〈표 2-7〉의 부산의 어류어획고 54,961m/t 중에는 9,334m/t의 잡어가 있으며 16.9%를 점하고 있다. 〈표 2-9〉를 보면 대상어류 어획 중 잡어의 비율은 전체대상 21,268m/t에 대하여 26.6%를 점하며 이중 기저 해당분 어류어획이 얼마냐의 문제가 대두된다.

부산의 기저업자의 잡어에 대한 경험적 개념은 상품화하기에 곤란한 치어류와 관리상 선도가 극히 불량한 것으로 1회 위판당 전체량의 5~15% 수준이란 설명이 있었다. (※외끌이 경영의 K씨의 말)

상기 "8) 기저세력의 상황"에서 〈표 2-4〉, 〈표 2-5〉를 보면 당시 부산의 대형기저 세력은 185척이 있었거니와, ("7) 외끌이대형기저의 합법화와 억제" 중 대형기저 315척 중 외끌이 129척(70%)을 인용). 이 185척의 70%인 129척을 외끌이로 간주하여 항차당 450상자(450×20kg=9,000kg). 월 2항차를 가정하면 129척의 월간 생산량은 9,000kg×2항차×129척=2,322m/t의 생산이 추정된다. 이 중의 잡어의 portion을 15%로 잡으면 월 348m/t이 외끌이기저의 잡어생산으로 추정된다.

부산 어류어획고 54,961m/t 중에는 9,334m/t, 16.9%의 잡어가 있으며 이 중 348m/t×12월=4,176m/t. 44.7%를 외끌이의 잡어 어획으로 추정할 수 있다. 잡어 외에도 약 20종에 달하는 어종 중에는 그 종류에 따라 50%이상을 차지하는 것도 있을 것이다.

〈표 2-8〉을 보면 5개월간의 부산기저 대상월별어류어획의 합은 월별 총어류어획의 합에 대하여 75%를 나타내고 있다. 즉 어류생산에서 기저생산이 75%를 점한다는 추정을 제공하는 셈이다. 즉 이를 하나의 기준으로 한다면 부산의 기저 월 어류생산은 4,580×0.75=3,435m/t으로, 앞의 5) "원양어업영역 개념의 장려정책"에서 지적한 해양수산부가 보관하는 해무청 시절의 행정자료에 의하면 1958년의 대형기저의 어획고 50,021m/t 중 외끌이의 어획이 41,022m/t이었음을 상기할 때 그 수준은 1963년경까지 지속되었음을 추정할 수 있다.

전기 "9) 전체기저세력 중의 대형외끌이"의 310(361척)건의 기저가 연간 41,220m/t을 생산하였으니 건당 연간 132.9m/t. 척당 114.1m/t의 생산을 한 셈이 된다. 물론 쌍끌이와 외끌이의 능력차는 무시한 수치이다. 〈표 2-6〉에 따르면 기저대상어종의 m/t 단가는 15,397천원이므로 척당 생산 1,756,797천원 꼴이다. 산술석으로는 쌍끌이는 3,513,594천원의 추정 모습이 된다.

다음 표는 1963년의 수산통계연보 중 부록의 어종별 어획고 중 전국 어류생산의 분석을 보면 상기를 수긍할 수 있을 것이다.

〈표 2-10〉 1961~1962년 전국어류어획고

(단위: m/t, 1961년=천환, 1962년=천원)

연도 \ 항목	어류어획고	금 액	m/t당 금액
1961년	245,014	28,341,534	115,673
1962년	298,238	4,244,365	14,231

※ 1961년 화폐개혁시 10%의 단위 상승과 동시 환을 원으로 변경함

11) 외끌이세력의 감퇴 시작

통계자료의 부실로 정연한 세력의 추이를 기술할 수는 없으나 전기한 "4) 외끌이대형기저의 합법화와 억제"에서 지적한바 대형기저 정책이 원양장려이므로 외끌이의 허가를 제한하고 쌍끌이를 장려하기 위하여 농림부수산국은 1965년 8월 "외끌이대형기저허가처분 방침"에서 허가갱신이나 신규허가신청이 있는 경우 1964년 10월31일 이전에 허가받은 허가장이 있는 선박에 한하여 갱신 허가하도록 조치하면서 외끌이는 1968년 3월5일까지의 허가기일 이전에 가급적 쌍끌이어업으로 전환하도록 지도할 것을 당부하였다.

※ 1968년 3월5일의 뜻은 1965년 8월 현재 기허가 된 외끌이허가의 기간만료일을 가리키는 것으로 추정됨. 자료에 의하면 이에 해당하는 외끌이 척수는 24척이 명시되어 있음.

그리하여 〈표 2-1〉이나 상기 "9) 전체 기저세력 중의 대형기저외끌이"가 1962년 현재 221척 또는 219척이나 일단 통계상의 221척을 근거로 하여 그 추이를 본다.

〈표 2-11〉 대형외끌이 세력의 추이

연 도	척 수	합계톤수	척당톤수	합계마력	척당마력
1963	221				
1965	76				
1966	72				
1967	94				

연 도	척 수	합계톤수	척당톤수	합계마력	척당마력
1968	109				
1970	230	22,194	96.49	64,185	279.0
1971	285	20,869	73.22	79,193	277.8
1975	112	9,906	88.44	35,883	320.3
1977	163	12,876	78.99	39,657	243.2
1980	132	10,355	78.44	26,120	197.8
1985	92	7,285	79.18	24,331	264.4
1990	83	6,505	78.36	23,254	280.1
1993	76	6,401	82.22	25,904	340.8
1995	77	6,737	87.49	32,287	419.3
2000	47	4,149	88.27	19,075	405.8
2002	53	4,302	81.16	26,778	505.2

※ 1963년에서 1968년까지는 톤수와 마력이 불명하다
1963년: 221척
1965년: 76척 (이 중 12척 휴업) (1968년 대형기저시책방향 중에서)
1966년: 72척 (이중 6척 휴업)
1967년: 94척 (이 중 10척 휴업)
1968년: 109척 (1968년 11월 25일 현재)

12) 대형외끌이의 분화

(1) 단위어획노력량의 변동추세

우리 나라 어선어업이 1990년대에 들어와서 단위어획노력을 대폭 확대하면서 업종간의 어획경쟁이 치열해지고 어법도 좀 더 강력한 구조로 변해가며 법규대로의 어법에서 이탈하는 경향으로 치닫기 시작했다.

1990년대의 연근해어선의 어획노력량의 변동추세를 먼저 보자.

먼저 이 표를 볼 때 1990년~1996년 사이에 어선 총척수에 있어서는 큰 변동이 없으나 척당톤수는 8.96톤이 9.11톤으로 약 1.6% 커진데 대하여 척당마력수는 74.9마력에서 134.5마력으로 79.5%의 증강을 나타낸다. 이 결과 톤당어획과 척당어획은 약간의 상승으로 나타나나 마력당

어획은 감소한다.

〈표 2-12〉 11년간의 어획노력의 변동추세

연도	어획고	척수	톤수	마력	척당톤수	척당마력	척당어획	톤당어획	마력당어획
90	1,390,382	48,959	438,916	3,671,238	8.96	74.9	28.3	3.16	0.378
96	1,456,280	48,396	440,962	6,511,143	9.11	134.5	30.0	3.30	0.223
00	1,056,698	64,351	394,914	12,105,398	6.13	250.1	16.4	2.67	0.087

자료: 농림수산연보와 해양수산연보 참조.

※ 1. 척수, 톤수, 마력은 총수를 말하며 원양, 양식, 내수면, 기타를 제외한 것임. 기타는 운반선, 지도선, 실습선 및 조사선을 말함.

2. 2000년에 척수의 증가는 미등록불법어선의 양성화에 따른 것임.

이 현상은 비슷한 어획을 하면서 어업경비는 상승하는 결과를 낳고 개별 경영체 간의 경쟁은 한층 격렬해짐을 말하고 어선의 조건만 부합하면 어구의 확대와 조업구조와 조업구역은 법과는 관계없이 바꾸어 대량어획 쪽으로 조업양태는 자의적으로 돌변한다.

특히 1996년의 총척수 48,396척이 2000년에는 64,351척으로 늘어난 것은 소형불법어선의 양성화에 있었지마는 톤당마력수에 있어서는 1996년 74.9마력이 2000년에는 무려 250.1마력으로 233%로 급증한다.

이러한 어업일반의 변혁 속에는 대형기저도 해당되며 더욱이 외끌이의 단위어획노력량의 차이를 한 축으로 하여 종전의 후리식외끌이와 옷타보드사용의 외끌이-트롤어업-으로 분화하기 시작한다.

물론 이의 분화는 상기의 어획노력량의 상승에 그 원인이 있으나 어업근거지별 어장특성에 따른 이용상의 원인도 한 몫 하고 있다. 이로 말미암아 대형기저외끌이 속에는 후리식과 끌이식의 2부류로 나누어지면서 부산지방의 외끌이는 후리식, 전남지방과 서부경남지방은 옷타사용의 트롤로 변신하고 만다.

먼저 전남지방의 대형기저외끌이의 현황을 보자.

(2) 여수지방의 대형외끌이

〈표 2-13〉 허가상의 전남 대형기저외끌이 어선상황

순 번	톤 수	마 력	진수년	근거지
1	60	600	92.5 (12년)	여수
2	39	547	91.11(13년)	여수
3*	62	520	62.6 (41년)	여수
4*	61	775	91.10(13년)	여수
5	69	775	95.11 (9년)	여수
6	61	500	97.2 (7년)	여수
7	60	563	92.3 (13년)	여수
8	65	770	92.11(12년)	여수
9	69	800	97.9 (7년)	여수
10	69	800	93.10(11년)	여수
11	65	800	92.6 (12년)	여수

자료: 전남도 행정자료. * 표시는 외끌이 후리식조업선과 구조조정 된 선박

〈표 2-13〉에서 순번 3, 4번을 제외한 9척의 어선들은 모두 옷타를 사용하는 트롤조업을 하는 어선이다. 3번은 부산과 통영을 근거지로 조업하며 11번은 4번의 구조조정 후 경남의 허가로 진입한 조업선이다.

톤수는 1척을 제외하고 모두 60톤급, 9척의 평균톤수는 61.8톤, 마력은 500~800마력 사이로 9척 평균 683마력이나 선령은 7년~13년사이로 평균 10.7년이다.

한편 경남의 대형기저외끌이 어선상황은 다음과 같다.

(3) 경남의 대형외끌이

〈표 2-14〉 허가상의 경남 대형기저외끌이 어선상황

순번	톤수	마력	선령	근거지
*1	49	350	91.8 (13년)	통영
2	41	500	91.6 (13년)	사천
*3	52	320	84.7 (20년)	통영

순번	톤수	마력	선령	근거지
4	99	430	59.12(44년)	통영
5	39	570	91.7 (13년)	통영
6	51	485	90.8 (14년)	사천
7	61	570	94.11(10년)	사천
8	40	415	91.10(13년)	사천
9	42	507	90.1 (14년)	사천

자료: 경남도 행정자료. 순번 1·3의 *는 추정 외끌이 후리식조업선

〈표 2-14〉에서 순번 1과 3을 제외한 7척의 어선들은 모두 옷타를 사용 트롤조업을 하는 어선이며 합계톤수는 373톤, 평균 53.2톤이다. (이 부분은 사천 B씨의 말)

9척의 합계톤수는 474톤, 척당평균 52.6톤, 99톤 1척을 제외하고는 40톤에서 60톤사이의 배들이다. 마력은 320~570마력 사이로 합계마력 4,147마력. 9척 평균 460마력이며 9척의 평균선령은 17.1년이나 44년 1척을 제외한 8척의 평균선령은 13.7년이다.

(4) 부산 대형기저외끌이

〈표 2-15〉 부산 대형외끌이 세력 현황

순번	톤수	마력	선 령	근거지
1	89.51	330	61.9 (43년)	부산
2	99.65	400	67.7 (37년)	〃
3	98.21	350	66.9 (38년)	〃
4	97.23	340	63.5 (41년)	〃
5	83.00	500	79.12(26년)	〃
6	87.57	340	60.9 (44년)	〃
7	95.41	420	65.11(37년)	〃
8	87.08	450	68.9 (36년)	〃
9	96.60	750	82.8 (22년)	〃
10	88.47	420	61.10(43년)	〃
11	99.65	400	67.7 (37년)	〃
12	94.41	340	76.11(27년)	〃
13	89.06	500	61.1 (43년)	〃
14	77.54	400	63.11(41년)	〃
15	100.07	320	63.10(41년)	〃
16	89.74	350	60.11(44년)	〃
17	79.00	650	86.4 (17년)	〃
18	99.20	340	64.11(40년)	〃
19	86.64	400	63.7 (41년)	〃
20	96.40	420	67.9 (37년)	〃
21	86.60	360	63.11(41년)	〃
22	65.00	450	82.10(22년)	〃
23	91.18	440	61.5 (43년)	〃
24	59.00	550	97.12(7년)	〃
25	94.48	400	64.9 (40년)	〃
26	98.08	420	62.11(42년)	〃
27	85.67	350	61.5 (43년)	〃
28	62.00	520	62.6 (42년)	〃
계	2,539.81	10,110		

자료: 부산외끌이협회

이 표의 28척은 대형기저허가 그대로의 후리식외끌이조업을 하는 배들이다. 먼저 28척의 평균톤수는 90.7톤(구톤), 평균마력 361마력, 평균 선령 32년으로 나타난다. 작업선으로서는 노후선이다. 모두가 강선인데 당초부터 외끌이후리식으로 건조된 것이 아니고 기존 대형쌍끌이의 신조에 따른 중고선을 단선으로 구입하여 후리식외끌이로 전환한 것이 지금의 세력이고 따라서 선령은 30년을 넘는 노후선들이다.

그러나 당초 제출한 표에는 27척이었으나 이 외의 후리식 1척은 통영과 부산을, 다른 1척은 여수를 기지로 조업하는 것이 있어 이를 부산 대형기저의 영역에 넣으면 29척이 되나 여수후리식 1척을 제외하여 〈표 2-15〉 28번이 이에 해당된다. 즉 후리식은 모두 29척이다.

여기서 이 3지방의 허가상의 대형외끌이 어선의 상황을 비교해보자.

(5) 3지방의 외끌이어선의 비교

〈표 2-16〉 허가상의 지방별 대형기저외끌이어선의 비교

지방별	척수	총톤수	평균톤수	총마력수	평균마력	선령평균
부산	28척	2,539.81	90.7	10,110	361	32년
여수	9척	577	64.1	6,155	683	10.7년
경남	9척	474(375)	52.6(46.8)	3,690	410	13.7년
계	47	3,628	77.1	20,450	435	

※ 경남의 ( ) 속은 99톤 1척을 제외한 수치임. 40톤에서 60톤의 8척 평균 톤수는 46.8톤

〈표 2-16〉을 볼 때 부산의 평균척당 구톤수는 90.7톤, 평균마력수는 361마력, 여수의 평균척당 구톤수는 61.5톤, 평균마력수는 651마력, 경남의 평균척당 구톤수는 52.6톤, 평균마력수는 410마력이다. 가장 큰 배가 마력수에서 가장 낮고 대신 평균톤수 64.1톤의 배가 마력에서는 가장 높으며 부산보다 83.3%, 경남보다는 58.7%가 높아 여수 조업선의 조업능력의 높음을 나타낸다.

결국 이것은 여수배들의 조업형식인 옷타트롤의 생산성을 더 높이려는 의도 때문일 것이다.

그리고 놀라운 것은 선령에 있어 부산외끌이의 32년 평균에 대하여 여수는 10년 평균이란 점이다. 이것은 부산외끌이의 어선대체능력의 한계를 말하며 바로 어업경영의 부진으로 대체투자의 능력부족이 원인일 것이다.

이때의 어업경영부실은 어획부진이나 경비증가이며 부산외끌이의 어장선택의 불리, 대상자원의 감소, 노후선으로 인한 생산성의 하락과 어업경비의 증가, 노임의 격증 등이 그 이유로 추정된다.

한편으로 여수외끌이는 톤당마력수가 10.5마력인데 부산은 3.87마력, 경남은 7.79마력이다. 부산에 대하여 여수는 약 3배, 경남은 2배의 힘을 필요로 하는 옷타트롤형식의 조업을 하기 때문이다.

여수, 부산, 통영・삼천포의 특정어선의 조업실적을 모델로 하여 비교해 보자.

그러나 이들의 조업해역에는 서남구중형기저가 조업 중이며 그 중에는 트롤조업을 하는 1군이 있으며 상기 세 부류의 대형외끌이 조업문제와 함께 그 중의 특정어선을 모델로 하여 조업실적을 비교 분석할까 한다.

이에는 방문 청취와 자료 제공 및 전화통화에 의한 당사자의 답변을 기초하여 조업 및 경영 실태를 분석한 것이다.

Ⅳ | 외끌이의 조업근거지별 실태

1. 여수트롤의 상황

1) 일반현황

여수에는 상기 "12) 대형외끌이의 분화"의 "(2) 여수지방의 대형외끌이" 에서 지적한 바와 같이 9척의 조업선이 대형기저외끌이의 허가로 그 중 8 척이 옷타를 사용하는 트롤조업을 하고 있다.

※ 후리식 1척은 본론에서 제외한다.

(1) 조업

일반적인 항차 개념은 없고 출항후 운반선에 의하여 전재, 위판이 주로 이루어지며 연간 최소 7회, 최고 10회정도의 전재가 된다.

(2) 어장

① 8월초~9월중순

마라도 33°06′ 121°16′ 부근.

해구 241. 242-3. 243. 251-2,3,5.

운반선 1회 사용.

총 46일, 왕복항해 3일, 체항 3일, 조업 33일, 이동 전재 및 피항 7일.

② 9월중순~2월말까지

Scotra초 SW 70~80마일에서 120마일 공동수역.

민어시기초가 되며, 갯장어어군 15일 정도 치른 후 10월초 마라도 West 120~150마일 한·중잠정수역에서 2월까지 민어조업.

해구 247. 248. 249. 237. 238. 236. 246-7에서 안쪽으로 ENE방향으로 이동 조업한다.

이 때 1~2차 본선 입항 외에는 모두 운반선에 전재한다.

총 166일, 왕복항해 10일, 체항 4일, 조업 125일, 이동·전재 및 피항 27일.

③ 3월초~4월말

해구 231. 241. 221-7에서 221-8까지.

아구 주어획 40%, 속새우 붕장어 낙지 등 30%.

총 61일, 왕복항해 3일, 체항 2일, 조업 46일, 이동·전재 및 피항 10일.

④ 5월초~6월말

8월초 출어시의 어장으로 다시 돌아간다.

속새우, 장어 등

운반선 1회 전재 후 귀항 철망

총 61일, 왕복항해 3일, 조업 49일, 이동·전재 및 피항 9일.

※ 이상 조업해구도 【1】 참조

⑤ 조업분석

어기총일수: 337일

조업일수: 253일

왕복항해: 19일

체항(정비, 하역): 9일

상가수리: 3일

이동·전재 및 피항: 53일

(3) 어획

① 어장 ①의 경우

운반선 1회 전재 (1,000c/s~1,400c/s)

본선 입항 1회 (1,000c/s~1,500c/s)

② 어장 ②의 경우

운반선 5회 전재(민어 30~35%, 서대, 꽃게 각 10%, 갯장어, 새우 등)
본선 입항 2회 (상기와 거의 같음)

③ 어장 ③의 경우

운반선 1회 전재
본선 입항 1회

④ 어장 ④의 경우

운반선 1회 전재
본선 철망입항 1회

※ 운반선의 조건
*운반선 100톤~130톤급
*운임 c/s 2,000원~2,500원
*보급품 운임은 무료
*전재량과 거리에 따라 운임에 차이가 있다.

⑷ 어획량의 추정

운반선 전재량 1,000~1,400c/s의 중간치를 취한다. 본선 입항량 1,000~1,500c/s의 중간치를 취하되 5회 입항 중 2회는 사고 등의 입항으로 적재량이 감소된다.

운반선 전재회수: 9회 회당 평균 1,200c/s
1,200c/s×9회=10,800c/s
본선 입항회수: 5회 회당 평균 1,250c/s
1,250c/s×3회=3,750c/s
500c/s×2회=1,000c/s

총어획: 855,250천원, 15,550c/s
(c/s당 평균가격 55,000원)
(15,550c/s×55,000원=855,250천원)

(5) **판매**

여수수협에 위판, 1년에 2번 정도 마산에서 판다. 이점(利點)은 주어획물인 민어의 집중을 피해 분산시킴으로써 가격의 확보를 위한 것이다. 위판수수료 4%와 하역비 등 총 5.5%. 총위판액을 처음에는 6~7억원의 표현을 썼으나 7억을 훨씬 넘지 않는다고 말한다.

처음에는 연간 c/s 당 평균가액 50,000원을 주장했으나 타 지역의 상황을 설명하니 50,000~60,000원 선이라 말하므로 평균점 55,000원을 택하였다.

2) 여수의 8척 중의 A선의 조업상황

㉮ 선박제원: 1995년 12월 건조. 69톤. 800마력×1, 275마력×2
㉯ 어법: 선미식 옷타트롤. 옷타규격 가로 1,400cm 세로 2,800cm. 인망시 전개된 어망구(漁網口)의 망고(網高) 3~4m, 망폭 5.5m
㉰ 어기: 8월초~6월말
㉱ 어획: 상기 "(4) 어획량의 추정"을 적용함
㉲ 경비
- 연료: FO 21,225천원(350d/m, 60,643원/d)
  LO 420천원(15말/m, 28,000원/말)
- 상자: 15,550c/s, c/s당 1,000원
- 식비: 월 150~200만원
- 수리비(경비): 연 300만원 휠터 등 기관 소모품
  연 기타수리비 20,000천원, 상가 1회 5,000천원
- 수리비: 주기관 over haul시 35,000천원 3년

보기관 over haul시 5,000천원 추가 4년

냉동기 3,000~4,000천원

- 어구: 초출어 때 어망 2통 기본, 통당 7,000~10,000천원

  1통을 교체로 본다. 통당 850만원, 25,500천원

  보망비 15,000~20,000천원

  와이어 4환(丸) 규격 20~24㎜ 값 550천원, 550천원×4
- 냉동매체: 프레온 4통, 통당 32만원
- 수수료: 판매수수료 4%. 하역비 및 배열비 등 1.5% 수준

㉥ 임금

보합제: 경비공제후 55%(선주) 45%(선원)

상여금: 선원 몫 10% 해당액 선장에 지불

가불선금: 20,000천원~25,000천원에서 선장이 분배결정

월가불: 선장 2,000~2,500천원

기관장 2,000천원

항해사 1,000~1,200천원

선원 700~800천원

퇴직금: 선장 800천원 기관장 700천원 선원 650천원

직별보합율: 선장 3인분

기관장 2.5

항해사 1.5~1.8

갑판장 1.5

조기장 1.5

평선원 1.1~0.8

※ 기관장은 연봉 보장의 조건 25,000천원~30,000천원

㉦ 후생관계: 회식비 200만원 정도(장기조업 전재시)

㉧ 관리비: 사무실 월 100만원, 사무장이 있으면 월100~150만원 추가

일반관리비로 교통, 통신, 접대 등이 월 100만원

㉨ 차입금 이자: 영어자금 100,000천원 3%이자

출어자금 30,000천원 11%이자

㉯ 운반비: 10,800c/s×2,250원=24,300천원

3) 수지

(1) 어획

855,250천원. 15,550c/s c/s55,000원

(2) 지출

① 직접경비: 416,343천원

- 연료: FO 233,475천원. 21,225천원×11월
  LO 5,060천원. 460천원×11월
- 상자: 15,550천원. 1천원×15,550c/s
- 소모품: 3,300천원. 300천원×11월
- 수리비: 3,000천원 (기관소모품)
  25,000천원 (상가 1회 포함)
- 어구: 보망비 17,500천원
  와이어 2,200천원. 4환(丸) 규격 20~24㎜, 550천원×4
  1,200천원. 4환 규격 16㎜, 300천원×4
- 주부식: 19,250천원. 1,750천원×11월
- 판매비: 34,210천원. 855,250천원×4%
  하역기타: 12,828천원. 855,250천원×1.5%
- 운반비: 24,300천원. 10,800c/s×2,250원
- 후생비: 2,000천원. 장기조업시 회식비
- 선원공제: 5,400천원. 50천원×9명×12월
- 퇴직금: 6,050천원. 선원 7명. 선장 800. 기관장 700천원
- 기타: 8,000천원. 800천원×10월

② 간접경비: 106,020천원

- 어구비: 25,500천원. 통8,500천원×3통
- 유지비: 11,670천원. 주기 오버홀 35,000천원÷3년
  3,500천원. 냉동기 오버홀
  18,000천원. 선체 상가, 도장 및 기타정비
  3,000천원. 장비 보수
- 관리비: 12,000천원. 사무실
  사무장이 있으면 월100~150만원 추가 되나 해당 없음
  12,000천원. 교통 접대비
- 차입금이자: 3,000천원. 영어자금 100,000천원(이자 3%)
  3,300천원. 출어자금 30,000천원(이자11%)
- 선박공제: 8,000천원. (선가 2억 감정가)
- 퇴직금: 6,050천원. (선원 7명, 선장 800천원, 기관장 700천원)

③ 선원임금: 217,258천원

197,508천원: (855,250천원－416,343천원)×45%
19,750천원: 선장 상여금
13,5짓 선원1인분: 197,508÷13.5＝14,630천원

④ 손익: 855,250－739,621＝115,629천원

어업수지 13.5%

※ 1. 감가상각 선가 200,000천원, 10년 균등 상각 20,000천원 유보
2. 이 수익으로서는 출어자금 상환후 다시 출어자금의 차입 없이는 다음 출어 경비 부족으로 수협의 지원은 불가피하다.

4) 경영지표

① 어획고에 대한 이익률: 13.5%
② 어획고에 대한 총경비의 비율: 86.4%

③ 어획고에 대한 직접경비의 비율: 48.7%
④ 어획고에 대한 간접경비의 비율: 12.4%
⑤ 어획고에 대한 임금의 비율: 25.4%
⑥ 어획고에 대한 연료의 비율: 27.9%
⑦ 총경비에 대한 임금의 비율: 29.3%
⑧ 총경비에 대한 연료의 비율: 32.2%
⑨ 직접경비에 대한 연료비의 비율: 57.3%

※ 2003년 유가변동. 3월과 5월은 월간 변동의 평균가격. (부산기저구매유가)

1월	2월	3월	4월	5월	6월
59,860	63,460	66,610	71,360	59,810	55,860
7월	8월	9월	10월	11월	12월
55,060	55,060	58,060	59,260	60,060	63,260

연간 평균액 d/m 60,643원을 적용함.

분배의 내용

• 선장: 63,640천원. (보합 43,890천원. 상여금 19,750천원)
월 5,303천원 (12개월)
• 기관장: 36,575천원 보합. 월 3,325천원(11개월)
• 선원: 14,630천원 보합. 월 1,330천원(11개월)

2. 부산외끌이 상황

1) 일반현황

이미 "12) 대형외끌이의 분화, ⑷ 부산 대형기저외끌이"에서 밝힌 대로 28척이 부산을 근거지로 조업을 하고 있다. 그러나 이 28척의 내용에는 제주해역(서쪽이라 약칭)과 128도 이동해역(동쪽이라 약칭)의 양어장을 조업하는 세력과 서쪽어장만을 조업하는 세력 및 제주 남쪽에서 새우를 주목적으로 조업하는 세력이 있다.

부산외끌이협회는 〈표 2-12〉의 자료와 별도로 1차에 자료 A, 2차로 자료 C를 제공한바 있는데 먼저 이 자료를 통해 그 실상을 정리해 보기로 한다.

자료 A는 모두 37척의 위판실적을 자료 C는 29척의 실적을 제공해 주었는데 이를 한•표로 합쳐 정리한 것이 〈표 2-17〉이다.

〈표 2-17〉 자료 A와 C를 합친 표(2002년)

(단위: 천원, c/s)

선명	어획고 (C)	어획고 (A)	상자수(A)
1	566,291	566,291	9,744
2	♤523,872	523,872	9,729
3	523,536	523,536	9,991
4	517,400	517,400	8,860
5	506,813	506,813	8,645
6	471,237	471,237	8570
7	498,517	498,517	8,602
8	♤484,292	484,292	8,417
9	476,854	476,854	8,103
10	453,217	453,217	7,906
11	♤431,181	431,181	9,240
12	431,371	431,381	7,436
13	♤418,050	418,050	7,456
14	416,903	416,903	8,251
15	411,248	411,248	7,870
16	406,662	406,662	7,343
17	390,444	390,444	7,183
18	379,125	379,125	7,057
19	372,538	372,538	6,921
20	342,512	342,512	6,378
21	♤328,406	328,406	5,746
22	349,049	349,049	6,219

선명	어획고 (C)	어획고 (A)	상자수(A)
23	230,452	230,452	3,809
24	403,154	219,857	3,790
25	372,050	372,050	6,973
26	@371,665	*192,086	3,594
27	@499,096	*191,427	3,603
28	@447,391	*189,237	3,780
29	491,836	491,836	8,500
30		*157,198	3,051
31		*119,248	2,083
32		*117,563	2,550
33		* 47,762	918
34		*281,213	5,211
35		* 39,883	815
36		*211,726	4,079
37		*282,468	5,484
기타		(2801,294)	(57,932)
계	12,515,142	12,843,534 (15,644,828)	226,907 (284,839)

※ (A)와 (c)는 자료의 구분
(A)의 계( )는 기타를 포함한 것

※ 이 표는 외끌이협회가 1차에 제출한 것을 자료(A)로, 2차로 제출한 것을 자료(C)로 하여 이 둘의 자료를 합치한 것이다.

선명은 부호와 순번으로 표시하였다.

1. A란의 *표는 부산을 조업근거지로 하지 않는 어선.
2. ♤는 부산을 기지로 하되 새우 잡이 전문선 5척임.
3. C와 A란의 새우잡이 ♤의 5척의 어획고는 2,185,801천원(31,588c/s)임.
4. C란에서 새우 5척분의 어획고를 공제하면 10,329,341천원이며 이는 24척의 어획고가 된다.
5. A의 37척 중 *표 11척과 ♤표 새우선 5척을 제외한 21척이 부산을 근거지로 이동 및 이서조업을 하는 세력이다.
6. *표의 어획고 합계 1,829,811천원(35,168c/s)과 새우 어획고 2,185,801천원(31,588c/s)을 A의 어획고에서 빼면 8,859,922천원이 이동 및 이서조업을 하는 21척의 어획고로 추정 된다.
7. A란의 기타 2,801294천원은 사고, 불규칙 입항, 중도철망 등으로 선명을 밝히지 않는 어획고임. 그러나 37척 중의 어획임이 명백함으로 이 어획고는 자료가 제시하는 데로 총량에 반영되어야 한다. 따라서 A의 37척 총어획고는 15,644,828천원임.
8. C란의 @표는 부산을 근거지로하지 않는 배들이다.

◆ 자료 B

〈표 2-18〉 2002년 동쪽조업 실적

(단위: c/s. 천원)

어종 \ 월금액	2월	3월	4월	5월	6월	7월	계	비율
가자미	5,743	2,888	5,675	3,953	4,093	1,190	23,542	38.5
	303,947	55,952	286,100	258,638	270,026	79,724	1,254,387	33.3
아 구	1,297	1,566	2,122	1,950	1,613	1,111	9,659	15.8
	59,967	81,360	80,360	80,180	93,634	70,285	468,786	12.4
눈뽈대	447	147	364	251	189	186	1,584	2.6
	25,153	34,470	76,249	160,000	183,972	185,103	664,947	17.7
기타새우	34	22	887	187	1,066	1,399	3,597	5.9
	1,671	918	57,674	13,020	88,376	119,919	281,578	7.5
기타돔류	128	147	364	251	189	186	1,265	2.1
	4,926	5,993	21,107	14,873	12,571	9,480	68,950	1.8
기타잡어	2,240	1,761	3,141	5,257	6,014	3,057	21,470	35.1
	114,187	90,432	166,115	296,445	291,674	151,640	1,110,493	27.3
계	9,889	6,531	12,553	11,849	13,164	7,129	61,115	100
	509,846	269,125	690,605	823,157	850,253	616,151	3,849,141	100

자료: 외끌이협회, 조업선 21척임

여기서 동쪽조업이란 동경128도 이동해역조업을 말하며 대형기저 조업구역을 위반한 조업이다. 이 표의 내용을 보면 2월~7월사이의 이동조업 어장인 88, 89, 93, 94해구의 조업상황이 밝혀진다.

21척에 의한 6개월간의 동쪽 총어획은 3,759,137천원, 물량은 61,117c/s, c/s당 평균 61,507원이다. 3,759,137천원은 상기 〈표 2-17〉 어획고(A)의 계 15,644,828천원의 24.0%에 해당한다.

이 〈표 2-18〉에 의하여 어종별 월별 c/s당 어가를 산출하면 다음과 같다.

〈표 2-19〉 동쪽어장의 어종별, 월별 c/s당 어가변동추이

(단위: 원)

월단가 / 어종	2월	3월	4월	5월	6월	7월	어종별평균
가자미	52,924	19,373	50,414	65,428	65,972	66,994	45,872
아구	46,235	51,954	39,283	41,117	58,049	63,262	42,842
눈뿔대	56,270	234,489	209,475	637,450	973,339	419,789	361,544
기타새우	49,147	41,727	65,021	68,888	82,904	85,717	56,200
기타 돔	38,484	40,768	57,986	59,254	66,513	50,967	44,853
기타잡어	50,974	51,323	52,886	56,390	33,534	49,604	42,101
계	294,034	439,634	475,065	928,527	1,280,311	736,333	
월평균	49,005	73,272	79,177	154,754	213,385	122,772	

자료: 부산외끌이협회

고가어는 눈뿔대로서 시기적으로는 6월에 가장 높고 6개월간의 평균가격이 361,544원으로 6종의 어종 중 최하위인 기타잡어 평균가 42,101원의 약 8.5배에 해당한다. 특히 6월에는 c/s당 973,339원을 과시한다.

가자미와 기타 돔의 특정 단기간을 제외하고는 거의 모든 어종에 걸쳐 c/s당 40,000원을 하회하는 일이 없고 〈표 2-18〉에서 지적한바 총어획의 c/s당 평균 61,507원을 뒷받침한다.

2) 부산외끌이 어획고의 정리

이 정리의 목적은 부산외끌이 중 부산을 근거지로 하여 동경128도 이서와 이동수역에 조업하는 어선의 조업상황을 규명하는 데에 있다.

◆자료 A

총척수 37척, 위판액 15,644,828천원, c/s 284,226. c/s당 55,043원. 척당 생산액 422,833천원.

㉮ 자료 A의 37척에는 부산근거지가 아닌 선박이 있으며 자료 C에도 있다. A의 경우는 11척으로 부산근거지어선은 26척이다.

㉯ 이 11척의 위판액은 2,339,184천원.(35,168 c/s). c/s당 66,514원.

㉰ 따라서 A자료를 정리하면,

(a) 26척의 위판액은 15,644,828천원－2,339,184=13,305,644천원. (36척)－(11척)=(26척)

(b) 26척의 척당평균위판액은 511,755천원

(c) 26척 중 새우잡이 5척의 위판액은 2,185,465천원(31,588c/s) 척당어획 437,093천원. c/s당 69,186원

(d) 새우잡이 5척의 어획을 빼면 부산 조업선 21척의 위판액은, 13,305,644－2,185,465=11,120,179천원. 척당 529,532천원

(e) 이 21척의 총위판액에는 기타 어획 2,801,294천원(57,932c/s)이 포함돼 있으며 이는 25.1%에 해당된다. 그러나 이를 37척 전체의 기타로 간주할 때 1척의 기타어획은 75,710원, 21척의 기타 어획은 1,589,910천원으로 추정해야 한다.

(2,801,294÷37척)×21척=1,589,910천원

(f) 따라서 21척의 총어획은 9,908,795천원. 척당 연간 471,847천원 (15,644,828-2,801,294-2,339,184-2,185,465+1,589,910 =9,908,795) (총어획)-(기타어획)-(비부산조업11척)-(새우잡이 5척분)+(21척분 기타어획)

이를 MA로 약칭한다.

(g) 21척의 c/s당 어가 검출

◇ A의 총어획상자	284,839c/s	15,644,828천원	54,925원
* 기타어획상자	57,932c/s	2,801,294천원	48,354원
* 11척의 어상자	35,168c/s	2,339,184천원	55,514원
* 새우어상자	31,588c/s	2,185,465천원	69,186원
* 21척 어상자	160,151c/s	8,318,885천원	51,944원

(동쪽 어 상자 61,117c/s포함)

이 경우 A의 21척의 c/s당 어가는 51,944원(8,318,885÷160,151)

(h) 그러나 상기 (g)의 21척의 경우 기타어획이 반영되지 않았음으로

이를 반영하면 75,710원×21척=1,589,910천원이 가산되어야 하므로 8,318,885+1,589,910=9,908,795천원이 되고 척당은 471,847천원. 또한 이에 해당하는 어상자도 반영해야한다. 즉 기타어획의 어상자 57,932c/s는 37척에 해당되니 이때는 1척당 1,565c/s. 21척분 32,865c/s가 가산되어 160,151+32,865 =193,016c/s이 되고 c/s당 어가는 51,336원.(9,908,795천원 ÷193,016c/s)

㉱ 이 중 동쪽조업 어획고는 자료 B에서 2002년 위판액을 3,759,137천원, 61,117c/s를 제시하고 있어 이는 전기 ㉰-(h)에 포함된 것으로 본다. 동쪽 어획고는 전기 MA의 37.9%를 점하는 꼴이 된다.

㉲ 이는 21척의 총어획고 중 동쪽조업이 37.9% (3,759,139천원), 서쪽조업이 62.1%(6,149,656천원)을 의미하며 서쪽은 월평균 1,229,931천원, 동쪽은 626,523천원을 의미한다.

이를 간추리면 다음과 같다.

〈표 2-20〉 동 · 서쪽 어장 조업 비교

(단위: 어획 천원)

항목 어장	척수	이기간	어획고	상자수	c/s당금액	월편균어획	월척당어획	대 총어획비율
동쪽	21	2~7월	3,759,139	61,117	61,507원	626,523	29,834	37.9%
서쪽	21	9~1월	6,149,658	131,899	46,629원	1,229,931	58,568	62.1%

21척 월 척당어획은 동쪽어장이 서쪽어장보다 50% 정도로 낮다. 그러나 c/s 당 금액은 14,878원이 더 높다. 즉 어가에 있어서 B자료에 의하면 c/s당 61,507원으로 21척 전체의 평균치 51,336원과 비교된다.

자료 B는 3,759,139천원에 61,117c/s를 제시하여 월간 10,186c/s를 시현한다. 이에 대하여 서쪽어장은 월간 26,379c/s의 어획이다. 제출된 자료상의 특성이 노정되는 부분이다.

그러나 이 현상은 위법조업에 따른 불규칙조업에도 불구하고 동쪽어장으로 가는 이유를 설명하는 것 같다. 요는 2월~7월의 서쪽어장이 동쪽어장보다 못하다는 뜻이다.

즉 전체 어획 중 37.9%를 점함에도 불구하고.

◆ 자료 C

총척수 29척 위판액 12,515,172천원 척당 431,557천원.(상자수가 없음) 그리고 이에는 자료 A처럼 기타 어획이 기재되지 않았으며 물량의 제시도 없다.

㉮ 제시된 2002년 29척의 어획고는 12,515,172천원 척당 연 평균 431,557천원. 그러나 자료 A의 ㉰-(e)의 기타 어획고 2,801,294천원의 척당 어획을 가미하면 29척×75,710원=2,195,590천원이 가산되어 14,710,762천원이 된다. 이때는 연 척당 평균어획은 507,267천원이 된다.

㉯ (a) 부산조업선이 아닌 3척분(순번 @표의 26, 27, 28 의 3척) 어획고 1,318,152천원과 새우잡이 5척분 2,185,465천원을 제외한 21척의 어획고는 11,207,145천원으로 척당 533,673천원. (MC-1)(14,710,762-1,318,152-2,185,465=11,207,145천원)

(b) 기타어획을 가미하지 않으면 9,011,555천원. 척당 429,121천 원이 된다.(MC-2) (11,207,145-2,195,590=9,011,555)

㉰ 따라서 ㉯의 21척의 어획고(MC-1)는 자료 A의 ㉰-(f) 21척의 총어획 9,908,795천원(MA), 척당 연간 471,847천원 보다 각각 1,298,350천원, 61,826천원이 높다. MC-2는 오히려 MA보다 897,240천원 42,726천원이 낮다.

㉱ 자료 A의 ㉲는 동쪽 조업실적을 3,759,137천원으로 제시하였고 이는 ㉯-(a)의 11,207,145천원의 33.5%에 해당한다.

◆ 고려

① 즉 MA와 MC의 차는 왜 발생한 것인가? 〈표 2-17〉의 순번(동일선명)1~25번과 29번의 계 26척이 부산근거지 조업선이다. 이중 1~23번, 25번, 29번 계 25척은 A와 C의 어획이 동일하며 24번만이 다르다. 이 때 어느 경우든 기타어획은 반영 안 된 것이다. 이를 정리하면 자료 A의 26척은 11,013,723천원, 자료 C의 26척은 11,197,020천원으로 이 차액은 24번의 어획차이 183,297천원에 의한 것이다. 그러나 A와 C에서 각각 새우 5척의 어획 2,185,465천원을 빼면 21척의 A는 8,828,258천원, C는 9,011,555천원이다.
척당 연 어획고는 A는 420,393천원, C는 429,121천원이다.

② 만약 기타어획을 반영하면 A와 C에 각각
21척×75,710원=1,589,910천원을 가산해야 하므로
A는 8,828,258+1,589,910=10,418,168천원,
C는 9,011,555+1,589,910=10,601,465천원으로
척당어획고는 A 496,103천원, C 504,831원이 된다.

③ 물량에서 고려하면 자료 C에는 물량이 없으므로 전기 ◆자료 A의 ㉰-(h)를 택하지 않을 수 없다. 따라서 총어획 9,908,795천원, 척당 연간 471,847천원. c/s당 51,336원으로 보는 것이 주어진 자료에서 최선의 선택인 것 같다.

3) 21척 중의 B선의 조업

※본 자료의 기초는 K선주와의 대담에 의함

(1) 일반현황

㉮ 선박제원: 96.4톤, 420마력×1, 50마력×1, 건조 1967년 9월
㉯ 어법: 후리식외끌이
㉰ 어기: 9월→7월=11개월

㉣ 조업: 제주어장은 9월~1월 사이 153일간 12항차, 1항차; 왕복항해 2일. 체항(하역, 정비) 1.5일. 이동 피항 등 1일. 조업 8일. 조업 96일, 왕복항해 24일, 체항 18일, 이동. 피항 12일. 상가 3일. 계153일. 동쪽 조업은 2월~7월사이 불규칙 항차조업으로 월평균 4번 정도의 입항판매를 한다. 이는 월 30일 기준 7.5일에 1회 입항을 하는 꼴이다. 왕복항해 1일, 체항 1.5일 이동 피항 등 1일, 조업 4일.

7.5일×4회×6월=180일

왕복항해: 1일×4회×6월=24일

체항: 1.5일×4회×6월=36일

피항 등: 1일×4회×6월=24일

조업: 4일×4회×6월=96일

㉤ 어장: 제주어장은 해구 110, 112, 113, 234, 244, 243, 242, 241, 232, 231, 221, 220, 251, 252, 464, 465 등을 이동 조업하는데, 그때 그때의 정보에 의하여 이들 해구를 선택한다.

동쪽어장은 93, 94에서 조업한다. 이 어장은 동경128도 이동이므로 구역위반 조업이며 따라서 정규적 항차조업을 못하는 상황으로 불규칙적 조업이다.

※ 새우조업을 하는 5척은 530, 562, 706해구가 주어장이다.

㉥ 판매: 부산수협에 위판한다. 수수료 4%

㉦ 경비

- 연료: FO 80d/m full tank 월 2항에 120d/m
  제주 1항 조업 10일, 왕복 3일, 정박 2일
  동쪽 1항 조업 5일, 왕복 1.5일, 월간 조업 20일, 왕복 6일, 체항 4일, 제주항차 12항차, 동쪽 조업 6개월, 월 120d/m,
  LO 제주 4d/m, 동쪽 4d/m
- 소모품: 작업용 기관 및 갑판용
- 어상자: 제주 500c/s×12항=6,000c/s
  동쪽 800c/s×6월=4,800c/s

총 10,800c/s, c/s당 1천원

• 얼음: 15톤 평균 톤/44,000원

• 어구: 보망 항차 20만원, pp로우프 연 6환(丸) 환/365,000원
  초출어시 어망 3통 통/400만원

• 수리비: 상가 2회 회당 700만원. 기타 항차 50만원
  초출어시 40,000~60,000천원

• 주부식: 제주 1항 70~80만원

• 임금: 직접경비공제 후 보합제 45%

• 선원공제: 1인당 5만원

• 관리비: 80만원 (공동사무실 20만원 사무장 각자 60만원)

• 기타: 교통, 통신, 접대, 제세공과 등

⑵ **수지**

10,800c/s 단가는 상기 ◆고려 (3)의 51,336원을 적용함

① **어획: 554,428천원, 10,800c/s×51,336원**

② **지출**

◆ 직접경비: 175,779천원

• 연료: FO 80,048천원 (월120d/m×11월×60,643원)
  LO 478천원 (3,6d/m×133,000원)

• 상사: 6,000천원 (1천원×500c/s×12항(제주))
  4,800천원 (1천원×800c/s×6개월)

• 소모품: 3,300천원 (300천원×11월)

• 수리비: 5,500천원 (500천원×11월 기관수리 · 소모품)
  7,500천원 (상가 등)

• 어구: 2,200천원 (200천원×11월 와이어 4환 등)
  2,190천원 (pp 로우프 6환 환/368,000원)

• 주부식: 16,500천원 (1,500천원×11월)

• 판매비: 22,177천원 (554,428천원×4%)

• 하역기타: 8,316천원 (554,428천원×1.5)

• 후생비: 없음

• 선원공제: 4,800천원 (50천원×8명×12월)

• 기타: 12,000천원 (1,000천원×12월)

◆ 간접경비: 95,800천원

• 어구비: 12,000천원 (통4,000천원×3통)

• 유지비: 11,670천원 (주기 오버홀 35,000천원÷3년)
38,330천원 (선체 상가, 도장 및 기타정비)

• 관리비: 9,600천원 (800×12월 사무실)
12,000천원 (1,000×12월)

• 차입금이자: 2,700천원 (영어자금 90,000천원 이자 3%)

• 퇴직금: 5,700천원 (선장 773, 기관장 763, 갑판장 등 709, 선원 683천원 등 8명)

• 선박공제: 2,800천원 (선가 78,000천원 감정가)

• 제세공과: 1,000천원 (부과세)

◆ 선원임금: 211,900천원(@의 합계)

@ • 보합금: 170,392천원 (554,428천원－175,779)×45%

@ • 선장상여금: 22,177천원 어획고의 4%

※ 이 외끌이는 대부분 선주가 선장임

• 짓수: 12.5짓

• 짓 1인분: 13,631천원(월 1,239천원)

@ • 일반상여금: 13,631천원, 선원측에 1인분을 지급한다.

@ • 퇴직금: 5,700천원, 선장 77.8, 기관장 753, 갑판장, 조기장 709, 선원 4인 683천원

• 전도금: 15,000천원

• 월가불: 선장 2,000천원, 간부 1,500천원, 선원 1,000천원

계: 211,900천원 (총매출의 38.2%)
공동경비공제후 48.9%

◆ 손익

554,428천원－483,479천원＝70,949천원
(감가상각 유보)

◆ 분배의 내용

• 선장(선주): 40,893천원+22,177+70,949=134,019천원
월 11,168천원(12개월)
• 선장: 40,893+22,177=63,070 5,255천원(12월)
• 선원: 13,631÷11월=1,239천원

(3) **경영지표**

① 어획고에 대한 이익률: 12.7%
② 어획고에 대한 총경비의 비율: 87.2%
③ 어획고에 대한 직접경비의 비율: 31.7%
④ 어획고에 대한 간접경비의 비율: 17.3%
⑤ 어획고에 대한 임금의 비율: 38.2%
⑥ 어획고에 대한 연료의 비율: 14.5%
⑦ 총경비에 대한 임금의 비율: 43.8%
⑧ 총경비에 대한 연료의 비율: 16.6%
⑨ 직접경비에 대한 연료비의 비율: 45.8%

◆ **평가**

감가상각을 유보한 채 익금 70,949천원으로서는 영어자금 상환 후는 19,051천원이 적자이며 다시 출어자금에 의존하지 않을 수 없다. 즉 결손 운영이다.

경비 중 연료비에서 d/m당 60,643원이 큰 비중을 차지하여 직접경비

중 45.8%를 점한다. 이 가격이 현재 상승하여 d/m당 80,000원을 하니 금년에는 더욱 어려워질 것이 예상된다.

임금총액 211,900천원은 어획고의 38.2%이나 공동경비공제후의 비율이 55.9%에 달해 계약상의 보합비율 45%보다 높다.

한편 일반선원의 임금총액은 보합 1인분 13,631천원(월 1,239천원), 여기에 상여금 해당액 2,271천원(13,631천원÷6인)을 합하면 15,902천원으로 월 1,445천원의 수입이다. 그러나 이는 월가불액 1,000천원의 총액 11,000천원을 상환하면 계산적으로는 4,902천원을 손에 쥐게 되지만 이것저것 그 동안의 가계지출을 정리하기에는 버거운 수입이다.

3. 경남트롤의 상황

1) 일반현황

㉮ 상기 〈표 2-14〉에서 본바와 같이 9척의 어선 중 순번 1과 3을 제외한 7척의 어선들은 모두 옷타를 사용하는 트롤조업을 하는 어선임을 이미 밝힌 바 있다. 톤수는 99톤 1척을 제외하고는 40톤에서 60톤의 8척 평균톤수는 46.8톤이다. 마력은 320~570마력사이로 9척 평균 460마력이며 선령은 44년 1척을 제외한 10년~22년 사이로 평균 13.7년이다.

㉯ 조업은 여수의 배들과 같이 운반선을 사용하며 본선이 가끔 입항 위판한다.

㉰ 어장은 역시 여수배들과 거의 같은 개황이다.

① 9월초→9월중순 (9월 1일~9월 20일)

마라도 33°06′ 121°16′

241. 242-3. 243 251-2,3,5.

운반선 1회 사용

총 20일(항해 1일, 이동 피항 4일, 조업 15일)

② 9월중순→2월말까지(9월 21일~2월 28일)

Scotra초 SW 70~80마일에서 120마일 공동수역. 민어시기초가 되며, 갯장어어군 15일정도 치른 후 10월초 마라도 West 120~150마일 한·중잠정수역에서 2월까지 민어조업. 247. 248. 249. 237. 238. 246-7 안쪽으로 236. 246에서 ENE 방향으로 이동 조업한다. 이 때 1~2차 본선 입항 외에는 모두 운반선에 전재한다. 총 161일. (왕복항해 6일. 체항 4일. 이동 22일. 조업 126일. 상가 3일)

③ 3월초→4월말 (3월 1일~4월 30일)

231. 241. 221-7에서 221-8까지. 아구 주어획 40%, 속새우, 붕장어, 낙지 등 30%. 총 61일. (왕복 3일. 체항 2일. 이동 10일. 조업 46일)

④ 5월초→6월말(5월 1일~6월 30일)

8월초 출어시의 어장으로 다시 돌아간다. 속새우, 장어 등. 운반선 1회 전재. 총 61일. (왕복 3일, 체항 2일, 이동 9일, 조업 47일)

※ 운반선의 조건

- 운반선 100톤~130톤급
- 운임 c/s당 제주부근에서는 2,000원~2,500원이나 남쪽 동지니헤기 되면 c/s 3,000원으로 거리와 전재량에 따라 운임이 조금씩 다르다. 전체 운임 중 3000원의 경우가 약 30%에 해당된다.
- 보급품 운임은 무료

㉣ 어획의 추정

운반선 1회 전재량을 1,000~1,500c/s라 주장하므로 이의 중간치를 취한다. 본선이 입항하는 경우는 일반적으로 약간의 문제가 있어 적재 입항량을 800~1,000c/s를 주장하므로 이의 중간치를 취한다.

운반선 전재회수: 10회. 회당 평균 1,250c/s

1,250c/s×10회=12,500c/s

본선 입항회수: 3회. 회당 평균 700c/s

700c/s×3회=2,100c/s

총어획: 14,600c/s

c/s당 평균가격: 70,000원

※ 대화자는 7~8만원을 평균가격으로 제시했으나 그 하위 금액을 채택하여 70,000원으로 함.

14,600/c/s×70,000원=1,022,000천원

참고 (14,600 c/s×80,000원=1,168,000천원)

(14,600c/s×55,000원=803,000천원)

㉮ 판매

삼천포, 통영, 마산수협 등에 위판 수수료 4%, 하역비, 배열비 등 1.5%

㉯ 경비

- 연료: FO 250d/m/월, d/m 60,643원, 15,160천원
  LO 15말, 말/28,000원, 420천원
- 상자: 14,600c/s, c/s당 1,000원
- 식비: 17,360천원 (7,000원×8명×310일)
- 수리비: 조업중 37,000천원(경비). 상가 1회 포함
  어망1통 보충
- 수리비: 주기관 over haul시 30,000천원 3년
  보기관 over haul시 4,000만원 추가 3년
  냉동기 300~400만원
- 어구: 철망후 출어 때 어망 2통 기본. 통당 7,000천원
  조업 중 보망비 15,000천원
  와이어 3환(丸) 규격 20㎜, 값 500천원 500천원×3
- 냉동매체: 프레온 4통. 통당 32만원

㉰ 임금: 보합제: 경비공제후(직접경비) 55%(선주) 45%(선원)

상여금: 8억이상 어획시 어획고의 2~3% 지불
전도금: 20,000천원~25,000천원에서 선장이 분배결정
월가불: 선장 2,000~2,500천원
기관장: 2,000천원
항해사: 1,000~1,200천원
선원: 700~800천원
퇴직금: 선장 800천원, 기관장 700천원, 선원 650천원
직별 보합률: 선장 1.5인분, 기관장 1.5, 항해사 1.1, 갑판장 1.1, 조기장 1.1, 평선원 1.0~0.8, 전체 10짓.

㉸ 후생비: 없음

㉶ 관리비: 회사는 어선 6척을 보유함
직원 6명: 12,000천원×12월=144,000천원
사무실: 1,500천원×12월=18,000천원
교통비: 800천원×2×12월=19,200천원
통신비 기타: 1,100천원×12월=13,200천원
계: 194,400천원
194,400천원÷6척=32,400천원

㉷ 운반비
총 1,250c/s 전재 4회 c/s 3,000원. 6회 c/s 2,250원
1,250c/s×4회×3,000원=15,000천원
1,250c/s×6회×2,250원=16,875천원
계: 31,875천원

2) 8척 중의 C선의 조업

(1) 일반현황

㉮ 선박제원: 61톤. 570×1 보기 230×1 1994년 11월

㉯ 어법: 스턴씩 옷타트롤

㉰ 어기: 9월→6월

㉱ 조업: 여수 배들과 같음

㉲ 어장: 상기 "1. 일반상황"의 ㉰와 거의 같아 생략함

㉳ 판매: 삼천포, 통영, 마산 등의 수협위판장에서 판매

㉴ 경비

- 연료: FO 250d/m/월, d/m 60,643원, 15,160천원
  LO 15말, 말/28,000원, 420천원
- 상자: 14,600c/s, c/s당 1,000원
- 식비: 17,360천원 (7,000원×8명×310일)
- 수리비: 조업중 37,000천원(경비). 상가 1회 포함
  어망 1통 보충
- 수리비: 주기관 over haul시 30,000천원 3년
  보기관 over haul시 4,000만원 추가 3년
  냉동기 300~400만원
- 어구: 철망후.출어 때 어망 2통 기본. 통당 7,000천원
  조업 중 보망비 15,000천원
  와이어 3환(丸) 규격 20㎜ 값 500천원 550천원×3
- 냉동매체: 프레온 4통. 통당 32만원
- 운반비

총 1,250c/s 전재 4회, c/s 3,000원. 6회 c/s 2,250원

1,250c/s×4회×3,000원=15,000천원

1,250c/s×6회×2,250원=16,875천원

계: 31,875천원

3) 수지

(1) **어획**

총매출 1,022,000천원. 14,600c/s. c/s 70,000원

(2) **지출**

◆ 직접경비: 354,115천원 (공동경비)

- 연료: FO 151,600천원 (15,160천원×10월)
  LO 4,620천원 (460천원×10월)
- 상자: 14,600천원 (1천원×14,600c/s)
- 소모품: 3,000천원 (300천원×10월)
- 수리비: 37,000천원 (어기 중 상가 기관수리비 등)
- 어구: 보망비 15,000천원
  와이어 2,200천원 3환(丸) 규격 20㎜ (550천원×3)
  1,200천원 4환 규격 16㎜ (300천원×4)
- 주부식: 17,360천원 (7천원×8명×310일)
- 판매비: 40,880천원 (1,022,000천원×4%)
- 하역기타: 15,330천원 (1,022,000천원×1.5%)
- 운반비: 31,875천원
- 선원공제: 5,400천원 (50천원×8명×12월)
- 퇴직금: 6,050천원 (선원 6명, 선장 800천원, 기관장 700천원)
- 기타: 8,000천원 (800천원×10월)

◆ 간접경비: 195,970천원

- 어구비: 14,000천원 (통7,000천원×2통)
- 유지비: 11,670천원 (주기 오버홀 35,000천원÷3년)
  3,500천원 (냉동기 오버홀)
  18,000천원 (선체 상가, 도장 및 기타정비)
  3,000천원 (장비 보수)

• 관리비: 32,400천원 (사무실 임차료, 인건비, 교통, 통신, 접대비)
• 차입금이자: 2,700천원 (영어자금 90,000천원 이자 3%)
  22,000천원 (출어자금 200,000천원 6회상환 11%)
• 퇴직금: 5,700천원
• 선박공제: 18,000천원 (선가 6억원 감정가)
• 제세공과: 5,000천원
• 감가상각: 60,000천원

◆ 선원임금: 326,098천원
300,548천원 (1,022,000천원−354,115천원)×45%
25,550천원 (선장 상여금 어획고의 2.5%)
짓가름 10인 (최하 0.6인분이 있음)
선원 짓가름 1인분 30,055천원

◆ 손익: 1,022,000−876,183=145,817천원
(326,098+195,970+354,115=876,183(총경비))
어업수익률 14.3%

◆ 분배의 내용
• 선원: 1인분 30,055천원, 월 3,005천원(10개월)
• 선장: 45,075천원+25,550천원=70,625천원(월7.062천원)
  (보합 45,075천원. 상여금 25,550천원)
• 기관장: 45,075천원 보합. 월 4,507천원

4) 경영지표

① 어획고에 대한 이익률: 14.3%(감가상각전 20.1%)
② 어획고에 대한 총경비의 비율: 85.7%
③ 어획고에 대한 직접경비의 비율: 34.6%
④ 어획고에 대한 간접경비의 비율: 19.2%

⑤ 어획고에 대한 임금의 비율: 31.9%

⑥ 어획고에 대한 연료의 비율: 15.3%

⑦ 총경비에 대한 임금의 비율: 37.2%

⑧ 총경비에 대한 연료의 비율: 17.8%

⑨ 직접경비에 대한 연료비의 비율: 45.8%

Ⅴ | 서남구기저의 실태

1. 현황

서남구기저의 허가상의 건수는 외끌이 46건, 쌍끌이 13건으로 합계건수는 59건이다. 그러나 서남구기저조합의 자료에 의하면 조업기지별로 울산이 11척, 부산, 통영이 8척, 여수가 20척(이 중 1척 폐업)으로 39척의 외끌이의 존재를 밝히면서 선박제원과 개별 선별의 위판실적을 기재하고 있다.

그러나 이들 외끌이의 조업형태는 밝히지 않았으나 울산의 11척과 부산 8척의 19척은 허가조건대로 후리식조업을 지속하고 있으나 여수지역의 20척은 모두 옷타를 장치한 트롤의 조업형태임은 제공된 자료에서는 제기되지 않았으나 현실적 사실이다. 그 자료를 〈표 2-21〉의 a, b, c와 같이 지역별로 세력과 어획실적을 구분해 보았다.

〈표 2-21〉 (a) 울산서남구 세력과 어획(울산)

(단위: 물량=kg. 위판고=원)

순번	톤수	마력	조업형태	선령	위판실적	
					물량	위판고
1	57	450	후리식	41	144,740	435,652,500
2	57	350	〃	11	118,180	362,061,000
3	57	500	〃	23	164,680	479,808,300
4	57	550	〃		160,550	470,220,200
5	55	550	〃	25	143,340	412,170,500
6	57	500	〃	23	228,480	617,110,000
7	59	550	〃	20	147,560	435,188,600
8	56	320	〃	41	155,050	477,424,000
9	52	540	〃	22	178,260	387,530,100
10	57	500	〃	23	139,700	408,996,900
11	57	450	〃	21	99,260	289,976,000
합계	621	5,260	〃	25	1,679,820	4,776,136,100

※ 합계 중 선령은 평균선령임

〈표 2-22〉 (b) 부산서남구 세력과 어획

(단위: 물량=kg, 위판고=원)

순번	톤수	마력	조업형태	선령	위판실적	
					물량	위판고
12	56	450	후리식	41	178,980	606,231,600
13	55	340	〃	43	199,240	690,806,500
14	57	550	〃	21	205,360	715,806,400
15	57	450	〃	21	190,500	590,179,300
16	51	450	〃	43	248,100	761,711,500
17	57	540	〃		240,440	737,384,500
18	57	540	〃	21	179,340	580,751,200
19	54	350	〃	13	211,380	763,827,650
합계	444	3,670	〃	29	1,653,340	4,759,258,650

※ 합계 중 선령은 해당척수의 평균치임

〈표 2-23〉 (c) 여수서남구 세력과 어획

(단위: 물량=kg, 위판고=원)

순번	톤수	마력	조업형태	선령	위판실적	
					물량	위판고
20	39	440	트롤	12	177,637	516,279,900
21	39	470	〃	13	*71,711	184,129,800
22	39	570	〃	8	150,407	447,052,800
23	37	388	〃	16	196,544	482,726,000
24	45	450	〃	13	*88,000	223,595,200
25	39	485	〃	13	219,512	490,359,100
26	44	388	〃	14	*42,795	96,290,000
27	39	470	〃	15	218,731	490,919.000
28	39	458	〃	10	197,095	485,840,400
29	47	441	〃	12	184,904	434,787,500
*30	25	415	〃	12	143,875	351,276,700
31	50	500	〃	16	*86,000	226,837,800
32	36	388	〃	16	176,386	417,703,000
33	39	500	〃	12	244,222	549,500,000

순번	톤수	마력	조업형태	선령	위판실적	
					물량	위판고
34	39	500	〃	16	202,940	461,725,200
35	39	458	〃	12	195,064	518,844,300
36	39	470	〃	15	230,444	518,500,000
37	39	450	〃		248,222	558,500,000
38	44	388	〃		227,861	515,877,000
39	47	485	〃		244,444	550,000,000
합계	804	9,114	〃	14.0	3,546,794	8,520,743,700

※ 1. 30번 *표는 허가를 반납하고 현재는 폐업함.
합계의 선령은 16척의 평균치임.
2. 이상의 a, b, c의 세 표는 조합의 자료를 인용한 것임.

위의 세 표에 의한 지역별 척당 평균어획 관련 사항을 살펴보자.

〈표 2-24〉 서남구 지역별 척당 평균어획 상황

(단위: 어획량=kg)

지역	척수	척당어획량	척당어획금액	kg당 금액
울산	11	152,710	434,194천원	2,843원
부산	8	206,667	594,907천원	2,878원
여수	20 (16척)	177,339 (203,643)	426,037천원 (486,868천원)	2,402원 (2,390원)

※ 여수의 ( )부분은 20척 중 물량에서 100,000kg 미달의 4척은 사고 등으로 정상조업이 아니므로 20척에서 제외하면 정상조업선 16척의 조업실적을 추정할 수 있을 것이므로 이를 참고로 기재한 것이다. 4척분 물량 288,506kg, 금액 730,852,800원임.

1) 척당어획량의 비교

척당어획량에서 부산서남구가 앞선다. 다음이 여수서남구이고 울산서남구가 하위에 위치한다. 일반적으로 트롤어법이 어획강도가 높은 것이나 여수서남구가 부산서남구의 후리식에 밀리고 있다. 그리고 같은 후리식에 동일어장임에도 울산이 부산에 뒤지고 있다. 이는 선장의 자질문제와 선원 연령층의 노약(老若)과 관련이 있음을 관계자는 지적한다.(부산 K씨의 말)

척당어획에서 울산 152,710kg, 부산 206,667kg으로 53,957kg의 양적 차이는 척당연간위판액에서 울산 434,194천원, 부산이 594,907천원으로 그 차액 160,713천원의 큰 폭의 차이로 변한다.

특히 울산과 부산의 19척은 후리식으로 일본 EEZ에 입어허가가 있으며 배정량은 2004년은 3,000m/t에 입어기간은 9월1일~5월30일의 9개월간이다. 작년에는 배정량 3,200m/t에 소화량 1,680m/t(52.2% 해수부 행정자료)의 실적이 있으나 금년에도 그 수준의 어획을 전망하고 있다. 5년간의 할당소화량이 가장 많은 적이 2,700m/t인데 이렇게 줄어든 원인은 역시 자원문제도 있고 일본측이 어장배정에 있어 우리측에 불리한 곳을 배정하는 탓으로도 주장하고 있다.

상기의 표 (a)와 (b)에 따르면 그 어획량은 3,333,160kg으로 2003년 할당량 3,200m/t에 약간 웃도는 어획이나 실제 할당량의 소화량은 1,687m/t으로 그 비율은 약 52.7%에 불과하여 상기의 어획량을 감안할 때 일본 EEZ에만 매달리는 형상은 아닌 듯 금년의 어황을 주시해야할 판이다.

그러면 2003년의 소회량 1,687m/t은 18척 평균 93.7m/t에 해당되며 이는 표 (a)와 (b)의 합친 척당평균 어획량 175.4m/t의 53.1%에 불과하다.

2) 척당 생산금액의 비교

상기에서 잠시 거론하였으나 kg당 금액은 여수서남구가 2,402원으로 가장 하위에 있고 부산서남구와 울산서남구는 2,878원. 2,843원으로 비슷하다. 지금의 위판제도가 중량이 아닌 상자단위의 경매임에도 특히 여수서남구의 경우는 일반적으로 상자당 23~25kg를 적함(積函)하였다가 위판시 다시 20kg으로 조절 정리하며, 울산서남구와 부산서남구는 처음부터 20kg으로 적함하는 데 비하여 별도 인건비 투입으로 경비의 증가를 초래한다.

그러함에도 가격이 낮은 것은 지역적 여건과 어종의 차이에서 추정된다. 울산·부산의 경우 〈표 2-20〉에서 보면 눈뽈대의 경우 연간 상자당 평균가격이 36만원, 일시적으로 최고 일 때는 95만원에 이를 때가 있다. 반면 여수는 제주부근의 옥돔과 가자미가 주 고가어종으로 상자당 옥돔 평균 35만원, 가자미 20만원선이다.

3) 조업 일반

제도적으로 동일 법 조항에 의하여 허가된 서남구기저가 어법에서 두 종류로 나뉘고 어장도 거의 확연하게 달리하고 있다. 전기 표 (c)의 여수서남구는 20척(이중 1척 폐업)의 트롤이고 부산서남구와 울산서남구는 각각 8척과 11척으로 후리식조업임은 이미 밝힌 바다. 그런데 여수서남구 배들의 어장은 주로 제주부근이며 서귀포에 입항하여 트럭에 전재, 한림항에서 위판한다. 이것이 전반기로 보면 후반기는 운반선에 의하여 여수에서 위판한다.

한편 울산서남구의 11척은 거의 일본의 EEZ와 그 부근의 어장이 주어장이며 부산서넘구의 8척도 이에 준하나 제주해역에서의 조업을 가끔 겸할 때가 있다. 여수서남구의 1항차 소요일수는 10일, 울산·부산서남구의 1항차 일수는 5~6일이 일반적이다.

2. 조업형태별 실태

각 지역별, 조업형태별로 표준이 될 대상을 골라 그 조업실태를 살피고 이를 그 조업상황기준으로 한다.

1) 여수서남구의 경우

(1) 운영일반

① 선박의 제원

37톤, 400마력×1, 100마력×1

② 어기

8월하순 또는 9월초~6월말

③ 어법

스턴식 옷타트롤

④ 조업

8월하순에 시작하여 10월말경까지 약 매 10일간격으로 서귀포 이미항에 입항, 트럭에 전재후 한림항에서 위판한다. 입항후 하역전재, 자재, 주부식 사입 등 약 6~7시간 후에는 출항한다. 서귀포와 어장거리는 30~40마일. 8월 초 기산하면 10월까지 7항차를 하는 셈이나 어황에 따라 10항차도 가능하다. 10일간의 조업내역은 왕복, 전재, 보급 1일, 이동 피항 1일, 조업 8일이 표준이나 더 단축될 때가 많다.

전재량 300~400c/s. 인망시간은 평균 4시간, 1일 5인망이 표준이다. 11월부터 4월까지는 운반선에 전재, 전재량은 1회에 250c/s~350c/s. 음력설 좀 전에 여수에 입항하여 300~500c/s 위판. 이 경우 여수세력의 약 10척 성노반 참여한다.

잔여는 여수왕복 입항 위판한다. 본 자료대상선은 운반선 사용쪽이다. 월평균 3회 전재 총14회, 입항 1회. 5월부터는 다시 서귀포에 입항 전재하며 7월초순까지 계속된다.

이 시기는 선원들의 사기가 저락되어 체항일이 길어진다. 1~2일은 보통, 3~4일이 대다수다. 상륙 선원들이 유흥에 빠질 때다. 때문에 1항을 15일로 하여 2.5개월간 5항의 계산이나 전재회수는 3회, 여수회항 1회로 본다. 따라서 서귀포 전재회수 10회, 운반선 14회, 여수 입항 2회이다.

⑤ 어장

어장의 해구를 표시하면 다음과 같다.

9, 10월~3월 231해구-1,2,3, 231해구-5,6,7,8

간혹 221, 222해구 조업

그 외는 234해구, 224해구-4,5,6,7,8,9호, 233해구-4,5,6,7,8,9호.

이들을 해구도에 채색을 해보면 제주를 에워싼 꼴이 된다.

→별첨 어장해구도 【4】 참조.

⑥ 운반

서귀포에서 트럭의 운송비는 현재는 15만원, 여기에는 한림에서 상자, 얼음 등의 운송비가 포함되어 있다. 곧 20만원이 될 전망이다. 운반선 사용시는 c/s당 2,000원.

⑦ 어획

서귀포 전재 13회×350c/s=4,550c/s

운반선 전재 14회×300c/s=4,200c/s

여수 입항 2회×550c/s=1,100c/s

계 =9,850c/s

※ 서귀포 전재시의 350c/s 평균은 정리후 400c/s. 운반선의 300c/s는 350c/s 또는 직접 입항시의 550c/s는 600c/s로 환산해야 한다.

이에 의하여 환산하면,

서귀포 위판시는 13회×400c/s=5,200c/s

운반선전재 14회×350c/s=4,900c/s

여수입항 2회×600c/s=1,200c/s

계 =11,300c/s

옥돔시기는 전체 어획의 10~15% 수준이며 규격별로 2단이 50~60만원, 3단은 35만원, 4단은 20만원선이 상자당 가격이다. 장어는 A급이 10만원, 기타는 5~6만원. 가자미 20만원선, 민어는 24미를 최하단위로 하여 18미, 15미, 8미 등으로 구별하여 24미c/s는 최하 10만원으로 민어 평균은 15~20만원을 호가할 것으로 보고 있다.

이때의 민어는 여수대형기저(트롤)가 247해구부근에서 시작할 때 보다 좀 더 제주 인근에 접근한 시기로 씨알이 커서 값이 좋다는 의견이 많다.

이런 상황에서 연간 c/s당 가격은 평균 4~5만원을 주장하고 있으나 상기 상황을 참작하면 c/s당 5만원은 상회할 것으로 추정된다. 따라서 여수트롤의 가격을 인용하여 c/s당 55,000원으로 보는 것이 타당할 것이다.

⑧ 어구

어망은 얼금그물과 벤장그물의 2종류를 사용하며 각각 통당 2통을 기본으로 한다. 얼금은 그물코가 좀 크며 옥돔시기에 사용하며 벤장은 그물코가 좀 작아 낙지등이 많을 때 사용, 통당 250만원. 로우프전용과 와이어 전용의 선박이 있는데 로우프의 경우는 9환(丸)이 기본이다. 로우프 1환은 20만원. 조업기간 중 어구 보충 등이 20,000천원 정도 소요된다.

⑨ 유지비

초출어시 상가 1,000천원. 페인트 2,000천원. 기관수리 오버홀(4년에 한번)22,000천원. 발브교환(2년에 한번)8,000천원. 기타 1,000원, 등이 주요항목이다. 출어 중 수리비는 기관 2,000천원. 상가 1회. 페인트 1회. 기타 소모품비가 월 500천원 정도 소요된다.

⑩ 주부식비

초출어시 800천원 사입후 입항시 마다 쌀 2포는 기본적으로 보급하며 담배를 포함 기호품까지 합해 10일 기준 300~400천원 소요된다.

⑪ 판매수수료 4%, 하역 배열비 1.5%.

어획시 상자당 25kg 정도의 고봉으로 얹는 때문에 이를 20kg 정도로 부녀자를 동원 정리한다. 이는 입항시의 4상자를 갖고 1상자를 더 만든다는 뜻이다. 이로써 인건비가 매항당 100천원이 소요되고 입항시의 300상자는 375상자가 된다는 말이다. 위판시 마다. 즉 인건비와 상자값이 추가 소요되는 것이다.

⑫ **임금**

보합제 45%. 상여금은 없고 대신 퇴직금 명분으로 5%를 더 지급한다. 선원 분배 짓수는 10짓. 선장 3인분. 기관장 2.5인분. 선장은 자기 몫 중에서 0.5인분을 선원 6명을 상대로 분배한다.

(2) **수지**

① **어획**

총매출 621,500천원 (11,300c/s×55,000원)

② **지출**

◆ 직접경비: 236,615천원

- 연료: FO 108,240천원 (160d/m×11월×61,500원)
  LO 4,400천원 (400천원/월, 11월)
- 상자: 11,300천원 (11,300개, 개당 1,000원)
- 얼음: 8,043천원 (초출어 12톤, 27항×7.5톤, 톤/37,500원, 214.5톤)
- 소모품: 5,500천원 (월 500천원, 11월)
- 수리비: 5,000천원
- 어구: 22,500천원 (보망비 등 20,000~25,000천원 소요)
- 주부식: 11,550천원 (10일/350천원)
- 판매수수료: 24,860천원 (621,500천원×4%)
- 하역, 배열: 9,322천원 (621,500천원×1.5%)
- 상자정리: 2,900천원 (위판 29회×10만원)
- 운반비: 1,950천원 (13회×150천원, 트럭전재)
  8,400천원 (14회 운반선 전재량 4,200c/s)
- 선원공제: 3,850천원 (7명×50천원×11월)
- 기타(사고 등): 8,800천원 (800천원×11월)

◆ 간접경비: 55,400천원

- 어구비: 10,000천원 (그물 각 2통, 통당 2,500천원)
  1,800천원 (로우프 등 9환 환/200천원)
- 유지비: 5,500천원 (기관수리 22,000천원÷4년)
  4,000천원 (중간수리 8,000천원÷2년)
  4,000천원 (선체 상가, 도장, 기타)
- 관리비: 12,600천원 (월 1,050천원)
- 차입금이자: 1,000천원 (기본적으로 수협차입은 않는다)
  개인신용으로 30,000천원 2~3개월
- 선박공제: 10,000천원
- 제세공과: 1,500천원 (공공부담금 등)
- 특수경비: 5,000천원 (이를 직접경비에 산입하는 선주도 있음)

◆ 임금: 192,442천원

173,198천원: (621,500천원-236,615천원)×45%

19,244천원: (621,500천원-236,615천원)×5%

17,319천원: 짓가름의 1인분 (10짓)

◆ 손익: 137,043천원 (621,500천원-484,457천원)

(감가상각유보)

어업수익률 22%

◆ 분배의 내용

선장: 48,110천원. 짓 3인분(0.5인분을 선원에 분배함)

기관장: 38,488천원

선원: 평균 1인당 짓 0.9인분 17,319천원(1,574천원)에 5%의 6짓의
약 1인분을 추가하는 계산이 된다.

(3) 경영지표

① 어획고에 대한 이익률: 22.0%(감가상각전)

② 어획고에 대한 총경비의 비율: 77.9%

③ 어획고에 대한 직접경비의 비율: 38.1%

④ 어획고에 대한 간접경비의 비율: 8.9%

⑤ 어획고에 대한 임금의 비율: 30.9%

⑥ 어획고에 대한 연료의 비율: 18.1%

⑦ 총경비에 대한 임금의 비율: 39.7%

⑧ 총경비에 대한 연료의 비율: 23.2%

⑨ 직접경비에 대한 연료비의 비율: 47.6%

(4) 개평

① 어장

여수의 K씨가 제시한 어장이 정확하다면 이용 어장에서 여수트롤의 어장과 대체로 겹치지 않는 형상이다. 아마 선박 규모의 차이에서 오는 현상인 것 같다.

② 어장선택의 요인

이 어장 선택은 대상어종의 성격상 제주에 양육항을 두는 것이 유리한 시기가 있고, 또한 운반선을 이용하여 여수에 위판하는 것이 어종과 거리상의 이점에서 필요한 시기를 두고 있다.

③ 조업형태와 노동문제

여수트롤도 그러하지만 선원들의 휴식시간이 부족하여 기간 종반기에 들어가면 조업 능률에 많은 지장이 야기되고 있다.

④ 어획물 적함(積函)의 번잡성

조업시 어획물 수거에서 우선 상자에 담을 때는 산적(山積)하였다가 위판시에 이를 다시 정리하여 평탄적(平坦積)으로 하니 별도의 노임과 상자의 추가 소요가 발생하는 불합리가 있다.

2) 부산서남구의 경우

(1) 운영일반

8척이 서남구기저허가로 규정대로의 조업을 하고 있으며 주로 일본 EEZ에 입어허가를 받아 조업하고 있다. 서남구의 입어허가는 20척이나 금년에 1척이 일본영해 침범으로 입어허가가 취소된 상태며 이들은 임의단체로 생산협의회를 조직하고는 있으나 주사무실 없이 그들의 권익신장과 친목을 도모하고 있다. 이들은 여수처럼 트롤을 하지 않는 이유를 바다의 조건과 경비면에서 후리식이 유리하다는 것을 들고 있다.

부산서남구 8척 중 그 1척을 자료대상으로 하여 운영일반의 내용을 살펴보자.

① 선박제원

57톤, 450마력×1, 70마력×1, 선령 33년

② 어기

8월초순 또는 중순→6월 (약 11월)

③ 어법

후리식

④ 조업

〈표 2-22〉에서와 같이 부산에는 8척의 서남구 후리식기저가 있다. 이들은 일본 EEZ 입어허가를 갖고 그곳을 어장으로 조업하며 월 평균 4항차, 1항차 5일, 1일 인망회수는 5~6회, 체항은 하역 정비와 입출항 시간을 합쳐 3일 이내이다. 왕복항해시간은 3~4시간. 항차의 산술적 계산은

11월×4항차=44항차.

EEZ 입어기간은 9월1일에서 5월31일까지. 이 시기가 끝나면 EEZ 부근해역에서의 조업이 일반적이다. 간혹 제주 쪽에 10월~11월사이 조업할 때가 있다. 이때는 참돔을 목표로 하고 있다.

⑤ 어장과 어획

EEZ 내의 어종은 눈뽈대, 가자미, 붕장어, 오징어 기타이며 최근에 와서 가자미 어획량이 감소추세에 있다. 제주어장은 해구도상의 230, 231, 232의 일부이며 주대상 어종은 참돔을 목표로 한다. 조업해구도 【5】 참조.

EEZ 어장에서는 1항차 200c/s를 기준한다는 주장이나 규모나 어장조건을 볼 때 부산외끌이의 동쪽어장이 300c/s임을 감안하면 차이가 좀 있다. 오히려 EEZ에 입어하는 점을 고려할 때 어획량이 더 좋을 것으로 보이나 대화자의 주장을 고려하여 200c/s~250c/s 정도로 보는것이 옳겠다.

어가는 연간 평균 6~7만원이다. 가동내역을 분석하면,

조업: 5일×46항 (230일)

왕복: 0.6일(16시간) (28일)

체항: 1.5일×46항 (69일)

상가1회: 5일

계: 336일

⑥ 어구

어망 2통 통/4,000천원. 로우프 22환(丸) 환/383천원

조업 중 보망비 로우프 등 보충 1/2

⑦ 수리비

기본수리 20,000천원(보링비 1/3포함)

기관 월 500천원. 상가 도장 등 10,000천원

⑧ **소모품**

월 300천원~400천원

⑨ **주부식비**

월 800천원 외에 쌀을 20kg들이 8부대, 부대/48,000원

⑩ **판매**

전량 수협에 위판, 수수료 4%. 하역 배열비 1.5%해당

⑪ **임금**

보합제 45%. 짓수 13짓

짓 1인분 해당액을 선원 앞 지불

선장에게는 어획금액에 따라 1~3%를 지불하는데 그 기준을 명확히 밝히지는 않으나 6~7억사이 2%, 7억이상이면 3%를 지불하는 것 같다.

⑫ **연료**

FO 1일/4d/m. LO 연간 8d/m

⑵ **수지**

① **어획**

643,500천원 (225c/s×44항×65,000원)

② **지출**

◆ 직접경비: 157,146천원

- 연료: FO 62,270천원 (4d/m×5.6일×46항×60,643원)
  LO 960천원 (8d/m×120천원)
- 상자: 9,900천원 (9,900×1,000원)
- 얼음: 11,550천원 (7톤×44항×37,500원)
- 소모품: 5,500천원 (월 500천원)

• 수리비: 5,500천원 (월 500천원)

• 어구: 5,440천원 (로우프4환×360천원, 보망 등 4,000천원)

• 주부식: 9,184천원 (월 800천원, 쌀 월 8부대)

• 판매수수료: 25,740천원 (643,500천원×4%)

• 하역, 배열: 9,652천원 (643,500천원×1.5%)

• 선원공제: 6,000천원

• 기타: 5,500천원 (월 500천원. 사고, 의료 등)

◆ 간접경비: 72,520천원

• 어구비: 10,520천원 (로우프 7환, 어망 2통)

• 유지비: 20,000천원 (기관보링 ⅓반영 상가, 도장 등)
3,500천원 (기타장비 보수등)

• 관리비: 21,600천원 (사무실 월 1,300천원, 교통, 통신, 접대 등 월 500천원)

• 차입금이자: 900천원 (출어자금 30,000천원)

• 선박공제: 3,000천원

• 제세공과: 5,000천원

• 퇴직금: 3,000천원

• 특수경비: 5,000천원

◆ 임금: 251,781천원

보합금: 218,859천원 (643,500천원－157,146천원)×45%

13짓의 1짓값: 16,835천원 (선원 앞 상여금)

선장상여금: 16,087천원 (어획고의 2.5%)

◆ 손익: 162,053천원 (643,500－481,447＝162,053)

◆ 분배의 내용

선장총수령액: 66,592천원 (보합금 3인분＋상여금(월 5,549천원))

기관장: 50,505천원 (보합금 3인분(월 4,208천원))

중견선원: 21,885천원 (보합금 1.3인분(월 1,989천원 11개월))

(3) 경영지표

① 어획고에 대한 이익률: 25.3%(감가상각전)
② 어획고에 대한 총경비의 비율: 74.8%
③ 어획고에 대한 직접경비의 비율: 24.4%
④ 어획고에 대한 간접경비의 비율: 11.2%
⑤ 어획고에 대한 임금의 비율: 39.1%
⑥ 어획고에 대한 연료의 비율: 9.8%
⑦ 총경비에 대한 임금의 비율: 52.3%
⑧ 총경비에 대한 연료의 비율: 13.1%
⑨ 직접경비에 대한 연료비의 비율: 40.2%

3) 울산서남구의 경우

(1) 운영일반

11척이 서남구기저허가로 규정대로의 조업을 하고 있으며 주로 일본 EEZ에 입어허가를 받아 조업하고 있음은 부산서남구와 같다. 이들은 임의단체로 생산협의회를 조직하고 주사무실은 조합내에 두고 있으며 그 대표는 부산으로 이주한 I씨가 맡고 있는 상태나 그들의 권익신장과 친목을 도모하고 있다.

이들은 여수처럼 트롤을 하지 않는 이유를 바다의 조건도 조건이거니와 허가의 조건이 그렇지 않을 뿐 아니라 예부터 방어진항을 중심으로 후리식을 해온 하나의 전통성을 지키고 경비면에서도 후리식이 유리하다는 것을 들고 있다.

울산서남구 11척 중 그 1척을 자료대상으로 하여 운영일반의 내용을 살펴보자.

① 선박제원

80구톤(신톤이면 57~60톤), 500마력×1, 30마력×1, 선령 22년

② 어기

8월중순, 9월초순 → 6월 약 10.5개월

③ 어법

후리식

④ 조업

〈표 2-22〉에서 보듯이 울산에는 11척의 서남구 후리식조업선이 있다. 모두 일본 EEZ입어허가를 갖고 있으며 보통 8월중순에 시작하는 배들과 하순, 9월초에 출어하는 각각의 형태며 철망은 6월에 거의 한다. 연간 어장별 조업비율은 EEZ 70%, 우리어장이 30%의 꼴이다. EEZ 입어기간은 9월 1일에서 5월 31일의 9개월이다. 연간 조업기간을 10.5개월로 보고 EEZ 조업을 7.5개월. 우리어장 조업을 3개월로 본다.

1항해의 어황이 좋을 때는 4일, 일반적으로 7일이나, 우리 수역에서 조업할 때는 4일이 보통이다.

⑤ 어장과 어획

EEZ 왕복은 15시간 101, 102해구가 주어장이며 대화자의 기준에 의하면 월 3항, 체항 7일로 표현한다. 따라서 EEZ의 조업일수 7.5개월 225일이면 1항해는 왕복 0.6일(16시간). 조업 6일. 체항 1일(판매, 정비, 피항)등으로 분류되며 대략 27항을 하는 셈이다.

우리 어장 조업은 3개월 90일간이며, 1항 왕복 0.6일, 조업 4일, 체항 1일 계 6일로 볼 때 90일간 15항해를 하는 꼴이 된다. 주로 93의 3, 2해구, 94의 1, 2, 4해구에서의 조업이고 가끔 87, 88, 89해구에서 조업하는 경우가 있으나 89해구는 극히 그 일부 해역에 국한된다.

총조업일수는 42항차에 315일, 중간수리상가는 않는다 하니 순조업일

수는 315일이 소요되는 셈이다. 잔여 50일은 철망후 정비 및 선원 재편 등 재출어준비에 충당된다.

어획물은 눈뽈대, 도미, 꼬시레기(망둥어), 아구, 가자미 등이다.

어획은 1항 평균 250c/s~300c/s 사이로 평균 275c/s로 보면 된다는 대화자의 말이다.

이에 기초하여 연간 총어획량을 추정하면 42항×275c/s=11,500c/s 정도이다.

어가는 c/s당 50,000원에서 60,000원을 주장하니 평균 55,000원으로 하면 총생산액은 632,500천원이 된다. 대화자에 연간 7억을 못 올리느냐고 반문을 하니 질색을 한다.

⑥ 어구

초출어시 3통을 작만하고 2통은 임금산출시의 경비에 넣는다. 조업기간 중 3통이상의 보충도 경비에 넣으며 통당 270만원~300만원. 로우프는 3환(丸), 1환/40만원/36㎜. 어망 신조시는 20환이 든다.

⑦ 소모품

월 30만원 소요, 기관 및 갑판부 소모품

⑧ 수리비

중간상가는 않으나 조업 중의 도장과 사소한 수리비는 약 10,000천원을 계상하고 있다. 초출어시의 수리비는 모두 합해 20,000천원(오버홀 15,000천원의 3년 균등 5,000천원 포함)

⑨ 주부식비

쌀 40kg×8포대/월, 생수 10통/월 통/4,000원 지급과 현금 월 70만원을 부식비로 지급한다.

⑩ **임금**

보합제. 45(선원), 55(선주). 선원수 10명 그 중 1인은 외국인. 상여금은 11척중 상위급 3, 4위 일 때 생산고의 2%를 지급하는데 상위급이란 6억에서 7억사이를 말한다는 것. 이와는 별도로 짓가름 1인분 해당액을 선주가 지급한다. 매월 고정금으로 선장 80만원~60만원을 가지급한다. 초출어시 전도금으로 50,000천원 정도의 범위내에서 가불하며 선장을 위시하여 주요직급에 따라 개별 실시된다. 물론 청산시 회수한다. 짓가름수는 14.5인이다

월 지급액(가불)

선장 · 기관장: 2,000천원

중간간부: 1,000천원

선원: 5~700천원

총계: 10,000천원 범위

⑵ **수지**

① **어획**

635,000천원 (11,500c/s×55,000원)

② **지출**

◆ 직접경비: 188,400천원

• 연료: FO 76,860천원 (월120d/m×61,000×10.5월)

LO 1,080천원 (9d/m×120천원)

• 상자: 14,950천원 (11,500c/s×1,300원)

• 얼음: 12,690천원 (8톤×24항×45,000원=8,640천원)

5톤×18항×45,000=4,050천원

• 소모품: 3,150천원 (월30만원×10.5월=3,150천원)

• 수리비: 10,000천원 (조업 중의 간단한 페인팅과 사소한 기관및 장

비의 수리비)

- 어구: 6,200천원 (로우프 3환 1,200천원, 보망 등 5,000천원)
- 주부식: 11,550천원
  쌀 40kg×8포대×45,000×10.5월=3,780천원
  생수 10통×10.5월×4,000원=420천원
  부식비 현금 700천원×10.5월=7,350천원
- 판매비: 34,670천원 (635,000천원×4.5%=28,575천원)
  양육배열비 11,500c/s×530원=6,095천원
- 선원공제: 12,000천원 (선원 10명)
- 기타: 5,250천원 (월 500천원)

◆ 간접경비: 79,320천원

- 어구비: 10,000천원
  어망 2통 6,000천원, 로우프 5환 2,000천원 기타 등 2,000천원
- 유지비: 25,000천원 (상가비, 도장, 기관수리, 장비보수 등)
- 관리비: 12,000천원 (월 1,000천원)
- 차입금이자: 1,320천원 (44,000천원×3%)
- 선박공제: 12,000천원
- 제세공과: 5,000천원
- 퇴직금: 9,000천원
- 특수경비: 5,000천원

◆ 임금: 227,530천원

- 보합금: 200,970천원 ((635,000천원-188,400천원)×45%)
- 상여금: 13,860천원 (짓가름 1인분 200,970천원÷14.5)
- 선장상여금: 12,700천원 (635,000천원×2%)

◆ 손익: 139,750천원 (635,000−495,250천원)

어업수익 22%

(감가상각 유보)

◆ 분배의 내용

선장총수령액: 54,280천원 (보합금 3인분+상여금(월 4,523원))

기관장: 43,120천원 (보합금 3인분+짓가름1인분의 9/1인분)

중견선원: 19,558천원 (보합금 1,3인분+짓가름1인분의9/1인분)

(3) 경영지표

① 어획고에 대한 이익률: 22.0% (감가상각전)

② 어획고에 대한 총경비의 비율: 78.0%

③ 어획고에 대한 직접경비의 비율: 29.7%

④ 어획고에 대한 간접경비의 비율: 12.5%

⑤ 어획고에 대한 임금의 비율: 35.8%

⑥ 어획고에 대한 연료의 비율: 12.3%

⑦ 총경비에 대한 임금의 비율: 45.9%

⑧ 총경비에 대한 연료의 비율: 15.7%

⑨ 직접경비에 대한 연료비의 비율: 41.3%

4) 개 평

(1) 어 장

일본 EEZ 입어가 주어장이다. 101, 102해구는 가까워서 부산은 4~5시간 울산은 6~7시간 정도의 항해후 조업이 가능하다. 때문에 평균 5일 정도의 조업을 한 축으로 지속된다. 기상이 안 좋으면 바로 부산이나 울산으로 피항하니 선주나 선원들도 이 점은 좀 편한 편이다. 1일 7~8회인망 1인망 1.5~2시간이나 어장이동 등 거의 주야조업이며 양망후 어획물 정리 후 당번 외는 잠시 눈을 부치는 고된 순환이다. 1일 50c/s 어획은 1인망 약 10c/s 안팎이니 어획물정리에는 그렇게 많은 시간이 소요되지 않으나 일본순시선의 감시가 엄격하여 조업에 여간 신경 쓰지 않을 수 없다. EEZ에 입어하지 않을 때는 부산배들은 제주근해에도 가고 동쪽어장에도 간다. 울산 배들은 93, 94해구 부근으로 이동한다.

(2) 어획

가자미와 눈뽈대의 양이 승부를 가른다. 〈표 2-18〉에서 보는바와 같이 가자미는 어획의 38.5%를 차지하며 금액은 33.3%. 눈뽈대는 양은 2.6%에 불과하나 금액에서는 17.7%를 점하니 이 두 어종이 금액으로는 50%를 점하는 꼴이다. 그러나 일반적으로 울산서남구쪽이 부산서남구의 어획에 뒤떨어지는 것으로 〈표 2-21〉과 〈표 2-22〉가 제시하고 있으나 위의 부산과 울산의 자료대상 선박의 경우 부산은 643,500천원(9,900c/s), 울산은 635,000천원(11,500c/s)의 생산고로 금액에서는 별반의 차이는 보이지 않는다. 부산서남구 쪽 대화자에 따르면 울산 쪽은 가자미를 주대상으로 하고 있는데 최근 가자미 어획이 감소한 것과 부산과 울산의 지역적 가격차이도 약간 영향하고 있는 듯이 보이나 크게 다른 것은 없다. 또 다른 편에서는 선장의 질적 문제를 거론한다. 부산 쪽 신장은 젊어 의욕적이고 어장분석을 면밀히 하는 때문일 것이란 견해를 제시한다.

참고로 조합자료에 따르면 울산은 척당평균 연 152,710kg(7,635c/s) 434,194천원. 부산은 206,667kg(10,333c/s) 594,907천원의 어획 차를 보이고 있다.

(3) 임 금

어획고가 좋은 편이니 선원의 임금도 상대적으로 비교가 된다. 먼저 어획고에 대한 임금의 비율이 부산은 39.8%, 울산은 35.8%로 지금까지 거론한 대형외끌이(트롤포함)들과 비교된다. 이것은 직접경비가 낮은 때문일 것이다. 즉 연료소모량이 부산외끌이의 97,416천원에 대하여 부산서남구 53,365천원. 울산서남구 76,860천원으로 부산서남구는 부산외끌이의 그 55%에 불과한 모양 등이 큰 요인으로 작용한 것 같다.

부산서남구의 직접경비 중의 연료비율은 35.9%이며 부산외끌이는 50.4%. 전자의 마력합계는 520마력 후자는 470마력으로 별 차이는 없으나 오히려 부산서남구의 마력이 크다. 이것은 어장과 조업형태의 차이에서 오는 부산 및 울산서남구의 큰 메리트라 보여지며 부산외끌이가 동쪽으로 가려는 매력포인트의 하나인지도 모르겠다.

(4) **어 가**

자료대상선박의 대표자들이 문답에서 연간 평균 c/s당 가격을 물을 때 6~7만원을 말한 곳은 경남트롤과 부산서남구 뿐이었다. 이 경우 대개는 7만원이상을 시사하며 4~5만원을 부르면 5만원이상임을 암시하는 것을 느낀다. 〈표 2-18〉에서 인용한 부산외끌이의 동쪽어장의 c/s당 평균가격이 61,507원인데 부산서남구 응답자가 말한 6~7만원을 여기서는 65,000원을 적용하였다. 지금까지 어가적용은 구체적 또는 입체적 자료가 입증하지 않는 한 대화자의 주장을 참작하였으나 이를 지금 열거해보면 다음과 같다.

여수트롤: 55,000원
경남트롤: 70,000원
부산외끌이: 51,336원
여수서남구(트롤): 55,000원
부산서남구(후리식): 65,000원
울산서남구: 55,000원

제2장
실태의 분석과 제도적 대책

I 실태의 비교

1. 어장

① 여수트롤의 경우

별지 조업해구도 【1】에 의하여 표시하는바와 같이 주로 제주 남방에 서동남방과 소흑산 부근이 주어장이다.

해구는

(A) 8월~9월중순(241, 242-3, 243, 251-1.3.5.8)

(B) 9월중순~2월말(247, 248, 249, 237, 238, 246-7, 236, 246)

(C) 3월초~4월말(231, 241, 221-7, 221-8)

(D) 5월초~6월말 (A)로 돌아온다(241, 242-3, 243, 251-1.3.5)

② 경남트롤의 경우

여수와 거의 같다.

③ 부산외끌이의 경우

별지 조업해구도 【2】의 표시와 같이 제주의 동남방과 128도 이동의 일부가 어장이다.

(A)는 9월~1월

제주어장으로 해구 110, 113, 234, 244, 243, 242, 241, 232, 231, 221, 220, 251, 252, 464, 465 등을 이동 조업하는데 그때 그때의 정보에 의하여 이들 해구를 선택한다.

새우조업을 하는 5척은 530, 562, 706, 736, 726, 716, 468, 498 해구가 주어장이다.

(B) 2월~7월

동쪽어장으로 88, 89, 93, 94에서 조업한다. 이 어장은 128도 이동이므로 구역위반 조업이며 따라서 정규적 항차조업을 못하고 상황에 따라 불규칙적 조업이다.

④ 여수서남구의 경우

다음 2) 독자어장의 ①을 참조바람

⑤ 부산서남구의 경우

다음 2) 독자어장의 ⑤를 참조바람

⑥ 울산서남구의 경우

다음 2) 독자어장의 ⑥을 참조바람

2. 어장의 비교

조업해구도 【3】은 이상 어장의 중복어장과 독자어장을 구별해 보았다.

1) 중복어장

여수트롤과 부산외끌이측의 어장이 중복되는 해구는 241, 242-3, 243, 251, 231, 221이다. 거의 제주도를 에워싼 모습이다.

2) 독자어장

㉠ 여수트롤 측은 상기 부산외끌이와 중복되는 어장외에는 247, 248, 249, 237, 238, 246, 236해구로 대부분 중국측 과도수역 내외의 조업이며 3월경부터 제주와 소흑산도 사이의 231, 241, 221-7.8해구에 어장형성이 되나 이 때 231과 241해구가 부산대형기저와 중복되는 경우가 있다.

㉡ 부산외끌이는 어기초인 9월에 제주 동쪽의 110, 111 일부와 113해구에서 시작하여 상기 중복되는 어장을 포함하여 그때 그때의 어황정보에 따라 조업을 하는데 특징적인 것은 중국측과도수역에는 들어가지 않는 것이며 거의 제주를 에워싼 조업형태다. 이와는 다르게 새우를 대상으로 냉동시설을 한 5척은 북위 32도와 28도 수직형 사이의 468, 498, 530, 562, 704, 706, 716, 726, 736해구에서 조업한다.

㉢ 상기 ㉡의 새우를 제외한 세력들은 2월경부터 128도 이동인 93, 94해구가 주어장이 된다.

㉣ 여수서남구의 어장을 해구별로 표시하면 다음과 같다.

9, 10월~3월은 231해구-1,2,3, 231해구-5,6,7,8(간혹 221, 222해구 조업). 그 외는 234해구, 224해구-4,5,6,7,8,9호, 233해구-4,5,6,7,8,9호이다.

231과 221해구가 상기 중복어장에 포함되는 외는 거의 독자어장이다. 이들을 해구도에 기입 해보면 제주를 에워싼 꼴이 된다.(조업해구도 【4】 참조)

㉤ 부산서남구는 주로 일본 EEZ 내의 조업이며 그 외의 해역은 그 부근의 111의 일부, 112, 106의 일부, 93, 88해구의 일부이며 어종은 눈볼대, 가자미, 붕장어, 오징어 기타이며 최근에 와서 가자미 어획량이 감소추세에 있다. 제주어장은 해구도상의 230, 231, 232의 일부이며 주대상 어종은 도미를 목표로 한다. 조업해구도 【5】 참조.

㉥ 울산서남구는 일본 EEZ 101, 102해구가 주어장이며 우리어장 조업은

93의 2, 3해구, 94의 1, 2, 4해구이며 간혹 87, 88,과 89해구의 일부에서 조업한다.

3. 조업실태 비교

〈표 2-25〉 지역별 선박의 평균제원 비교

업종별	척수	전체톤수	평균톤수	전체마력수	평균마력	평균선령	시 설	
							냉동	빙장
여수트롤	9	557	61.8	6,155	683	10.7년	9	
부산외끌이	21	1,842.65	87.74	8,390	399.5	32년		21
경남트롤	9	474(373)	52.6(53.2)	4,147(3,687)	460(527)	13.7년	7	2
여수서남구	19	779	41	8,699	457.8	14년		19
부산서남구	8	444	55.5	3,670	458.7	29년		8
울산서남구	11	621	56.4	5,260	478.1	25		11

※ 경남의 ( )는 7척의 트롤선임

〈표 2-26〉 지방별 자료대상 어선의 제원

항목 / 지방	톤수	마 력			처리시설	평균선령
		주 기	보조기	계		
여수트롤	69	775	275×2	1,325	냉 동	14년
부산외끌이	96.4	420	50×1	470	빙 장	35년
경남트롤	61	570	230×1	800	냉 동	15년
여수서남구	37	400	100×1	500	빙장	
부산서남구	57	450	70×1	520	빙장	33년
울산서남구	57	500	30×1	530	빙장	22년

※ 톤수에서 여수트롤, 경남트롤, 여수서남구, 부산서남구, 울산서남구는 신톤수. 부산외끌이는 구톤수이며 이 경우 신톤수로 환산하면 70이하 톤이 될 것임. 그러나 이는 허가상의 톤수임으로 그대로 적용함.

이미 〈표 2-16〉 '허가상의 지방별 대형기저 어선의 비교'에서 전체적 경향은 밝혀진 바이나 역시 〈표 2-27〉에서도 이를 반증하고 있다. 기관마력에 있어 여수트롤은 부산외끌이의 약 3배, 경남트롤의 1.6배에 해당한다. 결국 여수트롤과 경남트롤을 제외한 4종은 마력에서 비슷한 상태이다.

〈표 2-27〉 지역별 자료대상 어선의 조업실태

지역	가동일수						조업형태		어법		어획고		조업기간
	조업	체항	왕복	이동	상가	계	운반선	입항	트롤	후리식	c/s	금액	
여수트롤	253	9	19	53	3	337	9회	5회	○		15,550	855,250	8월~6월
부산외끌이	192	54	48	36	3	333		40회		○	10,800	554,428	9월~7월
경남트롤	234	8	13	41	3	299	10회	3회	○		14,600	1,022,000	9월~6월
여수서남구	270	25	4	17	3	319	24회	2회	○		11,300	621,500	8월~6월
부산서남구	230	69	28	2	3	332		46회		○	9,900	643,500	8월~7월
울산서남구	244	46	28	2	3	323		46회		○	11,500	635,000	8월~6월

※ 1. 가동일수는 초출항 후 철망까지
2. 체항은 입항 후 하역, 정비 등이나 여수서남구의 체항은 서귀포 전재시간 및 정비와 선원문제로 체선시간이 추산된 것임
3. 왕복은 출입항 항해일수
4. 이동은 조업중 어장 이동, 기상에 따른 피항, 전재를 위한 이동 등이나 여수 서남구는 운반선 전재를 위한 항해시간과 소요시간이 추정 된 것임.
5. 조업은 실제 인망 조업일수.
6. 부산서남구는 왕복 0.6일. 체항 1.5일, 조업 5일 계산, 체항일이 많음은 입항시의 정비시간이 소요된 이유로 봄.
7. 울산서남구는 왕복 0.6일(16시간)을 1일로 봄

〈표 2-28〉 지방별 자료대상어선의 생산성

(단위: c/s, 천원)

항 목	여수트롤	부산외끌이	경남트롤	여수서남구	부산서남구	울산서남구
1 가동1일당어획량	46.14	32.43	48.82	35.4	29.8	35.6
2 조업일/가동일	75.0%	57.6	78.2	84.6	69.2	75.5
3 조업1일당 어획량	61.4	56.25	62.39	41.8	43.1	47.1
4 이동일/조업일수	20.94%	18.75	17.52	9.2	0.08	0.08
5 왕복일수/가동일수	5.63%	14.41	4.34	1.4	8.4	8.6
6 어선1톤당어획량	225.3	112.0	239.3	305.4	173.6	191.6
7 마력당어획량	11.7	22.9	18.2	22.6	19.0	21.6
8 연료 d/m당 어획량	4.03	8.18	5.84	6.4	11.2	9.1
9 가동1일당 연료소비량	11.4d/m	3.96	8.36	2.6	3.1	3.9
10 탑승 선원수	9	8	8	7	8	10
11 선원1인당어획량	1,727	1,350	1,825	1,614	1,237	1,150
12 선원1인당어획금액	95,027	69,303	127,750	88,785	80,437	63,500
13 선원평균임금	21,945	21,299	37,568	24,742	27,850	20,097

항　　목	여수트롤	부산외끌이	경남트롤	여수서남구	부산서남구	울산서남구
14 짓가름의 평선원1인분	12,787	13,004	28,440	17,319	17,143	13,860

※ 1. 연간 소비연료는 여수트롤 3,850d/m, 부산외끌이 1,320d/m, 경남트롤 2,500d/m. 여수서남구 1,760d/m, 부산서남구 880d/m임.
2. 마력은 주기와 보기의 합계.
3. 선원평균임금이란 짓가름 대상 총액을 선원수로 나눈 금액.
4. 짓가름의 평선원1인분이란 짓가름 총액을 짓수로 나눈 금액

〈표 2-29〉 지방별 자료대상어선의 주요경비 비교

(단위: 천원, 비율 %)

항목＼지방별	여수트롤	부산외끌이	경남트롤	여수서남구	부산서남구	울산서남구	어획금액에 대한 비율					
							여수	부산	경남	여수(서)	부산(서)	울산(서)
연료	238,535	80,526	156,200	112,640	63,230	77,940	27.91	14.5	15.3	18.1	9.8	12.3
연료/직접경비	57.2	45.8	44.1	47.6	40.2	41.4	-	-	-	-	-	-
직접경비/경비	56.3	36.3	40.4	48.4	32.6	38.0	-	-	-	-	-	-
유지비(어선)	64,170	63,000	73,170	18,500	29,000	35,000	7.8	11.3	7.1	2.9	4.5	5.5
어구비	46,400	16,390	32,400	34,300	15,920	16,200	5.7	2.9	3.1	5.5	2.4	2.5
운반비	24,000	없음	31,875	10,350	없음	없음	3.0	-	3.1	1.7	없음	없음
임금	189,897	204,443	305,807	192,442	251,781	227,530	22.2	36.8	29.9	30.9	39.7	35.8

※ 1. "연료/직접경비"는 임금산출을 위한 소위 공동경비내에서 연료가 차지하는 비율을 본 것인데 이의 고저위는 직접 임금과 연관된다.
2. 어획금액에 대한 비율 중 여수(서)와 부산(서)는 서남구를 말함.

1) 비교의 이유

〈표 2-25〉에서 〈표 2-29〉까지의 표들은 자료대상 6척의 것임을 먼저 명기할 필요가 있다. 이 6척을 자료대상으로 고름에 있어 특별한 이유는 없었다. 단지 누군들 자기 사업의 이면을 드러내고자 하는 이는 없을 것이나 그래도 비교적 본고의 취지를 이해하여 협조를 얻을 수 있었고 조업실적이 평균적 수준에 있어 그 업태를 객관적으로 이해하기에 적합하고 6종의 업태를 비교하는데 도움이 될 것으로 믿었고 비교적 객관성이 있었기

때문이다.

상기의 표들 내용을 종합할 때 일단 먼저 고려해야 할 점은 제도상의 대형기저외끌이라는 허가 속에서 부산은 후리식외끌이인데 여수와 경남은 허가내용과는 다른 옷타트롤이란 점을 고려할 때 상기 표들처럼 평면적인 분석 대비의 실효성의 의미와 그 필요성은 1차적으로 한 지붕 세 가족의 원인과 그 실태파악에는 꼭 거쳐야할 과정으로 확신했기 때문이다.

그러나 이 목적이 대형외끌이라는 동일 허가조건하에서 이질적 어법(법위반)에 의한 어장이용의 특성, 운영의 변질과 이의 고착화는 현 대형기저외끌이와 중형기저외끌이의 제도적 괴리의 모순에 대한 새로운 그 무엇인가를 탐색해야하는 시점에 있다는 인식에서이다.

그러자니 대형기저외끌이(여수, 경남을 포함)의 어장과 조업구역이 거의 같고, 그리고 같은 허가내용 속에서 대형기저외끌이와 궤를 같이하는 한 지붕 세 가족의 서남구기저의 실태를 함께 분석 비교하여 이에 기반을 두어 소위 제도상의 외끌이기저의 허가제도개선의 공약수를 찾으려는 데 있다.

2) 어선규모와 조업형태

먼저 대형기저에 속하는 부산외끌이는 어선규모에 있어 톤수는 가장 크고 마력은 가장 낮다. 이것은 얼른 볼 때 비효율적 조업의 모델에 속할 것 같다. 때문에 어선1톤당 어획량에서 여수트롤과 경남트롤의 각각 225c/s와 239c/s에 비하여 112c/s에 불과하다. 이를 신톤수 70톤으로 고쳐 계산해도 154.2c/s로 최하위에 있다. 그러나 여수서남구는 305.4c/s로 이보다 더 높다.

가동일수는 여수트롤 337일, 부산외끌이 333일, 부산서남구 332일, 울산서남구 323일, 여수서남구 319일, 경남트롤 299일의 순이며 가동일수 1일당 어획량에 있어서는 경남트롤 48.8c/s, 여수트롤 46.1c/s, 울산서남구 35.6c/s, 여수서남구 35.4c/s, 부산외끌이 32.4c/s, 부산서남구

29.8c/s의 순서로 이어진다.

가동일수 대 조업일수의 비율에 있어서도 여수서남구 84.6%, 경남트롤 78.2%, 울산서남구 75.5%, 여수트롤 75.0%, 부산서남구 69.2%, 부산외끌이 57.6%의 순으로 부산외끌이의 비효율적 조업을 가리키고 있다. 이것은 조업형태에 기인한 것 같다. 부산외끌이, 부산서남구, 울산서남구는 후리식조업에다 위판시 마다 입항하니 가동일 전체에서 조업일수의 율이 떨어지는 것이다.

가동기간 동안의 왕복항해일수의 비율을 보면 부산외끌이 14.41%로 가장 높고 울산서남구 8.6%, 부산서남구 8.4%, 여수트롤 5.6%, 경남트롤 4.43%, 여수서남구 1.4%의 순으로 부산외끌이가 입출항일수가 많음을 말하는 것이다.

기저에 있어 운반선을 사용하는 경우는 법 제46조에서 허용돼 있으나 어업형태의 현 허가제도와의 일치 여부는 검토의 여지가 있음을 말한다.

〈표 2-27〉에서 보다시피 부산외끌이의 가동일수 중 조업일수 192일, 왕복일수 48일에 대하여 여수트롤 253일, 19일, 경남트롤 234일, 13일이 운반선사용 조업형태의 장점으로 부각되는 것을 보여주는 것 같다.

여수서남구는 어선규모에 있어 전기 기저들과는 어선 톤수에 있어 상당히 소형(37톤)이나 역시 트롤어법으로 직접 위판 항구에 입항하지 않고 서귀포에서 트럭에 전재하여 제주한림항에서 위판하거나 그 시기가 지나면 운반선에 의한 여수항에 위판하는 두 갈래의 조업형태를 취하고 있다.

이의 결과는 가동일수 중 조업일수 270일로 가장 장기간의 어장 체류를 의미한다. 첫째 어장과 서귀포의 거리는 3~4시간, 전재, 보급 등 6~7시간의 체항으로 최장 15시간이면 다시 조업에 들어갈 수 있는 어장의 이점이 있다.

3) 기관마력 상승의 허와 실

마력당 어획량에서는 부산외끌이와 여수서남구의 22.9c/s, 22.6c/s에 대하여 여수트롤 11.7c/s, 경남트롤 18.2c/s, 부산서남구 19.0c/s로 이어져 기관마력이 낮은 쪽이 높다. 특히 여수트롤의 합계마력 1,350마력은 부산외끌이의 약 2.8배에 해당한다.

특히 연료소비량과 어획량의 비교에서 1d/m 당 소비량에 대한 어획량의 비교는 부산서남구 11.2c/s, 울산서남구 9.1c/s, 부산외끌이 8.18c/s 순으로 높고 여수서남구 6.4c/s, 경남트롤 5.84c/s, 여수트롤 4.03c/s 순으로 낮다. 역시 운반선 사용과 밀접한 연관이 있다.

만약 여기에 운반선 사용료를 왕복항해 연료비로 가정 환산한다면 그 격차는 더 벌어질 것으로 보인다. 물론 조업일수와 어획량의 감소는 따를 것이나 연료에 국한하여 고려하면 부산외끌이, 부산서남구, 울산서남구는 타 지역과의 격차는 더 벌어질 것이다. 따라서 이 부분에 한하여 부산, 울산측에 경제성이 있는 셈이나 요는 총체적 경영의 문제이다.

4) 노동생산성에서 본 비교

선원1인당 연간 어획량은 부산서남구와 부산외끌이가 1,237c/s, 1,350c/s로 가장 낮다. 여수트롤과 경남트롤은 1,727c/s, 1,825c/s로 이보다 높으나 여수서남구는 이 둘의 중간치로 1,614c/s를 나타내어 후리식보다는 트롤이 나은 것으로 나타나며 한편으로는 이들이 운반선을 사용한다는 점을 고려할 필요가 있다.

울산서남구는 1,150c/s로 가장 낮으나 선원이 10명이라 그런 것 같다.

선원 1인당어획금액 역시 후리식인 울산서남구, 부산외끌이와 부산서남구가 각각 63,500천원, 69,303천원. 80,437천원 순으로 낮고 여수서남구 88,785천원, 여수트롤 95,027천원, 경남트롤 127,750천원 순으로 높다.

한편 선원평균임금에 있어서는 울산서남구 20,097천원, 부산외끌이 21,299천원, 여수트롤 21,945천원 순으로 낮고 여수서남구 24,742천원, 부산서남구 27,850천원, 경남트롤 37,568천원의 순으로 높다. 여기서 선원평균임금이란 짓가름 총액을 선원수로 나눈 금액인데 임금의 수준을 보려는 수치이지 평선원에게 지불되는 금액은 아니다.

선원임금은 직책과 기능에 따른 짓가름인 때문에 당사자가 몇 짓을 배당받는가에 따라 임금이 달라진다.

일반적으로 하위 평선원은 1인분을 받는데 이 경우 경남트롤이 28,440천원으로 가장 높고, 부산서남구와 여수서남구는 17,000천원대로 비슷하나 여수트롤, 부산외끌이, 울산서남구는 각각 12,787천원, 13,004천원, 13,860천원으로 상대적으로 낮다.

참고로 이를 계약기간의 월 임금으로 환산하면 경남트롤 2,844천원(10개월), 부산외끌이 1,182천원(11개월), 여수트롤이 1,163천원(11개월)의 꼴이다.

그러니 〈표 2-29〉에서 보는 바와 같이 여수트롤의 임금총액은 어획고에 대하여 25.4%에 불과하고 부산서남구 39.1%, 부산외끌이 38.1%, 울산서남구 35.8%, 여수서남구 30.9%, 경남트롤이 29.9% 순으로 되어 부산서남구와 부산외끌이가 높다. 높다는 것은 어획에 비하여 임금부담이 크다는 뜻이 된다.

이런 현상은 부산외글이와 부산서남구가 상대적으로 직접경비의 저율로 보합의 임금액이 높아지는 데에도 원인이 있겠으나 일부 어획량의 저위와 선박조건이 타 지역보다 불량하니 유인적 임금산출 조건을 사용하기 때문인 것으로 보인다.

유인적 임금산출조건의 내용을 살피면 다음과 같다.

각 지역은 산출된 보합금액의 일정율 또는 어획고에 직결시켜 그 몇%를 선장 상여금으로 지급한다. 이를 선원에게 재분배 여부는 선장의 재량이라 불명하나 일부 간부에 약간을 주는 경우도 있다. 그러나 부산외끌이와 울산서남구의 경우는 이에 더하여 보합금액 1인분을 별도로 선주가 선원 앞으로 지불하는 것이 타 지역과 다르다.

또한 초출어시 주로 간부나 특정기능자에 일정금액의 전도금과 생계비로서 매월 직급에 따라 가불형식의 지급이 있다. 이들 가불은 청산시 회수하나 청산에서 전체적 적자 또는 개인별 적자시는 회수는 불가능하다. 일반적으로 총 약 50,000천원이 전도금으로 나가고 울산과 부산외끌이의 경우는 이들 가불액이 타 지역보다는 높게 나타난다. 이것이 높다는 것은 선원에게는 보장적 의미가 있고 경영측면에서는 청산적자시 적자폭을 더 널리는 불리한 측면이 있다.

요는 특수기능자인 기관장의 부족으로 이 문제는 더 가속적 상황이며, 구조적 취약은 선내에서 후계자 승계의 차석요원이 없음이 운영의 가장 큰 애로점의 하나이다. 선장이나 기관장의 승계는 선내에 항해사나 조기장(操機長)이 있어야하는데 총인원 7~8명의 소규모 어선조업에 쉽게 들어오지 않는다.

특히 여수서남구의 경우는 초기에 입항은 잦으나 체류시간이 짧아 휴식시간의 부족은 긴 운반선 전재조업이 끝나고 후반에 자주 입항 전재하는 시기에는 선원들의 기강해이가 두드러져 효율적 조업에 지장이 오고 임의하선 탈락자가 발생하는 경우가 많다.

울산서남구의 경우는 이러한 탈락자를 예상한 인원 확보의 일환으로 10명의 인원을 승선시키니 상대적으로 개인별 임금액이 낮아진다.

문제는 조업형태의 개선과 요원의 체계적 양성체제를 구축하는 일인데 조업형태의 개선은 사회, 경제적 조건과 맞물려 있으며 요원양성은 수산고등학교 교육체제를 정비 지원하는 길이 있어야할 것 같다.

〈표 2-30〉 유인적 임금산출조건의 비교

지방 / 유인조건	여수트롤	부산외끌이	경남트롤	여수서남구	부산서남구	울산서남구
보합율	45%	45%	45%	45%	45%	45%
상여금 (선장)	보합금의 10%	어획고의 4%	8억 이상 어획시 2~3%	보합금 5% 추가	어획금의 1~3%	어획금의 2%
상여금 (선원)	없음	보합금 1인분	없음	별도 없음	보합금 1인분	보합금 1인분
초출어 전도금	2~2.5천만원 (총액)	1,500만원	직급구별없이 1인 300만원	2~3천만원, 1인 300만원 이상	1천만원내에서 내부조정	합계 5천만원
월가불	선장 250만원, 간부 120만원, 선원 75만원	선장 300만원, 간부 200만원, 선원 150만원	선장 250만원, 선원 100만원	1인 72만원 기준	1천만원내에서 선장결정	선장 80만원, 선원7, 60만원
기타조건	기관장 일정액보장	없음	없음	일부학자금 대여	없음	없음
총임금/경비 공제후금액	49.5%	56.6%	51.4%	50%	51.8%	50.9%

※ 1. 기타조건의 기관장 일정액보장이란 최저한도액을 정하여 임금을 보장함을 말한다. 즉 청산 결과 당사자 앞 보합금이 보장액에 미달하면 선주가 부족분을 보장한다.

2. 총임금/경비공제후금액의 뜻은 45%의 보합금을 산출하기 위하여 총어획고에서 직접경비를 공제한 금액에 대한 총임금(보합금+상여금+기타)의 비율을 말한다. 이로서 계약상의 보합비율과 비교하려는 뜻이다. 이와는 달리 총임금의 어획고에 대한 비율은 여수트롤 22.2%, 부산외끌이 36.8%, 경남트롤 29.9%, 여수서남구 30.9%, 부산서남구 39.7%로서 <표 2-29>에서 참고되나 요는 부산외끌이와 부산서남구가 어느경우든 타와 비교하여 높다.

3. 경남트롤의 경우 선장의 상여금적용을 총어획고 8억원 이상의 경우 2~3% 범위의 상여금을 지급한다는 것은 생산의 일반 기준이 8억원이란 뜻으로도 유추될 수 있다.

4. 여수서남구의 경우 대학 등록금을 대여하는 것으로 특히 기관장의 경우가 많다. 또한 여기에 기록되지 않는 선장에 대한 상여금이 있는 듯 시사는 하면서 밝히지 않는 곳도 있었다.

Ⅱ | 소 결

1. 제도상의 대형기저와 트롤어업

이미 서론에서 지적한 바와 같이 법시행령 제25조제1항제1호에서 대형기저는 "총톤수 60톤이상의 동력어선에 의하여 저인망을 사용하여 수산동식물을 포획하는 어업"으로 규정되어 있음을 밝혔다. 이와 대조적으로 동령 동조 동항제3호에서 근해트롤어업은 "동력어선에 의하여 망구전개판을 장치한 인망을 사용하여 수산동물을 포획하는 어업"으로 규정하고 규칙 〔별표1〕에서 대형트롤어업(70톤이상 140톤미만), 동해구트롤(20톤이상 60톤미만)의 어업의 명칭으로 구분돼 있다.

또한 부령인 "어업허가--규칙" 〔별표 1〕 에서 대형기저는 외끌이와 쌍끌이로 구분하고 모두 신톤수 60톤이상(구톤수 80톤이상) 140톤미만(구톤수 170톤 미만)으로 제한하고 있다.

〈표 2-31〉 근해어업의 명칭과 규모 등(발췌)

어업의종류	어업의 명칭	어선의 규모		기관마력
		구톤수	톤수	
대형기선 저인망어업	외끌이기저	80톤이상 170톤미만	60톤이상 140톤미만	—
	쌍끌이기저	80톤이상 170톤미만	60톤이상 140톤미만	—
중형기선 저인망어업	동해구기저	20톤이상80톤미만	20톤이상60톤미만	회전수등기재 생략
	외끌이서남구기저	20톤이상80톤미만	20톤이상60톤미만	〃
	쌍끌이서남구기저	20톤이상80톤미만	20톤이상60톤미만	〃
근해 트롤어업	대형트롤	100톤이상 170톤미만	70톤이상 140톤미만	—
	동해구트롤	20톤이상 80톤미만	20톤이상 60톤미만	—

※ 어업허가 및 신고등에 관한규칙 〔별표1〕 발췌

제1장 'II. 외끌이의 현실'에서 언급한바 있거니와 외끌이의 조업형태를 규정한 법규상 정의는 존재하지 않아 상기 제1장 'III. 외끌이의 부침'에서와 같이 수산업법 제정당시의 기저는 모두 지금의 후리식어법을 전제로 한 기저규정의 제정이었고 이것이 지금까지도 지속되고 있음은 지금의 중형기저의 동해구기저와 서남구기저의 외끌이가 이를 말한다.

2. 제도적 이탈

외끌이에 대한 기본적 인식은 상기 'II. 외끌이의 현실'에서 그 기법을 언급한 바 있어 생략하고 대형기저외끌이는 본론에서 허가상의 총건수가 53척임을 밝혔으나 이 배들의 부산 29척, 여수 11척, 경남 9척, 계 49척의 존재는 확인되나 잔여 4척은 명백하지 않다.

그러나 본론에서는 대형기저 중 부산에서 동·서 수역에 걸쳐 조업하는 후리식 21척과 경남과 여수에서 끌이어업(트롤)을 하는 19척의 문제와 더불어 어법이나 조업구역상 불가분의 관계에 있는 서남구기저에 대한 분석을 곁들여 공동의 장에서 공약수를 모색하려는 것이다.

즉, 상기에서 누차 지적한바와 같이 동일 허가조건하에서 어법을 달리하는 어업(합법, 불법을 막론하고)의 실상을 밝혀 긍정적 대책방법을 찾으려는 것이다. 여기서 긍정적이란 지금의 현실을 수용하는 것을 전제로 하자는 것이 아니고 지속적 어업의 유지와 개별 경영체의 견실화(堅實化)를 위하여 현실성 있는 합리적 기저의 제도를 찾을 수 있는 건지, 찾아보려는 것이다.

이들의 기원(起源)은 'III. 외끌이의 부침' '⑫ 대형외끌이의 분화'에서 논한 바 있다.

〈표 2-31〉에서 보다시피,

첫째, 현재의 여수트롤과 경남트롤은 물론 여수서남구는 조업구역이나 선박 규모면에서 동해트롤이건 대형트롤이건 간에 현제도에의 적용은 부합되지 않는다.

둘째, 현 선박 규모에 해당하는 트롤어업의 허가제도가 없다.

셋째, 법대로라면 전기 3종의 트롤은 무허가어업으로 척결의 대상이다.

3. 고려

⑴ 그러함에도 이들이 트롤을 감행하는 이유는?

① 허가조건대로 후리식조업에 의한 어획으로서는 채산성이 약하다. 때문에 강한 예망력으로 다획노력과 어획물 처리능력의 향상에 의하여 경제성 향상노력이 불가피하다는 인식.(경제성)

② 특히 FRP어선에 의한 후리식으로는 남서어장의 강한 조속으로 어망전개가 불완전하다는 인식.(기술성)

③ 여수지역 어민들은 서남해역 어장조건에 익숙해 있어 이쪽 어장이용이 유용하여 선호한다.(지역성)

④ 거기에다 강한 행정적 대응으로 이를 막지 못한 행정력의 부족으로 이들을 정도(正道)에 갖다놓지 못했다.(제도적 괴리)

⑵ 부산의 21척의 후리식은 왜 조업구역을' 이탈하여 동해쪽으로 나갈까?

① 2월에 들면 제주해역의 어획이 부진하다.

② 동해쪽 조업시기는 어획어종이 고가품들이 있어 상대적으로 제주해역보다 유익하다는 인식.

③ 부산에서 근거리라 경비감소에 보탬 요인이 있고 과거부터 40년간 그 어장에서 조업함으로써 어장이용에 효율성이 있다는 주장.

④ 자기중심적 주장으로 서남구의 울산 부산의 조업선이 일본 EEZ에 입어하는 동안 서남구의 공백어장에 조업을 한다는 명분.

⑤ 불법어업단속의 허점으로 그 효과를 얻지 못하니 조업지속의 관성이 생기고 불법에 불감증적이며 오히려 자기정당화를 꾀한다.

결국 어느 경우에도 어획량 확보에 따른 보다 나은 사업성취에 있으나

(1)과 (2)의 위법의 성질은 다르나 행정이 이를 시정시키지 못한다.

(3) 결과의 고착화

상기의 (1)(2)를 보면 불법이지만 현상은 고착화된 현실적 실존세력이다. 그러나 지금까지 검토한 6종의 어업에서 합법적 조업은 부산서남구, 울산서남구 뿐이다.

(4) 단속의 개황

① 여수트롤의 경우는 거의 금지구역 밖 조업인 데다 운반선을 사용하기 때문에 현장 적발의 기회가 희박하나 8척 중 1년에 1~2척이 적발되며 범칙 내용은 망목 초과에 해당될 때가 대부분이다. 그리고는 과태료를 물거나 정선처분을 받는다는 말을 한다. 그러면 옷타를 사용한 트롤조업 문제는 어떻게 되는 건지?

② 여수서남구의 경우는 최근 2~3년간 20척 중 2~3번 단속 당하지 않은 배는 없을 것이라는 표현과 함께 역시 망목이 범칙의 내용이다.

③ 부산외끌이는 1999년 31건, 2000년 15건, 2001년 7건, 2002년 8건, 2003년 10건, 2004년 9월 현재 9건. 이들은 조업구역위반으로 정지처분 30일을 받는다.(부산시 행정자료 참고함)

④ 동해어업지도사무소(부산)의 자료에 의하면 연도별 기저업종 검거현황은 아래와 같다.

〈표 2-32〉 연도별 기저업종 단속현황

□2001년도

유형별	계	소형기저	중형기저	대형기저		대형트롤
				외끌이	쌍끌이	
계	370	343	5	6	9	7
무허가	144	143		1		
금지,구역위반	18	2		4	5	7
어구위반	208	198	5	2	3	
기타	0					

□ **2002년도**

유형별	계	소형기저	중형기저	대형기저		대형트롤
				외끌이	쌍끌이	
계	553	525	6	6	7	9
무허가	184	182		2		
금지,구역위반	14			1	5	8
어구위반	351	342	6	3		
기타	4	1			2	1

□ **2003년도**

유형별	계	소형기저	중형기저	대형기저		대형트롤
				외끌이	쌍끌이	
계	443	427		3	5	8
무허가	151	151				
금지,구역위반	10	1		1	3	5
어구위반	277	274		2	1	
기타	5	1			1	3

□ **2004년 9월말 현재**

유형별	계	소형기저	중형기저	대형기저		대형트롤
				외끌이	쌍끌이	
계	266	184	3	2	5	2
무허가	106	76	2			
금지,구역위반	18			1	2	1
어구위반	120	108			3	
기타	22		1	1		1

※ 1. 어업지도사무소는 2003년도에 동해(부산) 서해(목포)로 분리되었으며 따라서 2003년까지는 전국적 상황이다.
2. 그러나 단속기관은 각 시군지자체, 각 광역지자체, 해경이 있으며 이들 단속실적이 통합되지 않는다.

이 4년간의 표를 보면 기저의 연간 범칙건수는 370, 553, 443, 266건으로 2001년을 피크로 감소추세이나 총건수 중 소형기저가 90%이상을 차지하고 있다. 중형기저와 대형기저의 검거율은 극히 소수이며 더욱 대형외끌이의 조업구역 위반도 극소수이다. 단속기관에 따라 실적은 다를 수밖에 없으나 부산시의 부산외끌이 검거율과는 그 차이가 심하다. 검거건수 중에 어구위반의 율이 높은데 중형기저나 대형외끌이의 경우 이는 망목인지 트롤어구를 말하는지 확실하지 않다.

소형기저가 무허가임은 확실한데 적발건수 중 무허가와 어구위반 등으로 분류한 것은 이들 표만으로는 이해가 안 된다. 2002년의 예로서 525건의 적발에서 무허가 182건, 어구위반 342건인 것이 대표적이나 이러한 현상은 수적 차이는 있으나 매년 같다. 상기 182건은 해상단속이고 342건은 육지단속으로 소형기저 어구를 적재한 상태를 적발한 것으로 이해하고 있다.

부산외끌이의 단속상황은 부산시의 자료에서 유추할 수 있으나 여수트롤, 경남트롤, 여수서남구의 트롤조업의 적발상황을 타진하려던 당초의 의도가 무너진 꼴이다.

단속의 실상은 결국 이들 어업들의 고착화를 방지할 수단이 되지 못함을 말하는 것 같다.

(5) 이들로 인한 후유증적 상황을 고려하면

① "어업질서의 문란"이란 용어로서는 질서파괴의 정도를 표현하기에는 오히려 부족함을 느낀다.

② 법규상의 어업분류나 어법은 완전히 무시하고 현제도에 냉소적 자세에 일관한다.

③ 이들은 소형기저는 방치하면서 단지 어구사용(옷타)의 허용을 해주지 않는다는 논리를 일반화 시키려한다.

④ 이들의 트롤어법을 대형기저나 대형트롤어업측에서 볼 때 거의 무반응적으로 보편적 시각에서 그 존재를 본의는 아니나 체념적 현실로 수용하고 있는 듯하다.

⑤ 상기의 단속상황에서 보다시피 트롤은 적발은 되나 거의 트롤로서의 적발이 아니고 대형기저나 서남구기저의 망목 위반으로 처벌되니 근본적 발본책은 되지 못한다. 그들의 민감한 단속 대처능력에 효과적이지 못

한 결과이다.

⑥ 부산외끌이에 대한 부산시의 단속결과는 1999년에 31건을 피크로 점차 적발건수는 감소현상이나 여전히 21척이상의 외끌이가 128도 이동 조업을 지속하고 있음은 엄연한 사실이다.

4. 어업경제에서의 이들의 위치

1) 생산과 경비

본고의 이 6종의 어업이 어업생산 중에서 차지하는 경제적 위치와 국민경제에 미치는 경제적 영향은 한번 살펴 보아야할 것 같다. 이들 6종의 기저는 공식적 통계의 어디엔가는 포함돼 있을 것이나 각 종류별 생산통계는 찾기 어렵다.

그러나 'Ⅳ.어업근거지별 어업실태'의 A, B, C의 각 '1.일반상황'과 'Ⅴ.서남구기저의 실태'의 '여수서남구의 경우' 및 '부산서남구의 경우' '울산서남구의 경우'를 기초로 하여 자료선박에 접근하면 그 전체의 윤곽은 추정할 수 있을 것이다. 자료선박의 데이터는 비교적 사실에 입각한 때문이다.

지금까지의 것을 종합하여 이들의 위치를 가늠해 볼까 한다.

어업생산

업 종	어획량(c/s)	어획금액(천원)	수익금(천원)(감가상각유보)
여수트롤	15,550	855,250	115,627
부산외끌이	10,800	554,428	61,008
경남트롤	14,600	1,022,000	190,233
여수서남구	11,300	621,500	137,043
부산서남구	9,900	643,500	166,643
울산서남구	11,500	635,000	139,750

어업경비

업 종	직접경비(천원)	간접경비(천원)	임금(천원)
여수트롤	416,343	106,020	217,258
부산외끌이	193,177	95,800	204,443
경남트롤	389,990	135,970	305,807
여수서남구	236,615	55,400	192,442
부산서남구	148,241	72,520	256,096
울산서남구	188,400	79,320	227,530

6종의 어업의 분석에서 이와 같은 기초적 수치를 취합할 수 있으며 이에 근거하여 당해어업별 생산을 추정하면 다음 표와 같다.

〈표 2-33〉 6종의 업종별 자료선박의 생산추정

(단위: m/t, 천원)

업 종	척수	척당어획	총어획	총생산액
여수트롤	8	16,300c/s(326m/t)	2,608	6,520,000
부산외끌이	21	10,800c/s(216m/t)	4,536	11,642,988
경남트롤	7	14,600c/s(292m/t)	2,044	7,154,000
여수서남구	19	11,300c/s(226m/t)	4,294	11,808,500
부산서남구	8	9,900c/s(198m/t)	1,584	5,148,000
울산서남구	11	11,500c/s(230m/t)	2,530	6,957,500
계			17,596	49,230,988

※ c/s당 중량은 20kg로 m/t으로 환산

해양수산통계(2002)에 따르면 일반해면어업어획고는 1,095,812m/t, 2,487,006,174천원이며 2002년의 우리 나라 기저(대형쌍끌이 79,219 m/t, 대형외끌이 9,816m/t, 동해구기저 5,825m/t, 외끌이서남구 9,362m/t, 쌍끌이서남구 1,132m/t)의 총생산은 106,354m/t, 생산금액은 182,833,483천원으로 해면어업어획고의 9.7%, 생산액은 7.3%에 해당된다.

한편 우리 나라 기저 총생산에 대한 본고의 6종의 어업 생산은 어획에서 16.5%, 금액에 있어서는 26.9%에 해당된다.

기저 총어획의 106,354m/t 중 대형기저상끌이의 어획이 79,219m/t을 점하여 전체의 74.4%에 해당됨을 고려할 때 본고에 의한 17,596m/t는 대형기저쌍끌이 어획을 제외한 27,135m/t의 64.8%에 해당한다. 더욱이 동해기저와 쌍끌이서남구의 합계어획 6,957m/t을 고려할 때 상기 본고의 17,596m/t은 이 6종의 업종의 위치를 짐작할 수 있을 것이다.

또한 2002년 통계연보상의 본고 6종과 직접 연결되는 어업의 생산은 대형기저외끌이 47척 9,816m/t 30,910,881천원, 서남구기저외끌이 38척 9,362m/t 33,705,030천원으로 나타난다.

상기의 대형기저외끌이는 〈표 2-33〉의 여수트롤, 부산외끌이, 경남트롤과 허가상의 동일 어업이므로 이 3종의 총어획의 합계 9,188m/t은 상기 대형기저외끌이 총어획 9,816m/t과는 불과 628m/t의 차이 밖에 나지 않는다. 그러나 서남구는 상기의 정부통계 9,362m/t은 〈표 2-33〉의 부산서남구와 여수서남구, 울산서남구의 어획의 합계 8,408m/t과 954m/t이 부족하다.

그러나 통계의 9,362m/t에서 본고의 여수서남구(트롤)분 어획고 4,294m/t을 제외하면 부산 및 울산서남구의 어획은 5,064m/t으로 추정되나 본고의 〈표 2-33〉을 인용하면 4,114m/t이 된다. 이는 부산외끌이 4,536m/t을 합하면 8,650m/t이 된다.

부산 및 울산서남구의 어획비교는 자료대상선박의 경우는 척당어획에 있어서는 부산 198m/t, 울산 230m/t이며 해당조합자료인 〈표 2-21〉과 〈표 2-22〉에 의하면 부산서남구의 척당어획은 206m/t, kg당 2,878원, 울산서남구는 152m/t, kg당 2,843원으로 서로 엇갈리고 있다. 그러나 조합자료의 연간 척당 위판액은 거의 어느 경우든 5억원을 넘지 못하고 있음을 감안할 때 본고의 자료선박의 수치가 좀 더 현실성이 있는 것으로 확신한다.('V. 서남구기저의 실태'의 '5. 척당어획의 비교'를 참고바람.)

2) 노동생산

기저에 종사하는 추정 선원수는

대형기저쌍끌이	100척×15명 = 1,500
부산외끌이	21척×8명 = 168
여수트롤	8척×9명 = 72
경남트롤	7척×8명 = 56
부산서남구	8척×8명 = 64
여수서남구	19척×7명 = 133
울산서남구	11척×9명 = 99 ※ 자료선박은 10명이나 일반적으로 9명이다
계	2,092명

대형기저쌍끌이는 현재 50건에 100척 척당 15명이면 1,500명의 선원이 종사하며 그들의 어획고는 79,219m/t에 100,521,970천원을 올리고 있다. 1인당 연간 어획 52.8톤, 연간 생산액 67,015천원인 셈이다.

한편 본고의 6종의 업종은 총 17,596m/t에 49,290,988천원을 592명의 선원이 생산하여 1인당 연간 29.1m/t. 83,261천원을 올리고 있는 셈이다. 그러나 대형쌍끌이는 2003년에 62,740m/t. 94,632,104천원으로 각각 16,479m/t. 5,889,866천원이 감소하였다. 이 추세는 본고의 6종 업종에도 동일한 경향을 가져올 것을 추정하나 다음에 상술하겠다.

Ⅲ | 경영지표의 비교

지금까지의 논거에서 경영지표 사항을 비교해 본다.

〈표 2-34〉 자료선박의 경영지표 비교

(단위: %, 천원)

항목 \ 업종	대형기저외끌이			서남구기저		
	부산(외끌이)	여수(트롤)	경남(트롤)	부산(후리식)	여수서남구(트롤)	울산(후리식)
연간생산고	554,428	855,250	1,022,000	643,500	621,500	635,000
경비/어획고	49.1	61.0	47.9	35.6	46.9	42.1
임금/어획고	38.2	25.4	31.9	39.1	30.9	35.8
수익금/어획고	12.7	13.5	20.1	25.1	22.1	22.0
선원1인당생산	69,303	95,027	127,750	80,437	88,785	63,500

※ 수익금/어획고에는 감가상각이 유보돼 있음

(1) 경 비

먼저 허가상의 대형기저 외끌이 중의 3종의 어획고에 대한 총경비는 모두 80%대를 시현하고 있음을 볼 수 있다. 〈표 2-26〉에 따르면 여수트롤의 기관마력의 합계 1,325마력, 경남트롤의 800마력에 대하여 부산외끌이는 470마력에 불과한데 어획고에 대한 총경비의 비율이 87.2%로 가장 높다. 이는 부산외끌이의 조업형태가 입항 위판으로 항해일수가 많고 조업일수가 적은데다 〈표 2-28〉에서 보는바와 같이 가동일수에 대한 왕복일수가 14.4%로 다른 업종보다 월등히 높다. 선박 1톤당 어획도 타와 비교하여 현저히 낮다.

한편 여수트롤이나 경남트롤은 부산외끌이 보다는 어획에서 월등히 앞서나 총경비는 부산외끌이의 비율과 거의 같다.

이 3종의 자료선박 중 직접경비 대 어획고는 여수트롤 48.6%, 부산외끌이 35.9%, 경남트롤 38.1%의 순이며 직접경비 중의 연료의 비율을 보면 여수트롤의 57.3%에 대하여 부산외끌이 45.8%, 경남트롤은

44.1%를 점하여 여수트롤의 고마력에 따른 연료소비의 정도를 짐작케 하는 대목이다. 특히 경남트롤의 44.1% 보다 여수트롤이 13.2%나 높은 것은 1,325마력 대 800마력의 차이에서 오는 것이나 상대적으로 어획고가 높은 것도 아니다.

경남의 마력수는 여수트롤의 마력수 보다 525마력이 낮다. 그렇다고 어장이 다른 것도 아니고 어가와 어획에서 뒤진 것도 아니다. 결국 여수트롤은 무모한 단위어획노력량의 증강에 부합하는 생산이 뒤따르지 않아 경영에 압박이 있는 것 아닌지.

반면 직접경비에 대한 연료의 비율에 있어 부산외끌이는 경남트롤보다 약간 높으나 상대적으로 어획이 낮고 기관마력이 낮은데도 이에 상응한경비의 감축이 없어 보인다. 요는 조업형태와 어장선택의 비효율성이다.

그러나 서남구기저의 울산과 부산서남구 및 여수서남구트롤은 어획고 대비 총경비가 전기의 대형외끌이 3종보다 낮게 나타난다. 그리고 직접경비의 대 어획고 비율이 여수서남구트롤 38.1%, 부산서남구 23.0%, 울산서남구 29.6%로 역시 전기3종보다 낮다.

그리고 직접경비대 연료소비의 비율은 여수서남구 47.6%, 부산서남구 40.2%, 울산서남구 41.3%로 여수트롤을 제외하고는 비슷하다.

이는 조업형태의 효율성을 말한다. 즉 어장의 근거리를 뜻한다.

(2) 임 금

어획고에 대한 임금의 비율은. 상기에서 누누이 밝힌 대로 임금산출 방법이 보합제로 직접경비(공동경비)를 공제한 금액의 45%를 임금으로 제공하고 계약에 별도의 상여금제도를 도입하고 있다. 여기에서 말하는 임금이란 선장, 선원에게 지불되는 상여금을 포함한 임금성 금액의 총액인 것이다.

트롤에 있어 어획고에 대한 임금비율이 가장 높은 곳이 경남이다. 이것은 상여금이 일정어획 이상일 때 직접경비와 관계없이 어획고의 일정률을 상여금으로 지급하는 까닭과 상대적으로 직접경비의 저위로 지급될 임금의 상승을 의미한다.

그러나 어느 경우든 어획고에 대한 임금의 비율은 부산서남구가 39.8%로 가장 높다. 어획위판액이 높고 직접경비가 상대적으로 낮은 때문일 것이다. 그러나 실제 최종청산의 짓가름 1인분은 이 율과는 다른 결과를 나타낸다.

〈표 2-35〉 자료대상 어선의 짓가름 1인분의 비교

(단위: 천원)

어 업 별	조업형태	임금총액	짓가름1인분	선원수
여수대형외끌이	트롤	217,258	14,630	9명
부산대형외끌이	후리식	211,900	13,631	8명
경남대형외끌이	트롤	326,098	30,055	8명
여수서남구	트롤	192,442	17,329	7명
부산서남구	후리식	256,096	17,143	8명
울산서남구	후리식	227,530	13,860	10명

결국 임금의 변수는 다어획과 직접경비의 고저에 있다.

(3) 노동생산

선원1인당 어획이 가장 높은 곳이 127,750천원의 경남이다. 이유는 어가에 있어 자료선박 대화자의 솔직한 주장을 수용한 까닭도 있겠으나 또한 실제성에 있이 어획 8억원이상일 때 선장 상여금의 기준이 있다는 대화자의 주장은 보편적으로 선장이 어획에 자신감을 가진 것이라 확신을 주며, 8억이상의 뜻은 양과 금액 채택의 동기에 있으며 획정 어획고의 보편성과 타당성을 반증하는 것이다.

경남 이외의 곳은 모두 c/s당 5만원 안팎을 주장하다가 어떤 곳은 논리에 밀리면 약간 올라가는 경향이 있었다.

부산외끌이는 c/s당 45,000원을 주장했으나 제출된 3종의 자료를 분석하여 c/s당 어가를 결정하였다.

〈표 2-28〉의 선원 1인의 평균임금을 보면 부산외끌이가 21,299천원, 여수트롤이 21,945천원, 경남트롤이 37,568천원, 여수서남구 21,310천원, 부산서남구가 27,850천원, 울산서남구 20,097천원으로 경남트롤을 제외하고는 모두 비슷하나 이를 각각 1인당 어획금액과 대비하면 다음과 같다.

부산외끌이	69,303천원의	30.7%
여수트롤	95,027천원의	23.1%
경남트롤	127,750천원의	29.4%
여수서남구	80,714천원의	26.4%
부산서남구	80,437천원의	34.5%
울산서남구	63,500천원의	31.6%

여수트롤의 23.1%가 1인당 어획 중 임금점유율이 가장 낮다. 그리고 부산서남구가 34.5%로 가장 높고 울산서남구 31.6%, 부산외끌이 30.7%와 경남트롤의 29.3%가 30% 안팎으로 다음을 잇고 있다. 그러나 비율로서 높다는 뜻이 반드시 수령임금이 높다는 뜻과는 다르고 임금 산출의 조건이 상대적으로 강하다는 뜻과도 일맥상통한다.

부산외끌이의 평균임금은 21,299천원, 경남트롤은 37,568천원인 데도 1인당 어획금액에 대한 평균임금의 비율은 30.7%와 29.4%로 불과 1.3%의 차이인데 이것은 부산외끌이의 어획고가 낮은 데도 불구하고 임금이 높다는 증좌이기도하다.

Ⅳ | 제도적 고려

1. 제도와 현실

상기 'V.소결, 3.고려'의 (1), (2)의 경우를 볼 때 도저히 현행 법 제41조와 시행령은 물론 규칙에 있어서도 동일허가내에서 전연 이질적 조업이 이루어져있고 제도상으로 융합이 불가능하다. 이 문제는 근해어업의 대형트롤과 대형기저 및 중형기저에 대한 기본적 제도 개편방향 없이는 부분적 임시방편적 대처로서는 지금의 모순을 근치할 수 없을 것이다.

그렇다고 이를 일대 척결의 대상으로 삼기에는 너무나 오랜 세월에 걸쳐 이를 묵인하다시피 방치한 당국의 책임 또한 크며 사회·경제적 여파를 고려하지 않을 수 없다.

기본적으로 다음의 몇가지에 대한 문제는 검토되어야 할 것이다.

첫째, 여수, 경남의 현 규모 트롤(불법)의 수용이 가능할 것인가?
둘째, 대형트롤, 대형기저와 여수, 경남 트롤의 어장이 겹치는 문제.
셋째, 중국측 입어선의 트롤조업과의 균형문제.
넷째, 이들이 트롤(여수, 경남 및 여수서남구)로 전환한 이유의 주장은

- a. 대부분의 선체의 재질(材質)이 FRP이다.
- b. FRP는 가벼워 풍력과 조속의 영향을 크게 받아 후리식조업 방법에는 부적합하다는 주장이다.
- c. 이로 인해 조업능률의 감퇴로 어획부진.
- d. 상기의 이유 등으로 여수서남구는 약 30년전 여수 및 경남트롤은 15년전 이상의 시기부터 오늘에 이르고 있다는 주장이다.

다섯째, 트롤(여수, 경남 및 여수서남구)과 외끌이저인망어법의 서남해에서의 기법상의 확연한 어획노력 효과의 차이를 사정(査定)할 필요가 있다.
여섯째, 상기의 여러 조건을 종합할 때 현자원량의 고정을 가정한다 해도 이들 세력의 적절한 감축은 불가피하다.

그러나 첫째의 문제는 제도적으로는 근해어업에 적절한 명칭을 부여하여 현실화할 수는 있겠으나 그를 경우 어획노력량의 측정기준을 전체기저와 트롤을 합친 총어획노력량과의 관계를 고려해야 할 것이며 별도 조업구역의 획정이 따라야할 것이다. 즉 자원량에 부합하는 어획노력량의 측정이 전제가 되나, 이 문제는 자원을 어떻게 평가하느냐의 숙제가 남는다.

둘째의 문제는 여수, 경남의 트롤어장이 대형기저쌍끌이, 외끌이 어장과 법적으로 동일하다. 이 경우 다만 트롤과 외끌이저인망 간의 어획노력효과의 차이가 자원과 어업조정의 문제에 영향을 줄 것인가의 고려는 필요할 것이나, 추정적으로는 트롤의 세력이 많지 않음으로 큰 영향은 없을 것이다. 그러나 트롤인 때문에 현 대형기저 조업구역 전체를 이들에게 제공하기에는 무리이므로 제한된 구역의 조업구역 획정이 필요할 것 같다.

셋째는 중국어선과의 문제인데 현재 합법적으로 우리 EEZ수역에 입어허가된 중국어선은 2004년에 51척이며 이의 거의 모두는 옷타를 장치한 트롤어법이며 이와 관련한 고려에서 현재의 여수, 경남의 트롤을 현행법대로 후리식으로 환원하라기에는 균형성과 현실성에서 무리가 있다.

넷째는 둘째의 당사자들의 주장은 기술적 확인의 자료는 없으나 일부 수긍되는 부분은 있다.

또한 여수서남구의 트롤의 조업구역 문제는 역시 여수, 경남의 대형기저속의 트롤과 그 동기는 맥을 같이하며 어장의 일부는 겹치고 있으나 나름의 독자어장을 형성하고 있다. (서남구기저편 참조)

따라서 설사 규모면에서 여수트롤과 경남트롤의 허가상의 규모적 내용에 미치지 못하나 트롤의 조업실태와 어획강도를 고려할 때 같은 테두리에서 제도적 고려의 요인을 함축하고 있다 하겠다.

따라서 별도로 제1장 'Ⅴ. 서남구기저의 실태'에서 그 실상을 이상의 대형기저외끌이(부산외끌이, 여수트롤, 경남트롤)와 비교해보기로 하였다.

다섯째의 쌍끌이와 후리식외끌이의 기법의 명시와 함께 트롤과 저인망의 예망수층을 정할 필요성 여부를 검토해야할 것이다. 그냥 저인망을 사용하여 수산동물을 포획하는 어업으로서는 현재와 같은 괴리의 발생을 막을 수 없다.

2. 장기적 포석을 전제로 잠정적 제도변경

본 항을 진행함에 있어 지금까지 논해 온 부산외끌이, 여수트롤, 경남트롤, 여수서남구, 부산서남구, 울산서남구기저들을 총칭할 때 "6종의 어업"이라 약칭하였고 여수트롤, 경남트롤, 여수서남구(트롤)를 총칭할 때는 "3종의 어업"이라 약칭하겠다.

이상의 상황에도 불구하고 이를 방치할 수 없는 이유는 국가의 법질서 확립의 기본문제와 자원관리의 긴요성 훼손에 있다.

또 한편으로는 부산 및 울산서남구를 제외한 4개의 어업은 불법과 위반이 수반하지만 〈표 2-33〉을 인용하여 추산하면 다음과 같은 상황의 생산이 있다.

부산외끌이	216m/t×21척 =	4,536m/t	11,638,788천원
여수트롤	326m/t×8척 =	2,608m/t	6,842,000천원
경남트롤	292m/t×8척 =	2,336m/t	8,176,000천원
여수시남구	226m/t×19척 =	4,294m/t	11,808,500천원
	56척	13,774m/t	38,465,288천원

이는 〈표 2-37〉의 2002년의 정부통계에 의한 대형기저와 서남구기저의 어획고 98,397m/t의 14%에 해당하며 금액에서는 23%를 차지하는 위치에 있다. 단위어획노력에서 쌍끌이에 현저히 떨어지는 이들로서는 그냥 넘길 수 없는 존재로 각 지역의 어업경제에 그 영향은 매우 크다 하겠다.

지금까지의 여러 분석에서 본바와 같이 그 경영적 측면에서는 부정적인 것만은 아닌 긍정적 생산면이 있는 것이며 추정생산액 38,465,000천만원은 55척의 어선으로서의 어업경제면에 주는 효과를 볼 때 결코 적은 것은 아니다.

자료대상 각 어선을 기준하여 본 손익은 비록 감가상각을 유보한 상태이기는 하나 모두 약간의 이익을 유지하고 있다. 이익을 보이니까 불법을 용인하여 이를 지속시키자는 것은 아니고 이미 고착화한 이 세력을 제도의 궤도에 줄 세울 수 있는 기회를 갖자는 것이다.

지금과 같이 이러한 상황을 알면서 이를 방치하며 단속은 이루어지지 않았다. 심부재언이면 시이불견(心不在焉 視而不見: 마음에 없으면 보아도 보이지 않는다)이라는 말이 생각난다.

상기한 'V.소결, 3.고려'의 '⑷ 단속의 개황'에서 지적한 바와 같이 실제 트롤조업의 현장을 단속하여도 결과는 부정 트롤조업의 적발이 아니고 망구규격위반에 해당하는 것 뿐이다. 이것은 단속담당자들의 잘잘못에 있다기보다는 피단속자의 지혜(?)에 넘어간 것으로 보는 것이 빠를 것이다. 또 다른 측면에서는 이들을 강력단속 한다면 생기는 부작용을 은연중 고려하여 느슨하게 처리하는지도 알 수 없다는 의심을 산들 할 수 없다.

아무튼 이러한 연유에서인지 그 정확한 실태의 파악노력으로 이에 대처하는 제반 방안의 모색은 결코 실무자들의 영역이 아닌 책임자들의 결연한 의지가 먼저 있어야 할 것 같다. 그 의지란 이들의 생존을 전제로 한 질서 확립을 위한 기초적 정책구상의 자세가 요구되는 것이다. 그래야만 실무자들이 그 대책을 수립하고 건의하는 동기를 부여하게 되는 것이다.

그저 외쳐대는 것은 부정어업인데도 이러한 부정어업에는 효용성 없는 단속에만 기대하지 근본적으로 이를 없앨 제도적 방도는 생각하지 않는다.

대형트롤의 128도선 이동조업은 조업구역 조절의 방향을 찾기 위한 이해당사자의 대화의 장은 고려해도 이렇게 법을 일탈한 조업방법의 시정 내지는 근절을 위한 대화의 장은 이루어지지 않는다. 왜냐하면 그들은 부정어업자이니 일차적으로 대화의 대상으로 삼으려하지 않기 때문이다.

그들의 조업행태(行態)를 분석하고 그들의 경영실태를 파악하여 그들과 정상조업자의 차이는 무엇이며 왜 이렇게 된 것인지를 속속들이 알아야 한다. 실태를 알아야 정확한 대처를 할 수 있다. 그저 피상적으로 트롤조업은 어획성적이 좋으니 하려는 것이라는 단정을 할 뿐, 왜 허가내용의 어업을 포기하는가의 이유의 구명을 하지 않는다.

이와 관련되는 기득권자의 반발, 연계되는 어업제도간의 조정과 개정작업, 이로 인한 제반 갈등의 돌출과 그 해소에 소비되는 행정력은 타 진행 업무의 발목을 잡으니 우선 눈앞의 난제해결에 매달리게 된다.

현재의 질서문제의 해결을 단락적(短絡的) 시각에서 대처하려 하지 말고 먼저 긴 안목의 그림을 그리되 그 그림이 완성될 때 까지 그 그림속의 일부분을 잠정적이라도 합법화하는 노력이 있어야 어업지대본의 질서를 확립하게 되는 것이다.

이러한 상황에서 장래의 기본개편을 전제로 잠정적 제도운영의 불가피성을 인정하고 다음의 구상을 검토해본다.

(1) **대형외끌이기저와 서남구기저의 외끌이 허가속의 트롤**

현재의 여수트롤과 경남트롤은 대형기저외끌이 허가의 불법 옷타트롤어업, 여수서남구는 서남구외끌이 허가의 불법 옷타트롤로서 근해트롤의 분류에 속하는 듯 보이나 대형트롤에는 규모면에서 해당이 안되고 동해구트롤에는 규모면에서는 해당이 되나 조업구역이 해당되지 않음은 상기에서 밝힌 바다. 이는 일종의 무허가어업이므로 척결의 대상임은 틀림이 없다.

그러나 이미 고착화된 하나의 큰 세력으로 척결하기에는 사회·경제적 갈등의 부담이 큰 실존하는 생산력을 갖고 있음도 본고에서 밝히고 있다. 척결을 하지 못하고 불법을 그냥 방치함은 어업전반의 질서확립에 역행하며 정상의 어업행정이 불가능하다.

그렇다면 전면적 제도개편 이전이라도 잠정적 양성화의 길을 터야 할 것 같다.

A. 방법

굳이 이 3종의 어업(트롤)을 합법화하려면 근해트롤에 동해구트롤의 상대성을 고려하여 가칭 "서해구트롤어업"의 "어업의 명칭"을 창안할 수 있을 것이다. 규모는 30톤이상 70톤미만으로 하면 현재의 규모를 수용할 수는 있다. 이 때 조업구역을 지금의 대형기저의 조업구역 전반에 걸쳐 편입

함은 그 타당성에 결함이 초래될 우려가 있다.

※ 여수, 경남의 트롤어장 해구도를 참고할 필요가 있을 것이다.

더 중요한 포인트는 이 해역에 새로운 트롤어법을 도입하는 기본적 요건이 문제다.

대형트롤이 전국해역을 조업구역으로 하고 있으면서도 규칙에서 128도 이동해역 조업을 금지하고 있어 조업해역이 이들 6종 업종 중 3종의 어업(트롤)과 겹치는 현실에서 제도적으로 여기에 트롤어업을 다시 투입하는 문제는 실제 현존하는 세력이라 할지언정 고려 없는 조치로 평가될 우려가 있다. 이 우려는 관련 대형기저의 생산이 감소 추세인데다 이들 3종의 어업도 지금까지의 검토에서 그 어획성과가 만족스럽지 못하였다.

즉 위의 어느 어업의 경우든 어획대상어종의 「생물학적허용어획량」을 산정함에 필요한 다음의 조건이 어렵다.

(가) 일정 어획률(어획계수)를 찾기가 어렵다.
(나) 대상주요 자원의 일정의 산란어미량을 확보하기가 어렵다.
(다) MSY를 기준으로 할 기초적 통계가 미흡하다.
(라) 어업경험적 자료에라도 의존할 정확성과 신빙성에 문제가 있다.

이러한 사정등으로 사실상 특정해역을 조업구역으로 할 때 대상자원량의 현 수준을 추정하기에 어려움이 도사린다.

위의 (가)~(다)까지는 지적한대로 대상자원에 대한 정보가 비교적 갖추어져야 하므로 본고는 지금까지 (라)의 경험적 자료에 의존하여 어획률을 찾고 이에 기초하여 경영성과를 분석하고 적정 어획노력량과 어획량을 찾으려 한 것이다. 즉 상기에서 거론한 바와 같이 평균적 성적의 어업자를 선택하여 필요한 자료(정보)를 구한 것이다.

① 지금의 이 3종 어업의 현어획노력량이 적정한 것인가? 즉 현 어획률이 지속될 수 있겠는가?

㉠ 지속이 가능하다면 현 어획노력량을 유지할 수 있을 것이다.

㉡ 지속시키기 위한 필요조치를 수반해야 할 것이다.

(ㄱ) 해당어업별 조업구역의 설정과 정한수의 시행(어업별 해구도 참조)

(ㄴ) 조업구역의 소구역화를 시도하고 이에 수반하는 조업금지구역의 설정

(ㄷ) 어구규모와 기관마력의 제한(SLIM화)

(ㄹ) 휴어기 설치의 필요

㉢ 이러한 조건에서 경영성과를 거둘 수 있을 것인가?

(ㄱ) 척당 허용어획량 제도를 고려해 본다.

② 지금의 이 "3종의 어업"의 어획노력량의 효과가 적정하지 않다. 즉 현 어획률이 지속되지 못하고 감소할 것이다.

㉠ 지속되지 못한다면 어획노력량을 감축해야하는가?

㉡ 감축한다면 그 세력의 한계를 어디에 둘 것인가? (적정수)

㉢ 감축대상의 선정방법을 합의에 의하여 정할 것인가?

㉣ 감축대상자에 대한 보상수준의 기본에 대한 합의를 도출할 것인가?

㉤ 감축 후의 관리방법을 효과적으로 실시할 수 있는 자제체제를 구축할 수 있는가?

㉥ 결과적으로 MSY의 실천과 의지를 지킬 수 있는 것인가?

어느 경우든 이러한 원칙이 수립된다면 현재의 여수트롤 8척, 경남트롤 8척, 여수서남구 19척, 계 35척을 묶어 하나의 조업군(操業群)을 제도화해서 새로운 조업구역을 제공하여 우선 어업질서의 정돈을 꾀할 필요가 있다.

(2) 대형기저외끌이의 후리식조업

한편 부산외끌이는 어업규정상 허가자체에는 문제가 없으나 허가 취득

후 동쪽 조업시 허가사항의 조업구역을 위반한 형태 때문에 위법이 지적된다. 그 벌칙 적용은 수산자원보호령 제17조 위반으로 동령 제30조제1항제4호에 의하여 벌금형의 대상이다.

그러나 이것은 정식입건으로 벌금이 부과된 경우이고 이에 수반한 행정벌은 "수산관계법령위반행위에대한 행정처분기준"에 따라 실시된다. 조업의 위반과 이의 누적은 허가취소에 이른다.

그럼에도 불구하고 'Ⅴ.소결, 3.고려'의 ⑷의 '단속의 개황'에서 부산시의 단속실적을 보았듯이 6년간 평균 절반 이상에 가까운 수의 적발이 계속되나 실제로 그 위반행위가 멈추는 기색은 있어 보이지 않는다. 결국 고착화된 현상이다.

문제는 이들이 동경128도 이동해역의 조업 없이는 경제적 존립이 어려워 생존의 문제인가? 아니면 좀 더 나은 어획을 하겠다는 건가? 그리고 서남구 19척(울산과 부산)의 조업과의 어장이용의 마찰 내지는 자원의 적정어획(어장이용)에 역행하지 않는가의 고려가 전제된다.

전기 제1장 Ⅳ "외끌이의 조업근거지별 실태"의 B "부산외끌이의 상황"에서 자료대상 선박의 어획과 제1장 Ⅴ "서남구기저의 실태"의 자료대상 선박의 어획 비교는 부산외끌이 10,800c/s(216m/t), 554,429천원, 부산서남구 9,900c/s(198m/t), 643,500천원, 울산서남구 11,500c/s, 635,000천원으로 나타나 부산외끌이는 어획량은 비슷하나 금액에서는 낮다. 그러나 해당조합의 자료에 의한 〈표 2-21〉과 〈표 2-22〉에 따르면 다음과 같다.

〈표 2-36〉 서남구 울산과 부산의 생산비교

(단위: kg, 천원, %)

항목 / 지방	척수	어획고	척당어획	생산금액	척당금액	비 율(B/A)	
						척당어획	척당금액
부산(A)	8	1,653,340	206,667	4,759,256,650	594,907	100	100
울산(B)	11	1,679,820	152,710	4,776,136,100	434,194	73.8	72.9

※ 어획고는 c/s당 20kg를 환산한 것임

이 표에 의하면 서남구의 부산과 울산의 생산은 약 10대 7의 비율로 울산이 저조한 것으로 나타난다.

한편 부산외끌이의 〈표 2-18〉 '2002년 동쪽조업실적'을 보면 2월~7월의 6개월간 어획 61,117c/s, 금액 3,759,137천원, 척당어획 2,910c/s, 척당금액 179,006천원이다.

이는 6개월간 척당 월 485c/s의 어획을 말하며 〈표 2-33〉의 부산외끌이의 월평균(11개월) 981c/s의 49.4%에 해당된다. 이로써 부산서남구 척당 월(11개월) 900c/s, 울산서남구 척당 월(11개월) 1,045c/s와 비슷한 생산은 된다.

그러나 부산외끌이는 동쪽 조업에 나서는 세력 21척 외는 남쪽의 새우잡이 전문 5척, 조업구역대로 조업하는 것으로 추정되는 3척(이상 8척을 정규조업선이라 약칭), 여수트롤 8척, 경남트롤 8척, 계 45척의 외끌이허가와 여수서남구 19척(20척)은 전기 (가)에 의하여 분리를 가정하였으니 잔여도 분리의 방향을 찾아야 한다면 대형기저의 전기 정규조업선 8척은 현행 대형기저에 그냥 두고 21척은 서남구에 편입하는 방향의 모색이 있을 법하다. 이럴 경우 정규조업선으로 간주되는 8척의 의사는 중요한 작용을 할 것이다. 그렇게 되면 서남구는 울산의 11척, 부산의 8척, 부산외끌이 21척, 총 38척이 하나의 조업군을 형성하게 될 가능성이 있다.

본고에서는 동쪽어장을 이용하는 21척에 한하여 조업상황과 경영적 분석을 하였으나 실제 외끌이허가를 받고 외끌이를 하는 배는 27척에 이를 것으로 추정된다. 가령 현재의 서남구 19척과 27척을 묶어 한 개의 조업구역을 제도화할 때 총 46척이 일시적이나 현 19척의 어장에 집중한다면 이는 더욱 기존 서남구 19척으로 하여금 어장상실감을 떨칠 수 없게 할 것이다. 현 19척의 조업이 자원적으로 MSY상태라 가정하면 27척의 진입은 불가할 것이다.

서남구기저의 규정상 조업구역은 128도 이서해역에서 대형기저와 겹치고 있으나 부산서남구나 울산서남구는 실제 조업에서는 아주 짧은 시기를 제외하고는 겹치지 않는다. 그러면서 이들 19척은 일본 EEZ의 입어허가기간이 9월1일에서 5월31일까지의 9개월간에 대부분은 7~8개월간 입어 조업한다. 그리고는 어황에 따라 EEZ 바깥 북쪽 우리쪽 해역이나 제주 해역에서 조업하는 일부세력이 있다. 이때 그 세력은 부산외끌이와 어장이 겹칠 때도 있다.

여기에서 정부의 해양수산통계에 의한 관련 기저의 어획상황을 보자.

〈표 2-37〉 최근의 대형기저와 서남구기저의 어획비교

(단위: m/t, 천원)

연도,항목 / 어업별	2002		2003	
	어획	금액	어획	금액
대형외끌이	9,816	30,910,881	6,746	19,771,853
대형쌍끌이	79,219	100,521,970	62,740	9,632,104
서남구외끌이	9,362	33,705,030	14,797	38,894,981
계	98,397	165,137,881	84,283	68,298,938

자료: 해양수산통계

〈표 2-37〉의 2003년 해양수산통계에 의하면 서남구외끌이의 어획이 다른 어업과는 달리 상승세를 시현(示顯)하고 있다. 이 서남구외끌이의 어획 14,797m/t에는 본고의 여수서남구와 부산서남구 및 울산서남구 어획의 합으로 보아야 할 것이다.

2002년의 대형쌍끌이와 대형외끌이가 함께 어획의 하락추세를 보일 때 2003년에 서남구는 2002년 대비 약 58%의 어획 신장을 보았다. 이것은 서남구의 전기 여수서남구의 어획 신장이 반영된 것보다는 울산과 부산서남구의 신장으로 보는 것이 전기 대형기저들의 하락세를 고려할 때 타당한 것으로 추정되며 〈표 2-38〉이 이를 뒷받침하고 있다.

물론 서남구 19척은 1년간 7~8개월간 일본 EEZ에 입어하는 것을 고려할 때 EEZ의 자원상태가 양호한 것이 원인일 수도 있고 〈표 2-38〉을 보면 2003년의 부산외끌이의 동쪽조업 실적이 2002년의 실적(〈표 2-18〉 참조)을 크게 상승한 것을 보여주어 현재와 같은 수준의 부산외끌이 동쪽조업은 서남구 19척에 큰 어획영향은 미치지 않은 것으로 추정할

수 있다.

그렇다면 〈표 2-37〉의 서남구의 어획상황은 21척의 부산외끌이가 동쪽조업을 하는 동안 이룩한 것이므로 부산외끌이 21척의 조업이 서남구 19척의 조업에 크게 부정적 작용을 하지 않았다는 간접적 상황을 말하는 것이기도 하다.

〈표 2-38〉 2003년 부산외끌이 동쪽조업 어획고

(단위: c/s, 천원)

	2월	3월	4월	5월	6월	7월	계	%
가자미	1,520	1,865	4,331	5,066	5,033	568	18,383	14
	101,788	228,034	372,571	414,738	381,793	42,640	1,541,564	24
아 구	2,802	12,445	7,836	2,142	2,012	2,187	29,424	23
	38,853	361,350	253,775	112,427	99,314	121,938	987,657	16
눈뽈대	681	548	1,213	2,600	3,487	13,547	22,076	17
	125,049	152,305	84,911	176,492	220,276	743,035	1,502,068	24
기타새우	4	6	1,837	1,460	712	931	4,950	4
	152	380	189,299	138,890	65,618	82,076	476,415	8
기타돔류	133	448	394	60	198	621	1,854	2
	5,312	20,497	23,013	3,472	14,670	42,509	109,473	2
기타잡어	5,325	7,546	13,441	9,599	10,940	4,686	51,537	40
	153,126	276,369	556,979	264,325	287,685	177,712	1,716,196	27
계	10,465	22,858	29,052	20,927	22,382	22,540	128,224	100
	424,280	1,036,935	1,480,848	1,110,344	1,69,356	1,209,910	6,333,373	100

자료: 대형기저조합

이 표를 보면 2002년의 생산보다 어획에서는 109%, 금액에서는 68%의 증가를 보이고 어종별 단가에서는 c/s당 가자미 83,858천원, 눈뽈대 68,040천원으로 높았으나 가자미는 2002년의 53,282천원보다는 높고 눈뽈대는 2002년의 419,989천원보다는 폭락현상이며 연평균 c/s당 가격도 2002년의 61,507천원에 대하여 49,393천원으로 낮아졌다.

2002년에 61,117c/s, 2003년 128,224c/s이므로 이는 어획증산에

따른 가격하락의 단면으로 추정되며 서남구 19척의 입장에서 보면 부산외끌이 동쪽조업은 시장에 영향을 미친다는 우려를 할 수 있는 대목이다.

그러나 부산외끌이의 동쪽조업 어장은 93, 94해구이며 이 시기에는 서남구 19척은 일본 EEZ에 입어 조업함으로 어장 이용면에서 고려하면 어장의 유효이용의 한 측면을 갖고 있음도 사실이다.

문제는 이 상황의 균형적 지속을 꾀하는 일이다.

그러나 〈표 2-37〉에 의하면 2003년 대형외끌이의 생산은 어획 6,746m/t, 19,771,853천원이다. 이것은 본고의 경남트롤과 여수트롤의 것이 포함된 것이 분명하다. 그러므로 부산외끌이 21척, 새우전문선 5척 경남트롤 8척, 여수트롤 8척과 통영 여수에서 후리식하는 2척(3척이나 1척은 휴업) 계44척의 정부통계상의 수치로 보는 것이 타당하다.

한편 이와 대조적으로 대형기저조합의 대형외끌이의 2003년의 위판실적은 〈표 2-39〉와 같다.

〈표 2-39〉 대형외끌이 서쪽조업 실적(2003)

(단위: c/s, 천원)

어 종	1월	8월	9월	10월	11월	12월	계	%
가자미	3,922	72	246	56	41	48	4,385	3
	413,130	7,936	23,796	4,842	3,518	9,083	462,305	8
아 귀	4,359	787	1,295	563	571	380	7,955	8
	176,704	59,332	74,603	45,637	30,084	25,968	412,328	7
눈볼대	892	4,233	3,799	1,812	1,600	2,085	14,411	11
	56,014	272,646	202,421	86,596	53,409	77,919	749,004	12
기타새우	379	71	312	296	502	188	1,748	1
	17,275	3,596	14,168	14,450	29,055	8,613	87,157	1
기타돔류	558	247	988	1,040	258	131	3,222	3
	34,366	11,744	56,938	58,342	12,950	19,137	193,477	3
기타잡어	23,494	4,578	9,043	13,385	21,805	27,954	100,259	76
	938,095	85,909	319,566	667,230	1,055,110	1,108,959	4,174,869	69

계	33,604	9,978	15,683	17,152	24,777	30,786	131,980	100
	1,635,584	441,163	691,492	877,096	1,184,126	1,249,679	6,079,140	100

자료: 대형기저조합

※ 1. 이 표는 대형외끌이의 동쪽조업 실적과 비교하기 위하여 상대적으로 서쪽조업의 실적을 작성하였으나 <표 2-38>과는 달리 부산외끌이와 새우전문선 5척 및 통영의 2척분의 위판실적의 합으로 보아야 할 것 같다.

2. 자료 수집의 어려움 때문에 <표 2-40>의 여수트롤 8척의 실적 73,041c/s, 4,388,017천원을 편의상 통영의 8척에 이를 준용하여 이에 부산외끌이의 동쪽조업분을 합하면 <표 2-37>의 대형외끌이의 정부통계의 어획고 6,746m/t과 동질의 근사치를 찾을 수 있을 것이다.

3. 여수 및 경남트롤 73,041c/s×2×20kg=2,921,640kg — A
4,388,017천원×2=8,776,034천원 — a
부산외끌이 동쪽조업 128,224c/s×20kg=2,564,480kg — B
6,333,373천원 — b
부산외끌이 서쪽조업 4,714c/s×21척×20kg=1,979,880kg — C
217,112천원×21척=4,559,352천원 — c
계 7,464m/t — 대형외끌이의 추정어획고
19,668,759천원 — 대형외끌이의 추정위판액

★ <표 2-39>의 계 131,980c/s는 새우전문선 5척 후리식타지역 2척과 부산외끌이 21척의 합임으로 28척의 척당 평균어획 4,714c/s와 217,112천원을 21척에 곱한 것이 부산외끌이의 서쪽조업 실적의 근사치가 될 것이다.

4. 대형외끌이의 2003년의 추정어획은 7,464m/t, 19,668,759천원. 정부통계연보 어획고 6,746m/t. 19,771,853천원과는 어획에서 718m/t이 더 높고. 금액은 103,094천원이 낮으나 대체적으로 정부통계치와 근사한 모양을 보이고 있다.

〈표 2-40〉 2003년 여수트롤의 위판실적

(단위: 천원, c/s)

순번	생산 금액	어획고	비고
1	695,935	11,960	
2	752,534	12,624	
3	520,189	8,800	
4	240,508	3,618	3개월조업
5	570,234	10,081	
6	694,880	11,236	
7	493,877	7,424	
8	419,860	7,298	
계	4,388,017	73,041	

자료: 여수트롤협의회 제공.

이상을 볼 때 대형외끌이의 2003년의 어획은 조합자료를 기초로 하면 상기 3의 a+b+c의 합인 7,464m/t이며 이 중 부산외끌이의 어획은

4,543m/t. 10,892,725천원으로 이중 동쪽조업의 어획은 2,464m/t, 전체의 54.2%, 금액은 6,333,373천원으로 58.1%를 차지하는 모습이다.

상기 'Ⅶ. 제도적 고려'의 '(2) 대형기저외끌이의 후리식조업'에서 제기한 "문제는 이들이 동경128도 이동해역의 조업 없이는 경제적 존립이 어려운 것인가? 아니면 좀 더 나은 어획을 하겠다는 건가?"의 구절에 대한 답이 이 언저리에서 나올 수 있을 것 같다.

V 결 론

현 어업제도를 전진적(前進的) 대 개편을 중기적으로 단행함을 대전제로 하여 다음과 같은 잠정 개편을 시도한다.

현 제도하에서 경북과 울산의 경계점에서 방위각 107도 이남과 이서 해역에서 조업중인 저인망어업 중의 외끌이어업의 제도적 개체를 단행한다.

① 트롤

㉠ 대형기저외끌이 허가와 서남구기저외끌이 허가로 불법트롤 조업을 하고 있는 8척과 19척을 한 묶음으로 동해구트롤어업과 대칭적으로 "서해구트롤어업"을 창안한다.

㉡ 조업구역은 동경127도선 이서와 북위31도 이북과 북위35도 이남의 해역으로 한다.

㉢ 어선규모는 20톤에서 70톤이하로 하고 기관마력은 750마력 이하로 한다. 딘 헌새 이 제한늘 초과한 선박에 대하여는 경과 조치로 정한 기간내에 개체키로 한다.

㉣ 허가기간은 잠정 2년으로 하되, 전체 제도 개편의 진척도를 보아가며 허가기간연장을 할 수 있다.

② 부산외끌이

㉠ "어업의 종류"는 "대형기저"에서 "중형기저"로 옮기고 어업의 명칭은 "외끌이서남구기저"로 칭하고 이에 편입한다.

㉡ 조업구역은 현행 서남구기저와 같다.

㉢ 규모는 20톤이상 70톤으로 하고 마력은 550마력이하로 한다. 만약 이 기준을 초과하는 선박에는 경과조치를 두어 기간을 정하여 그 개체를 의무화한다.

㉣ 일본 EEZ에 입어하는 자격은 현존 19척에만 주고 만약 입어척수가 확장되면 그 범위내에서 현 부산외끌이에 속한 배들에 배정할 수 있다.

㉤ 통합된 서남구기저 40척은 대폭적 구조조정을 단행한다. 원칙은 일정기간을 정하여 실시하며 희망자를 우선하되, 이 기간을 경과하면 차후 보상에서는 제외될 수 있게 한다.

③ 부대조건

㉮ 트롤

㉠ 어획노력량의 감축을 실시해야한다. 이 감축에는 척수는 물론 동력과 어구규모(특히 옷타규격의 축소)의 감축이 포함돼야한다.

㉡ 조업효과의 극대화와 경영안전을 위한 운반선사용으로 조업효과의 증진을 위한 합리성을 이해하나 자원량과 어획노력량의 균형을 고려하고 이미 단위어획노력량 감축을 단행한 후 적정 어획노력량하에서의 운반선 전용(專用)의 조업방법은 신중한 고려의 여지가 있다. 때문에 이 조치전에 이 부분의 검토를 요한다.

㉢ 이 조치의 전제조건으로 어업자들이 조업조건의 개선과 자원유지를 위한 관리조건을 자율적으로 정하는 관리체 운영의 가능성 여부를 검토한다. 제도적 정상화 내지 허가여부는 이 가능성을 전제로 해야한다. 따라서 관리체 구성원인 피허가대상자는 상응한 책임부과의 부담을 감수해야한다.

㉣ 어획물 양육장을 지정한다.

㉤ 본 가칭 "서해구트롤어업"의 신규허가는 하지 않으며 어선이 노후하여 대체하려면 어업허가기간 만료와 동시에 폐업이 된다.

㉥ 가칭 "서해구트롤어업"의 수협법에 의한 조합설립은 가능할 것이다.

㉯ 서남구기저

㉠ 부산외끌이는 먼저 서남구편입의 승낙서 제출과 함께 상기 "② 부산외끌이"의 제항목을 준수할 것

㉡ 현재의 서남구 19척은 부산외끌이의 편입에 따른 내부적 제반조치를 취하되, 이에 따른 부대조건이 있으면 제시할 수 있다. 제시조건이 상대에 의하여 수용되지 않을 때는 외끌이기저의 “공동의 운명감”의 인식아래 조직하는 “협의체”를 통한 상호 선의의 합의를 도출해야 한다.

㉢ 서남구 19척은 이 조치로 인하여 어장에 대한 일부 상실감을 가질 것이다. 따라서 전기 ㉡의 “협의체”에서 정하는 제반사항의 내용에 있어 우선순위가 필요한 부분에서는 일정기간 우선적 적용을 제공함을 원칙으로 한다.

㉣ 어획노력량을 감축하기 위한 구조조정을 실시한다. 이 감축에서 그 대상은 먼저 전기 “협의체”에서 정하고 이 때에도 전기 ㉢의 원칙을 적용하도록 한다.

㉤ 이 “협의체”는 조업에 관한 공동의 조건을 마련할 수 있으며 이에 관하여 정부의 제도적 또는 재정적 지원이 필요하면 정부는 자율관리어업의 장려 취지에 입각하여 호응할 것이다.

㈐ **효과**

㉠ 저인망류 어업에서 대형기저쌍끌이와 대형트롤을 제외한 경북과 울산의 경계점으로부터 방위각 107도선 이서와 이남의 허가상의 외끌이기저의 외곡된 제도적 정리로 법질서 차원의 기반을 마련하고 각 종어업의 조업구역 조정의 단초가 될 수 있을 것이다.

㉡ 이 조치로 저인망기저의 어획노력량 감축으로 자원유지와 어장질서 확립을 기하는 계기가 될 것이다.

㉢ 감축된 적정의 단위어획노력이 지금까지의 불안한 조업상태에서 벗어나 안정적 조업의 확보와 자원보호의 향상으로 경영의 안전성을 기할 것이다.

㉣ 근해어업 중에서 자율관리의 기틀을 만들 최초의 기회를 갖게 되어 이의 효율적 운영의 성과는 타 근해어업에도 영향이 미칠 것이 예상

된다.

ⓜ 정부는 침체된 외끌이기저에 대한 집중적 지원정책 채택의 기반을 가지게 될 것이다.

제3편
동해구기선저인망어업

I | 서 론

동해안이라 일컬어지는 강원 고성군에서부터 울산광역시에 이르는 연안 해역에는 등심선 350m이천의 해역이 그렇게 넓지 않은 리아스(Rias)식 해안으로 후리식저인망어업의 조업구역으로서는 불리하다. 여기서 불리하다는 것은 옛과 달리 상대적으로 연안 소형어업이 발달 신장되어 그들과 어장 경합이 심하여 서로 피해를 호소하며 나아가서는 연안소형어업은 기저의 배척을 주장하며 기저측은 자망, 통발, 연승 등으로 투망할 곳이 없다는 읍소를 하고 있음은 어제 오늘의 일이 아니기 때문이다.

이러한 현실은 동해기저 역시 가끔 조업금지구역 내 조업으로 자망이나 통발 등의 어구 피해의 호소를 받고 있으며 특정지역에서는 투망에 관한 자율적 협약을 시도하는 경우도 있었다.

또한 동해구에는 동해기저와 어법이 유사한 동해구트롤어업이 있으며 이에는 다시 선미식트롤과 현측트롤이 동해구기선저인망수산업협동조합을 구성, 한 지붕 세가족의 살림살이를 하고 있다.

이에 관하여는 새우트롤어업의 발상과 그 연혁의 기술이 필요하겠으나 일단 생략하겠다.

14척의 스턴트롤은 중층인망을 하는 때문에 동해기저측은 어장에 있어서는 경합을 느끼지 않은 것 같은데 함께 저면을 대상으로 인망하는 현측트롤과는 어장의 경합을 이룰 때가 많아 서로 묘한 분위기에서 같은 명의의 협동조합에 몸담고 있음을 아이러니 하게 생각하고 있다.

사실 이 3종의 유사업종은 2004년 현재 그 어획면에서 동해기저(42척, 20~60톤) 4,705m/t, 18,340,825천원, 동해트롤 38,004m/t, 72,028,179천원(43척, 이 중 14척 스턴트롤, 현측 29척 20~60톤)으로 생산면에서 엄청난 격차를 보이고 있다.(국가 통계에서는 스턴트롤과 사이드트롤을 구분하지 않고 있음.)

이러한 어업 현실은 같은 근해어업인 영역의 기업적 틀 속에서 동해기저측은 열등적인 피해의식을 유발하고 어떤 측면에서는 체념적(諦念的) 기운에 휩싸여 있는 어려운 처지를 볼 수 있다. 이것이 동해기저가 놓인 일반적 개관이다.

문제는 이 어업을 어느 방향으로 어떻게 타 어업들과 조화시키며 지속시키느냐가 본고의 주 과제가 될 것이다.

Ⅱ | 동해기저의 현실

1. 제도적 연혁

동해구기선저인망어업(이하 동해기저라 약칭함)은 그 연혁적 관찰에서는 타 기저와 별반 다를 바는 없으나 일제시 1920년대 함남지방에서 일인(日人)에 의하여 소위 수조망(手繰網 데구리)에 기선을 사용하기 시작하여 주로 광어 어획을 하던 것을 명태어획이 성황을 이룸으로써 각광을 받기 시작하였다.

그 상세는 생략하고 1930년에는 전국에 250척의 기저를 허가하고 그 중 강원도와 함남도를 단일구로 하여 40건, 경북에 20건의 허가를 하다가 1933년 조업구역을 다시 통폐합하여 함남·강원이 제2구로 되고 허가는 45건으로 하다가 1940년에 다시 조업구역의 통폐합을 단행 4개구역으로 나누어 이번에는 함남·강원 45건. 경남·경북을 묶어 제3구 50건으로 전남 이북을 제4구 110건으로 하여 광복에 이른다.

그러나 광복후 군정의 우여곡절을 겪고 1953년의 수산업법제정에서 6개구역에 190척의 허가를 정하고 그 중 제2구인 함남과 강원에 40건, 제3구인 경북에 30건의 허가정수를 정한다.

6·25동란을 겪은 뒤 제2구인 함남과 강원의 40건 중 실효적 행정권이 미치는 강원도에는 26건의 허가를 하게 되고 제3구인 지금의 동해기저 구역에는 30건이 허가 되고 있었다. 동해안이란 개념에서 보면 56건의 후리식기저가 조업하게 된 것이다.

지금은 법 제41조에서 근해어업의 영역에 속하는 어업의 범위를 정하고 시행령 제25조에서 그 어업의 종류를 정함에 있어 제1항 제2호에 "총톤수 20톤이상의 동력선에 의하여 저인망을 사용하여 수산동물을 포획하는 어업"을 중형기선저인망어업(이하 중형기저라 약칭함)으로 칭하고 있다.

그리고 다시 법41조의 규정에 의하여 부령에서 근해어업의 종류 중 "동해구기선저인망어업"(이하 동해기저로 약칭함)이 어업의 명칭으로 규정되고 어선의 규모를 20톤~60톤으로 규제하였다.

한편 어업자원보호령 제17조에 근거한 〔별표 13〕에서 중형기저(동해구)의 조업구역을

> "경북도와 울산시의 경계와 해안선과의 교점에서 107도선 이북의 해역"

으로 정하는 한편 1998년 8월 허가의 정수를 42건으로 하였다가 2003년 8월에 35건으로 축소하였다. 그러나 경과규정에 의하여 현재의 42척은 존치하고 있다.

또한 동령 제4조 〔별표 3〕에서 중형기저의 조업금지구역을 설정하고 있는데 동해기저에 해당되는 부분을 표시하면 아래와 같다.

중형기저 조업금지구역(동해구)

강원도 고성군 수원단에서 양양군 옹진단 정동 1해리의 점
동도 명주군 정동단 정동 1해리의 점
동도 삼척시 원덕읍 임원말 정동 1해리의 점
경북 울진군 용추갑 정동 1해리의 점
경북 울진군 화모말 정동 1해리의 점
경북 영덕군 이산포 북단 정동 1해리의 점
경북 포항시 남구 대보면 장기갑 정동 2해리의 점
울산시 동구 일산동 울기 정동 10해리의 점

이상의 각점을 순차로 연결한 선내의 해역이 조업금지 구역이 된다.

이러한 금지구역은 동해의 고성에서 경북의 장기갑까지의 어떤 곳은 거의 연안 1~2해리까지가 조업금지구역에 포함되는 상황이며 이는 기저를 허용하고 있는 한 조업가능 등심선을 고려할 때 부득이한 부분이 있는 것 같다. 이 뜻은 동해기저의 경우는 조업가능 수심이 350m이하임을 감안할 때 조업구역이 매우 협소함을 알 수 있다.

2. 동해기저의 세력

전기 조업구역에서 보다시피 경북과 울산의 경계선에서 방위각 107도 선이북의 해역이 조업구역이라 함은 강원과 경북을 합친 해역을 말하며 조업선은 근거지에서 어장이동에 맞추어 동해안 주요항구에 전전하며 위판하거나, 그렇게 큰 이동 없이 주로 근거지 항구에 위판하는 둘의 무리를 구별할 수 있겠다.

먼저 선박 세력의 내용을 보자.

다음 표와 같이 선질은 대부분 강선이며 선령은 거의 20년이 넘어 평균 선령이 28.4년이다. 그러나 대화자의 말에 의하면 몇 척을 제외하고는 기관이 대체되었고 선체도 철저히 수리 보강되어 결코 선박 성능이 신선에 못지않다는 주장이다. 이 과제 자료선박인 A선을 확인한바 바로 그러한 감이 든다.

선박 규모에 있어서는 50톤이상이 31척, 11척이 49톤이하이며 척당 평균 톤수는 50.4톤이다. 기관은 490마력~300마력사이로 평균 414마력을 나타내고 있다. 42척 중 강선이 38척, 목강 1척, 목선 2척, FRP 1척의 구성인데, 그 중에 FRP 1척이 29톤, 기관 490마력, 선령 13년으로 다른 배들과 비교된다.

3. 동해기저의 세력과 생산

〈표 3-1〉 선박별 규모와 어획생산

구분	톤 수	마 력	선 질	선 령	생산액(천원)
1	59	450	강	23	280,058
2	59	450	강	46	317,821
3	59	450	강	46	335,998
4	59	450	강	41	431,335
5	59	450	강	24	361,572
6	59	450	강	18	482,920

구분	톤 수	마 력	선 질	선 령	생산액(천원)
7	59	400	강	44	359,015
8	58	450	강	25	320,378
9	58	450	강	25	279,744
10	58	450	강	25	304,752
11	58	450	강	18	276,962
12	58	420	강	22	353,884
13	58	420	강	21	596,241
14	58	370	강	21	426,186
15	57	450	강	23	339,634
16	57	450	강	22	376,637
17	57	450	강	22	376,349
18	57	420	강	45	392,401
19	57	420	강	27	308,914
20	57	410	강	35	234,887
21	57	320	강	12	350,804
22	56	400	강	44	381,292
23	55	420	강	24	495,381
24	55	420	강	36	233,073
25	55	547	강	8	203,022
26	54	540	강	14	653,998
27	55	300	강	21	248,878
28	54	420	강	27	247,496
29	53	370	강	42	351,857
30	52	420	강	42	243,254
31	50	450	강	35	237,046
32	49	350	강	36	312,996
33	46	300	강	27	337,447
34	42	420	강	37	176,528
35	40	330	강	40	561,506
36	37	450	목강	42	295,916
37	36	310	목	3	557,254
38	35	430	강	36	251,556

구분	톤 수	마 력	선 질	선 령	생산액(천원)
39	35	350	강	39	389,298
40	34	350	목	41	96,898
41	33	310	강	26	360,142
42	29	490	FRP	13	596,664
계	2,117	17,407		1,193(28.4)	14,558,830

자료: 동해구기저조합, 2004년

이 표를 보면 그 생산액이 집계되어 있으나 이에 부수하는 생산량이 없다. 이것은 조합이 각 항구별로 위판된 것을 선별로 위판액 만을 집계한 때문이라 보여진다.

한편 상기 서론에서 논급한바 있는 국가통계는 2004년 4,705m/t에 18,340,825천원을 기록하고 있어 상기 표의 위판액은 통계의 액수보다 약 37억원이 부족한 양상이 되고 있다. 상기 표의 위판액을 중심으로 생산 상황을 검토하면 먼저 42척의 평균 생산액은 350,904천원이다.

개별 생산액의 범위는,

6억원 대	1명
5억원 대	4명
4억원 대	4명
3.5억~3.9억원	11명
3.0억~3.5억원	8명
3억원 이하	14명

전체 42명 중 3.5억원 이상은 20명으로 약 50%에 이른다. 이를 3억원 이상으로 확대하면 28명으로 66.6%를 차지한다. 이상의 경우 톤수, 마력, 선령 등 어획능력과 생산액의 관계에서 4억원 이상의 생산실적을 가진 9척의 내용을 보기로 한다.

〈표 3-2〉 4억 원대이상 9척의 선박규모와 생산액

톤수	마력	선령(년)	생산액(천원)
29	490	13	596,664
36	310	3	557,254
35	330	40	561,506
54	540	14	653,998
55	420	24	495,381
58	370	21	426,180
58	420	21	596,241
59	450	18	482,920
59	450	41	431,335
평 균			
49.2	420	21.6	533,500
			(4,801,479)

이를 전체 척당 평균과 비교하면,

	전체평균	9척평균
톤수	50.4	49.2
마력	414	420
선령	28.4	21.6
생산	350,904천원	533,500천원

결국 이를 보는 한 낮은 선령에 마력이 높고 크기는 50톤의 배들이 평균 533,500천원의 생산을 한 것으로 보여진다. 전체 21%에 해당하는 이 9척이 생산액에 있어 전체의 32.5%를 어획한 꼴이 된다.

그러나 〈표 3-1〉의 구분 25번선은 55톤, 547마력, 선령 8년의 건장한 시설인데도 불구하고 이 배는 203,022천원의 저위의 성적임을 감안할 때 상기에서 대화자의 주장인 철저한 정비와 기관 장비 등의 개체로 신선과 별다름이 없다는 지적이 정도의 차는 있을 것이나 이를 수긍하고 싶은 생각이 든다.

그리고 주목할 점은 선령 40년 이상 11척의 생산액의 평균은 342,571천원으로 상기의 전체 평균 350,904천원보다 약간 낮으나 조업 중 사고로 어획이 부진한 구분 40번의 96,898천원을 제외하면 그 평균 생산액은 367,139천원으로 평균치를 상회하는 모습이 된다.

구분번호	위판액(천원)		
40	96,898		
36	295,916		
35	561,506		
30	243,254		
29	351,857		
22	381,290		
18	392,401		
7	359,015		
4	431,335		
3	335,998		
2	317,821		
합계	3,768,291	−96,898	(3,671,393)
평균	**342,571**	**(−96,898)**	**367,139**

확률적으로 견고한 선체에, 선령이 낮고 마력이 높아 힘이 좋으면 가동률이나 조업 기능이 상승하여 어획이 좋은 것은 일반적이나 평소의 정비가 불량하면 가동일수의 경감 조업능률의 저하는 불을 보듯 훤한 일이다.

상기 〈표 3-1〉의 각 항구별 연간 위판액은 아래와 같다.

〈표 3-3〉 동해기저의 항구별 연간 위판액

구분	총계	속초	동해	삼척	죽변	후포	축산	강구	포항	구룡포	감포
1	280,058	41,374	11,298	36,257	147,571		43,558				
2	317,821						317,821				
3	335,998				45,576			290,422			
4	431,335						307,091			124,244	

구분	총계	속초	동해	삼척	죽변	후포	축산	강구	포항	구룡포	감포
5	351,572							4,336	1,693	6,090	339,153
6	482,920				10,737	2,899		93,470		1,761	374,063
7	359,015			4,122	354,903						
8	320,378						239,440	80,938			
9	279,744	6,735	1,408	1,169	26,000	145,862		98,570			
10	304,752	32,841	10,885			261,026					
11	276,884	59,388	76,899	65,706	1,159		73,810				
12	353,884			343,283	6,742			3,859			
13	596,241				38,545		213,891	27,853		152,555	163,397
14	426,186			404,069	2,671			10,799		8,641	
15	339,634						181,657	157,977			
16	376,637						376,637				
17	376,349						190,723	185,626			
18	392,401	24,799		26,421	291,334			49,847			
19	308,914	8,799		221,898	294			77,923			
20	234,887	6,445		3,031	194,323	31,088					
21	350,804			346,929				3,875			
22	381,292	693			380,599						
23	495,381							6,248			489,918
24	233,073	200,337	32,736								
25	203,022	32,878	165,949			4,195					
26	653,998					3,845		31,235			618,918
27	248,878	27,025				221,853					
28	247,496	247,496									
29	351,857						248,523	1,938		101,396	
30	243,254	148,470	56,334		27,239	11,211					
31	237,046	236,466	580								
32	312,996						225,050	77,798		10,148	
33	337,447							337,447			
34	176,528	140,995	18,518		17,015						
35	561,506			4,759	10,058	8,439	8,948	31,579		12,386	485,337
36	295,916				2,919			5,116		9,111	278,770

구분	총계	속초	동해	삼척	죽변	후포	축산	강구	포항	구룡포	감포
37	557,254				2,046			5,075	1,549		548,590
38	251,556	175,909	51,534		837		21,791	1,485			
39	389,298	5,367		30,507	304,015		33,263	16,146			
40	96,898	96,898									
41	360,142			316,759				26,239		17,144	
42	596,664					4,768	7,326	17,119		32,196	535,255

자료: 동해기저조합

먼저 이 〈표 3-3〉에서 다음 표와 같이 항구별 위판척수를 간추려본다.

〈표 3-4〉 항구별 위판액과 척수

항구명	위 판 액(천원)	위판 척수
속　초	1,542,855	18
동　해	426,141	10
삼　척	1,804,910	13
죽　변	1,870,577	20
후　포	695,186	10
축　산	2,193,151	15
강　구	1,643,220	25
포　항	3,242	2
구룡포	475,674	11
감　포	3,832,606	9
계	14,487,562	133

이 항구별 위판액은 어장형성의 추이를 짐작할 수 있는 것과 동시에 그 항구에 근거를 둔 어선의 세력과도 관계된 것으로 추정된다.

요는 어장의 지근거리에 있고 어가 형성이 좋은 곳에 배들이 들어가지만 어종에 따라 시세가 좋은 곳을 찾기도 하는 것 같다.

총 10개항에 연척수 133척이 위판한 꼴인데 척수에서 강구의 25척이 가장 많으나 위판액은 그리 높지 않다. 반면 감포는 위판액은 가장 높으나 척수에서는 9척으로 가장 적다. 감포를 근거지로 하는 배들인 것 같다.

〈표 3-3〉에 따르면 이 9척의 총위판액 3,478,440천원 중 감포에서의 위판액은 3,343,473천원으로 총위판액의 96.1%를 점하고 있다. 이는 거의 이 감포를 근거지로 조업하고 있음을 추정할 수 있다.

다음으로 위판액이 높은 곳이 축산의 2,193,151천원인데 이는 15척의 것이다. 이 15척의 총위판액 5.466,296천원 중, 축산에서의 위판액은 그 40.1%를 나타내어 다른 항구들에서 약 60%를 위판하는 모습을 볼 때 이곳에 고정 근거지를 둔 배들은 얼마 되지 않은 것으로 보인다. 또한 고정 근거지를 축산으로 해도 위판은 타 항구에서 이루어지는 것으로 볼 수도 있다.

42척의 위판 항구의 선택 상황은, 1개 항구 5척, 2개 항구 12척, 3개 항구 8척, 4개 항구 9척, 5개 항구 6척, 6개 항구 1척, 7개 항구 1척이며 고정적으로 1개항에 양육하는 5척은 당해항구를 근거지로 한 조업이며 2개 항구에 양육하는 12척도 위판액의 높낮이로 고정근거지를 추정할 수 있겠다.

한편 위판지를 6~7개항을 전전하는 2척은 어장선택의 폭이 넓은 것으로 추정이 되나 1척은 279,744천원, 1척은 485,337천원의 생산액임을 볼 때 심한 이동이 반드시 양호한 성적을 보장한 것 같지는 않다.

4. 동해기저의 어장

'2.제도적 연혁'에서 언급한바 경북과 울산의 경계선에서 방위각 107도선이북의 해역에서 조업금지구역을 제외한 수역이 조업구역이다.

그러나 수심 350m이심의 해역에서의 조업은 어구구조상 로우프를 많이 주어도 인망이 어려워 조업가능 해역에 한계가 있다. 이러한 관점에서 보면 전기한 경북과 울산의 경계점에서 107도선이북의 해역이란 관점에서는 그 어장범위는 매우 좁다.

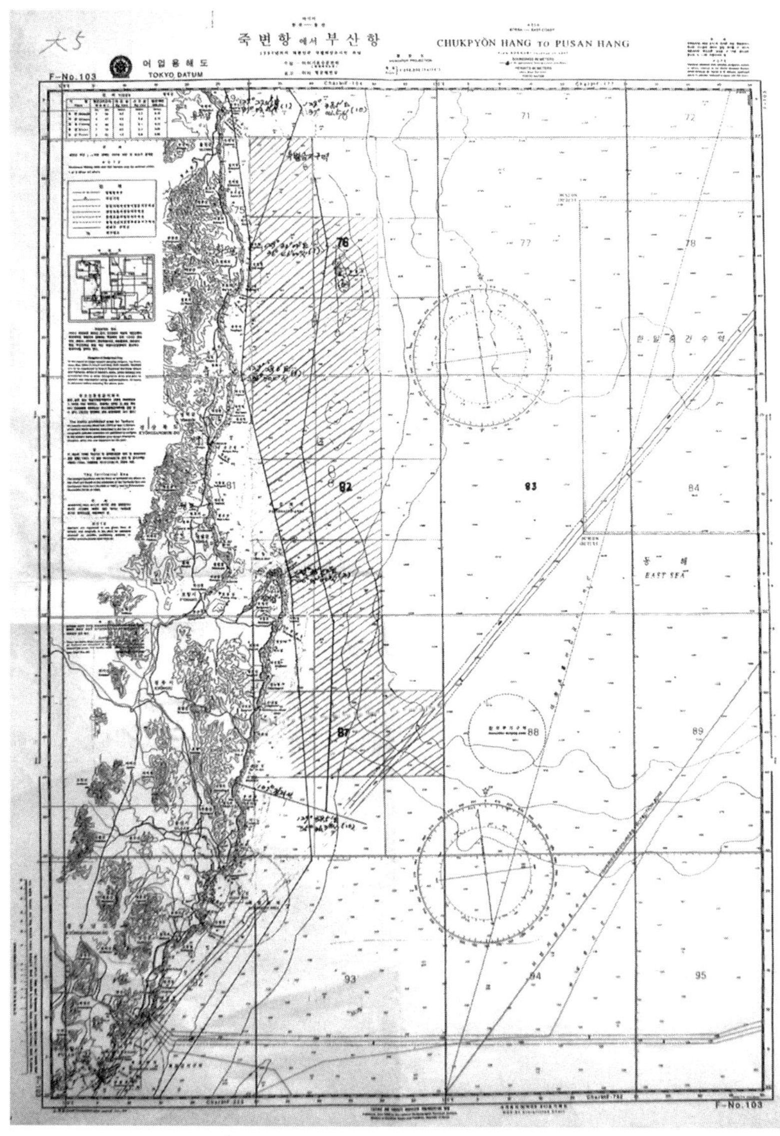

죽변항에서 부산항
CHUKPYŎN HANG TO PUSAN HANG
어업용해도
TOKYO DATUM
F-No.103
71
72
76
77
78
82
83
84
87
88
89
93
94
95
동해
EAST SEA

어장도

※ ▨ 부분이 어장임.

어장은 남북으로 긴 대상(帶狀)을 이루고 있으나 어종별 어기는 있되 큰 영향을 받지 않고 형성되어 〈표 3-4〉의 '항구별 위판액과 척수'를 연상하면 어장의 윤곽은 짐작할 수 있다.

편의상 어장을 다음과 같이 분류한다.

어장 ①

먼저 북쪽 어로한계선 부근까지 조업하는 배가 2~3척 정도 있으나 그 해역에서 전적인 조업을 하는 것은 아니다. 해구 55-1수역이다. 속초 앞바다에서 3~4척이 55-5의 남쪽에서 55-8의 동쪽, 55-9의 서쪽 일부 부근을 오가면서 5월을 제외하고 연중 조업한다.

어장 ②

동해시 앞바다에서 삼척 앞바다에 이르러는 해구 63-5의 남쪽에서 63-8과 63-9의 서쪽 일부(②-1), 69-2의 동북단과 69-3 서북단 및 동남 일부수역, 69-6의 동쪽 남북의 수역과 70-4의 서북쪽 일부수역(②-2), 70-7과 76-1(②-3)의 남북을 강원 및 경북에 걸쳐 있는 수역 등에서 연중 4~5척이 주로 조업한다.

어장 ③

76-1, 76-4의 동쪽 절반, 76-5, 76-7의 동쪽 절반, 76-8, 82-1의 동쪽 절반, 82-2, 82-4의 동쪽 절반, 82-5, 82-7의 동북단, 82-8의 서북단을 잇는 긴 타원형(橢圓形)이 연상되는 수역인데 연중 축산 근거지의 배들이 조업하는 곳이며 어황에 따라 다른 배들도 모일 때가 있다.

어장 ④

82-8의 남반부, 87-2와 87-4의 동쪽 절반, 87-5, 87-6의 서쪽 일부수역을 이동하면서 주로 감포배들이 연중 조업하는 곳이며 보통 2박3일간

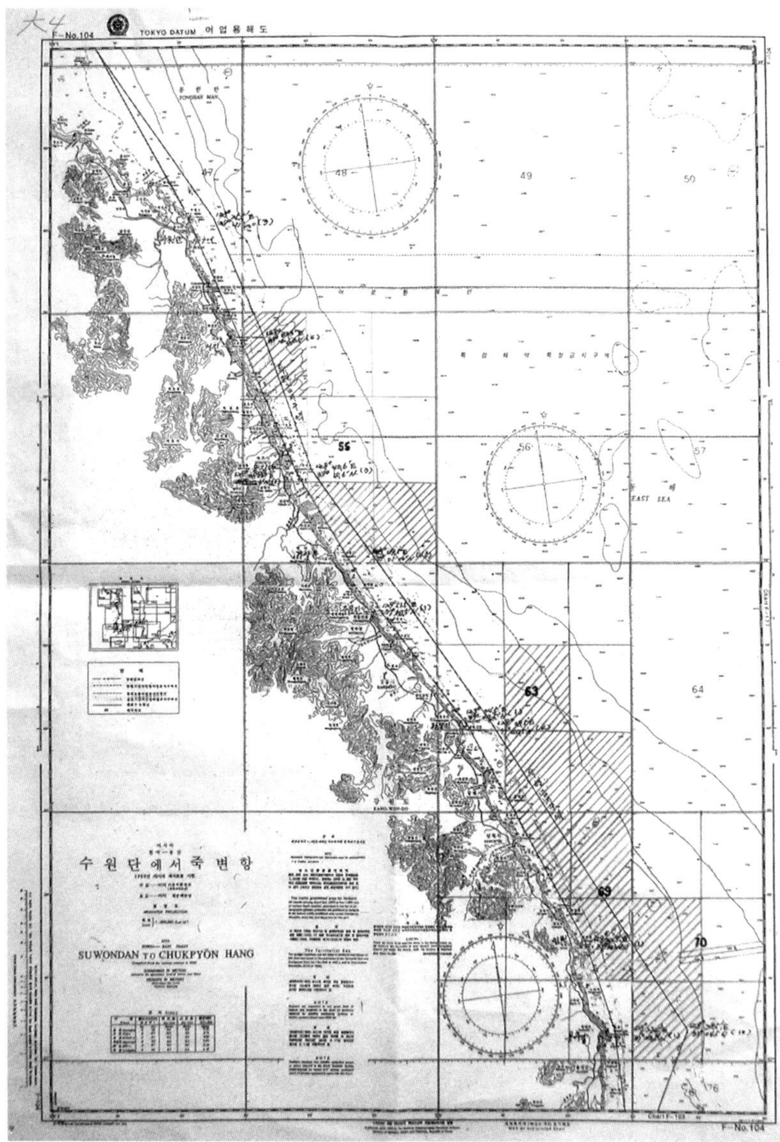
F-No.104
TOKYO DATUM
어업용해도
수원단에서죽변항
SUWONDAN TO CHUKPYON HANG
EAST SEA
48
49
50
56
57
63
64
69
70
F-No.104

어장도

을 이 어장을 남북으로 이동한다.

※ 이상의 해구 표시는 어업용 해도 F-NO. 103호 및 104호를 이용한 것임.

5. 어획물의 종류

동해구기저의 주요 어획물의 종류는 대략 아래의 7종의 어종으로 나누고 있으나 전기한바와 같이 조합측에서 이의 집계를 하지 않아 전체의 공식적인 어종별 어획고는 기술하지 못하고 있다.

후기하게 될 자료선박의 어종별 어획고에서 전체를 유추하기에는 부족함이 있겠으나 참고하기 바란다.

주요 어종으로는 가자미, 대구, 도루묵(암), 도루묵(수), 문어, 보리새우, 기타선어로 구성되며 기타 어종으로는 곰, 장치 등이 있다.

Ⅲ | 자료 A선의 경우(조업과 경영)

이상의 동해기저의 일반적 조업 상황에서 임의 선택한 4척의 자료선박 A, B, C, D의 운영 실태를 비교 분석한다.

1. 선박제원 (본인의 요청으로 실수는 밝히지 않음)

수치의 범위만 기술하면 다음과 같다.

톤수 50톤급
기관 400~450마력
선령 20년 후반

2. 어장

어장 ②에서 주로 조업하나 가끔 ③에도 간다.

3. 어획

〈표 3-5〉 A선의 어종별 어획고

어종 \ 항목	어획량(kg)	생산액(천원)	원/kg	어획비율(%)	금액비율(%)
가자미	41,778	114,431	2,739	41.2	36.9
대 구	7,884	9,032	1,146	7.7	2.9
도루묵(암)	17,411	94,550	5,430	17.2	30.5
도루묵(수)	30,112	76,281	2,534	29.7	24.6
문어	1,419	8,284	5,838	1.4	2.6
보리새우	783	4,185	5,345	0.7	1.4
기타선어	2,103	3,327	1,582	2.1	1.1
계	101,490	310,090		100	

※ 기타선어는 곰, 장치 등과 1상자를 이루지 못한 대구 가자미 등을 합한 것들이라고 설명했다.

어획비율에서는 가자미가 전체의 63%를 차지하여 어획의 흐름을 알 수 있겠으나 금액에서는 36.6%에 지나지 않는다. 도루묵은 어획량에 있어 암수를 합치면 29.3%로 다음에 속하나 금액에서는 암수를 합치면 55.4%가 되어 그 비중이 가자미보다 크다. 특히 암수의 가격차는 암것이 2배 이상으로 높다.

대구는 어획과 금액에서 모두 5%를 하회하고 있으며 특히 kg/1,147원이란 말은 4kg/1마리가 4,588원의 꼴로 매우 싸다. 대구는 상당한 기호품인데도 가격이 낮음은 오히려 수입대구에 눌려 그런 것 같다.

kg당 5,000원 이상의 것은 도루묵(암), 문어, 보리새우의 3종으로 어획량은 11.9%이나 생산액에서는 33.2%를 점하고 있다. 요는 이러한 가격의 어종이 좀 더 어획된다면 이 A선의 생산액이 양호해질 것이다.

이들 어종의 시기별 어획을 보자.

〈표 3-6-1〉 A선의 월별 어종별 어획고(1)

어종＼월별	1 월		2 월		3 월		4 월	
	수량(kg)	금액(천원)	수량(kg)	금액(천원)	수량(kg)	금액(천원)	수량(kg)	금액(천원)
총 계	10,860	43,827	6,370	25,641	3,969	15,035	4,559	15,927
가 자 미	810	3,740	300	3,455	774	3,205	1,993	8,547
대 구	140	536	40	64			110	345
도루묵(암)	3,060	18,219	2,060	9,360	1,081	6,313	442	2,693
도루묵(수)	6,700	20,722	3,820	11,561	1,818	4,220	1,710	3,216
문 어	20	89			48	360	28	196
보리새우	30	106	150	1,200	140	773	52	335
기타잡어	100	352			108	162	224	593

〈표 3-6-2〉 A선의 월별 어종별 어획고(2)

어종＼월별	5 월		6 월		7 월		8 월	
	수량(kg)	금액(천원)	수량(kg)	금액(천원)	수량(kg)	금액(천원)	수량(kg)	금액(천원)
총 계	789	3,842	6,375	11,106	11,517	26,592	9,798	41,179
가 자 미	618	3,040	3,680	6,512	2,357	4,208	133	672
대 구	15	54	920	659	400	391	40	61

어종 \ 월별	5 월		6 월		7 월		8 월	
	수량(kg)	금액(천원)	수량(kg)	금액(천원)	수량(kg)	금액(천원)	수량(kg)	금액(천원)
도루묵(암)	40	270	1,400	2,648	678	4,417	5,628	32,327
도루묵(수)	60	125	40	236	7,362	15,097	3,872	7,866
문 어	15	113	80	351	340	1,763	7	28
보리새우	16	88	135	580	120	418	5	16
기타잡어	25	152	120	120	260	297	113	198

〈표 3-6-3〉 A선의 월별 어종별 어획고(3)

어종 \ 월별	9 월		10 월		11 월		12 월	
	수량(kg)	금액(천원)	수량(kg)	금액(천원)	수량(kg)	금액(천원)	수량(kg)	금액(천원)
총 계	8,853	22,644	10,705	33,930	17,920	45,808	9,775	24,640
가 자 미	5,873	14,389	3,430	11,417	12,860	33,256	8,950	21,990
대 구	1,459	687	2,780	3,427	1,680	2,238	300	570
도루묵(암)	432	4,096	1,480	9,316	1,030	4,420	80	471
도루묵(수)	550	1,506	2,440	7,813	1,580	3,409	160	510
문 어	186	1,353	280	1,700	295	1,532	120	799
보리새우	60	296			60	302	15	71
기타잡어	293	316	295	257	415	651	150	229

월별 어획고에서 11월이 어획량 17,920kg, 생산액 45,808천원으로 가장 높아 이 어업의 성어기인 셈이다. 이때의 어종에 있어서는 가자미가 약 72%를 점해 전체를 리드하고 있다.

전체 생산을 종합해보면 〈표 3-7〉과 같다

〈표 3-7〉 어종별 생산의 종합

(단위: kg, 천원)

어종 \ 생산	총 생 산		비 율(%)	
	수 량	금 액	수 량	금 액
가자미	41,778	114,431	36.7	36.9
대 구	7,884	9,032	17.8	2.9
도루묵(암)	17,411	94,550	15.3	30.5

어종 \ 생산	총 생 산		비 율(%)	
	수 량	금 액	수 량	금 액
도루묵(수)	30,112	76,281	26.4	24.6
문 어	1,419	8,284	1.3	2.7
보리새우	783	4,185	0.7	1.3
기타잡어	2,103	3,327	1.8	1.1
계	101,490	310,090	100	100

수량과 금액에 있어서 단일 종목인 가자미가 약 37%를 차지하고는 있으나 도루묵을 성별(性別)하지 않으면 수량은 41.7%, 금액은 55.1%를 점해 단연 우위에 위치한다. 말하자면 동해기저는 가자미와 도루묵의 2종이 수량에서는 78.4%, 금액은 92%의 높은 비율을 보여 마치 이 2종의 생산을 위한 존재 같고 또한 이 2종이 없으면 존립의 조건을 상실할 수 있어 보인다.

참고로 〈표 3-5〉와 〈표 3-6〉에 의한 어획고와 생산액의 월별순위와 어획순위의 어종을 살펴보자.

◆ 어획고

순위	월	어획고	수위어종
①	11	17,920kg	가자미(12,860kg)
②	7	11,517	도루묵(수)(7.362kg)
③	1	10,860	도루묵(수)(6,700kg)
④	10	10,705	가자미(3,430kg)
⑤	8	9,798	도루묵(암)(5,628kg)

◆ 생산액

순위	월	생산액	수위어종
①	11	45,808천원	가자미(33,258천원)
②	1	43,827	도루묵(수) (20,722천원)
③	8	41,179	도루묵(암) (32,327천원)
④	10	33,930	가자미(12,860천원)

⑤　7　　26,592　　　　도루묵(수)(15,097천원)

이를 볼 때 연중 11월이 가장 성어기가 되며 5월이 한어기가 된다. 물론 이 A선의 경우는 5월에 상가와 기관정비로 약 20일간은 조업을 안 한 때문에 생산이 적으나 일반적으로 5월은 어획이 부진하다는 것. 강원지방의 동해기저는 자망과의 협의로 5월을 휴어기로 자율 결정하여 조업을 하지 않고 있다. 이에 대하여 경북지방은 대신 그들은 경북해역에 남하하여 조업함을 불만으로 지적하고 있다.

이와 같이 동해의 기저는 어획어종이 단순하여 가자미와 도루묵으로 한정되다시피 한 것은 이 어업의 경쟁력에 취약점으로 보인다.

5월 이외는 3월이 어획고에서 가장 낮고 생산액에서는 6월이 가장 낮다. 5월을 제외한 11개월의 월평균 생산액은 28,190천원이다.

4. 조업

A선의 경우 새벽 3시 30분에서 4시 사이에는 어장으로 출항하여 오후 5시에 입항한다. 동해안의 10개 항구에는 위판장의 노조의 결의로 5시 이후에 입항하면 위판이 거절된다.

가동일수는 월 13일~19일이며 인망회수는 일 5~7회가 일반적이다.

월별 조업상황을 살펴보자.

〈표 3-8〉 A선의 월별 조업상황

(단위: 어획고 천원)

항목＼월	1월	2월	3월	4월	5월	6월	7월	8월	9월	10월	11월	12월	계
조업일수	16	13	13	13	4	11	20	19	17	18	19	17	180
항 차 수	16	13	13	13	4	11	20	19	17	18	18	16	178
인망회수	96	78	78	78	24	66	120	114	102	108	108	102	1,074
어 획 고	10,860	6,370	3,969	4,559	789	6,375	11,517	9,798	8,853	10,705	17,920	9,775	101,490

※ 인망회수는 1일 6회의 평균치를 사용함

1년 중 2~4월에 조업일수가 낮다. 기상문제인지 확실하지 않으나 오히려 동절인 11월~1월에 조업일수가 높다. 전기의 월별 어획순위와 생산액 순위에서 10월과 11월이 높은 것과 관련이 있는 것 같다. 11월과 12월에 각 1박2일의 조업 1회 외에는 모두 당일 항차 1일의 조업이다.

2004년의 조업일수는 180일, 항차수는 178회인데 365일의 절반밖에 조업을 못하는 꼴이다. 5월만 4일 조업으로 이는 상가와 총 정비 및 출어 준비에 27일이 소요된 것을 의미한다.

1일 인망 회수는 5~7회이므로 평균 6회를 보면 연간 1,074인망이며 이에 따른 어획고는 101,490kg로 1인망당 94.49kg, 1일 어획 566.94kg로 20kg 1상자로 환산하면 28.35상자의 어획이 추산된다.

〈표 3-7〉의 생산액 310,090천원은 kg/3,055원. 1상자 61,100원으로 1일 1,732,185원의 생산액을 말한다.

5. 경비

1) 직접경비: 126,933천원

① 위판수수료: 15,190천원

삼척 5.0%, 강구 4.8%, 상기는 310,090천원에 대한 4.9%에 해당.

② 선체수리비: 19,873천원

이 중 1,400천원만 보합금 산출에 산입.

③ 기관수리비: 19,521천원

이 중 피스톤 6개 제작비 2,333천원만 보합금 산출에 산입

④ 어구비: 5,002천원

계약상 3통(통/2,700천원)이며 체인값 포함. 로우프 12환(丸) 소요, 중간보충 6환, 32㎜/1환/430천원. 이 중 2,989천원을 보합금 산출에 산입.

⑤ 연료비: 35,084천원(경유 410d/m 75,302원, LO 12%)

⑥ 주식비: 2,312천원(백미)

⑦ 부식비: 6,650천원

⑧ 빙대: 2,464천원(1각/6,500원~7,000원)

⑨ 잡경비: 17,841천원

숙박비 7,000천원, 입항주 987천원, 전화료 789천원, 어구보상비 1,980천원, 기타 수리비 및 소모품비 4,400천원, 합계 15,156천원이 보합금 계산에 산입. 이때의 어구보상비는 자망 등에 대한 피해복구비.

⑩ 어상자: 1,650천원(플라스틱/1개/4,000원. 목상자/5~600원)

플라스틱 상자는 위판 후 회수 재사용 가능. 이 중 목상자는 약 150개, 값 75천원. 잔여는 프라스틱 상자.

⑪ 의료보험료: 1,346천원

★항자수당 지급 기준

속초		축산 및 삼척	
위판액	지급액	위판액	지급액
600~1,000천원	100천원	300~500천원	100천원
1,000~1,500천원	200천원	500~1,200천원	250천원
1,500~2,500천원	300천원	1,200~2,200천원	300천원
2,500~3,500천원	400천원	2,200~3,200천원	400천원
3,500천원 이상	500천원	3,200~4,500천원	500천원
		4,500천원 이상	600천원

※ 야간조업시는 위판액을 2분하여 그 금액의 2배, 즉 5,000천원이면 2,500천원, 해당액인 400천원의 2배. 즉 삼척, 축산의 경우 800천원을 지급

상기 ①~⑪까지의 경비 중 보합금을 산출하기 위한 각 항목의 경비

2) 공동경비: 144,794천원

① 위판수수료: 15,190천원
② 선체수리비: 1,400천원
③ 기관수리비: 2,333천원
④ 어구비: 2,989천원
⑤ 연료비: 35,084천원
⑥ 주부식비: 8,962천원
⑦ 빙대: 2,464천원
⑧ 잡경비: 15,156천원
⑨ 어상자: 1,650천원
⑩ 의료보험료: 1,346천원
⑪ 항차수당: 58,220천원

3) 간접경비: 73,686천원

① 선체수리비: 18,473천원
② 기관수리비: 17,188천원
③ 어구비: 2,013천원
④ 잡경비: 2,838천원
⑤ 선원공제: 3,704천원
⑥ 선체공제: 4,298천원
⑦ 퇴직금: 4,690천원
⑧ 종합소득세: 669천원
⑨ 차입금 이자: 12,082천원 (차입금 201,564천원)
⑩ 일반관리비: 8,400천원

4) 임금: 132,603천원 (74,383+58,220)

① 어획생산금: 310,090천원

② 보합률: 45 : 55(선주)

③ 청산방법: 월 1회 익월 10일

※ 본고에서는 편의상 1년 1회의 청산으로 임금 산출함.

④ 보합금

(310,090천원−144,794천원)×45%=74,383천원

1인분: 74,383천원÷12.6인=5,903천원

⑤ 직급별 보합

선장	1인	3인분	17,709천원
기관장	1인	2.5인분	14,757천원
갑판장	1인	1.4인분	8,264천원
조기장	1인	1.4인분	8,264천원
주방장	1인	1.1~1.3인분	7,674천원
선원	3인	1.0인분	5,903천원
계		12.6인	

⑥ 항차수당: 58,220천원

그러나 상기의 직접경비 중 58,220천원의 항차수당도 일종의 임금성 지불로 볼 수 있으며 전기 보합금의 78.2%에 해당하여 수당으로서는 상대적으로 높은 수준이다. 이 수당은 생산액의 18.7%, 보합금은 24.0%로 이의 합은 42.7%를 점하고 있다.

물론 어획생산액의 저위에 따른 보합금의 저락은 선원들로 하여금 매일의 조업활동에서 최소의 보장적 임금의 확보를 주장하지 않을 수 없을 것이나 아이보다 배꼽이 큰 현상이니 동해기저의 조업과 경영의 현실은 노사간에 부득이하다는 인식이 저변에 깔려 있음을 걱정스레 주시하는 것이다.

상기에서 항차수당의 지급기준을 본바 있으나 A선의 어획고 310,090천원은 180항차에 평균 생산액은 1,723천원의 꼴이며 이는 지급대상 어획금의 최저액이 300천원임을 감안할 때 실제 지급된 수당은 58,220천원으로 180항차(2회의 야간조업은 2항차로 계상)의 평균수당은 324천원이다.

이는 매일의 어획에서 고저의 격차가 심하였음을 반증하는 것 같다. 이를 8명으로 균배한다면 1인당 40,500원을 매일 받는 셈이 된다. 상기 항차수당의 지급기준은 10인을 기준하고 있어 선원이 8명이건 12명이건 10명으로 본다는 뜻인데 이는 선원들의 노력으로 인원 증가의 자제를 기할 수 있는 하나의 장치로도 보인다.

보합금과 항차수당의 합은 132,603천원으로 8명의 평균액은 16,575천원으로 월평균 1,381천원이다. 가령 선장의 경우를 보면 보합금 17,709천원과 이 수당 16,575천원의 합계 34,284천원이 되어 월 평균 2,857천원, 일반선원은 보합금 5,903천원과 수당 16,575천원의 합계 22,470천원으로 월평균 1,873천원 꼴로 선장보다 월 1,000천원이 낮은 셈이다. 일반 선원의 경우 1년에 5~6명의 하선자가 발생하는 원인은 해상중노동을 기피하는 노동현실과 함께 이러한 임금의 현실이 작용하고 있을 듯하다.

대형기저나 다른 기저에서 선장에게 지불하는 특정어획 이상의 경우 지불하는 상금은 없다. 그만치 경영이 각박함을 말한다.

여기서 동해기저 구역의 바로 남쪽인 울산서남구와 부산서남구의 생산성을 참고로 비교해 보자.

〈표 3-9〉 A선의 인근지역 기저와의 생산성비교

(단위: c/s, 천원)

항 목	동해기저(A선)	부산서남구	울산서남구
1 가동 1일당 어획량	15.0	29.8	35.6
2 조업일/가동일	53.2	69.2	75.5
3 조업1일당 어획량	28.2	43.1	47.1

항 목	동해기저(A선)	부산서남구	울산서남구
4 이동일/조업일수		0.08	0.08
5 왕복일수/가동일수	52.6	8.4	8.6
6 어선1톤당어획량	89.0	173.6	191.6
7 마력당어획량	12.1	19.0	21.6
8 연료 d/m당 어획량	12.4	11.2	9.1
9 가동1일당 연료소비량	1.2(d/m)	3.1	3.9
10 탑승 선원수	8	8	10
11 선원1인당어획량	643.3	1,237	1,150
12 선원1인당어획금액	38,761	80,437	63,500
13 선원평균임금	9,298	27,850	20,097
14 짓가름의 평선원1인분	5,903(22,470)	17,143	13,860

※ 1. 동해기저의 가동일은 5월의 수리기간 27일을 뺀 338일이다.
2. 연간 연료소비는 울산서남구 1,260d/m. 부산서남구 880d/m. 동해기저 410d/m.
3. 선원평균임금이란 짓가름 대상 총액을 선원수로 나눈 금액.
4. 짓가름의 평선원1인분이란 짓가름 총액을 짓수로 나눈 금액. 동해기저의 경우 ( )는 임금성 항차수당을 합한 금액.
5. 부산서남구와 울산서남구는 제2편의 서남구기저를 참고한 것임.
6. 부산서남구와 울산서남구는 법적으로는 같은 서남구기저이나 조업근거지별로 편의상 분류한 것임.
7. 이 자료는 해당 각 구역에서 조업중인 자료선박의 경우임.

이 표를 보면 기본적으로 어획량에서 울산이나 부산서남구와 비교하면 '3. 조업 1일당 어획'이나 '6. 어선 1톤당 어획'에서 그 절반이다. 단지 '8. 연료 d/m당 어획량'에서 약간 앞선다.

역시 '9. 가동 1일당 연료소비량'에서도 이를 반영하고 있으나 이 경우 기관 마력과 함께 조업형태에서 동해기저는 왕복항해까지 포함하여 1일 약 12~14시간의 운전이 고작이고 비교대상 기저는 일반적으로 5~7일간의 조업 후 입항하는 형태를 고려하면 동해기저의 소비량이 이의 절반에도 미치지 않음은 당연한 소치다.

한편 이 표에는 나타나 있지 않으나 c/s당 어가는 동해가 61,100원, 부산서남구 65,000원, 울산서남구가 55,000원으로 되어 있다. 그러나 동해기저의 어획이 워낙 저위하므로 '12. 선원1인당 어획금액'에서도 동해기저의 38,761천원에 대하여 부산서남구 80,437천원, 울산서남구

63,500천원으로 상당한 격차를 보이고 있다.

이러한 결과는 선원 평균 임금에서 상기와 비슷한 모습을 보이고 보합금에서도 같은 비율로 동해기저가 열세하다.

그러함에도 선원 1인의 수령금액에서는 동해기저가 항차수당 지급이 있어 오히려 비교대상 기저보다 높게 나타나 있음은 선원 구인난 해결의 고육지책의 장치로서는 이해되나 어획부진으로 인한 경영에 더욱 마이너스 효과를 갖는 측면이 존재한다.

들리는 말에 의하면 약 20%에 달하는 것으로 추정되는 선원의 밀매행위도 이에 악재로 작용하지 않을지 걱정된다. 이는 양면의 날처럼 서로 맞물리는 관계로 상대적 고임금과 어획 저위의 모순을 탈피하는 길 밖에 없으나 먼저 조업의 활성화로 연간 180일의 조업일수를 확대하는 방안의 노력과 함께 자원에 대한 어획노력량의 과대투입의 현실을 시급히 어떻게 조절하느냐의 문제와 직결된 난제다.

6. 수 지

(1) 어획생산액 310,090천원

(2) 지출경비 : 323,614천원

직접경비 126,933천원

간접경비 64,078천원

임 금 132,603천원

(3) 손익 −13,614천원

※ 감가상각은 선령 20년 후 반으로 없으나 차입금 201,564천원의 상환은 불가능하다. 다시 연장하거나 장기자금으로 전환해야하나 현 수산자금제도로서는 좀 기대난이다. 총 경비를 투자로 볼 때 손익에서 −13,614천원으로 손실률은 −4.2%이다. 어업 수익율은 −4.4%이다

7. 경영지표

① 어획고에 대한 총경비의 비율: 104.3%
② 어획고에 대한 직접경비의 비율: 40.9%
③ 어획고에 대한 간접경비의 비율: 20.6%
④ 어획고에 대한 임금의 비율: 42.7%
⑤ 어획고에 대한 연료비의 비율: 11.3%
⑥ 총경비에 대한 임금의 비율: 40.9%
⑦ 총경비에 대한 연료비의 비율: 10.8%
⑧ 직접경비에 대한 연료비의 비율: 27.6%

Ⅳ | 자료 B선의 경우

1. 선박제원 (자료제공자의 요청으로 실수는 밝히지 않음)

그러나 수치의 범위를 기술하면 다음과 같다.

톤수: 50톤~59톤
기관: 400~450마력
선령: 20년 전반

2. 어장

상기 어장 ④가 주어장이며 어장 ③에도 자주 드나든다.

3. 어획

생산액은 352,000천원이다. 어종별 어획은 자료 A선처럼 개인의 전표에 의하여 집계하기 때문에 상당한 시간이 소요되어 난점이 있어 생산액만 기술한다. 그러나 이 해역의 어가는 지역간에 시기적으로 약간의 차이는 있으나 큰 변동이 없으므로 상기 A선의 상자당 평균시가 61,000원을 이에 적용한다면 5,770상자를 추정할 수 있을 것이다.

4. 조업

조업일수는 180일, 항차수는 114회이다. 동해기저의 일반적 조업개념이 1일 1항차이나 이 경우는 1항차 평균이 1.58일이므로 2~3일이 소요되는 항차가 많음을 말한다.

5. 경비

1) 직접경비: 134,360천원

① 위판수수료: 17,760천원
② 선체수리비: 7,600천원 (공동경비 1,200천원 포함)
③ 기관수리비: 16,800천원 (공동경비 2,500천원 포함)
④ 어구비: 2,800천원, 어구보충은 공동경비
⑤ 연료비: 62,320천원(경유(d/m) 75,302원, 728d/m, Lo는 총액의 12%)
⑥ 주식비: 3,360천원
⑦ 부식비: 6,570천원
⑧ 빙대: 4,900천원
⑨ 잡경비(소모품비 포함): 3,400천원
⑩ 의료보험료: 2,450천원
⑪ 어상자: 6,400천원(목상자 사용률이 높은 것 같다)

2) 공동경비: 142,260천원 (선원임금 산출을 위한 경비항목)

① 위판수수료	17,760천원
② 선체수리비	1,200천원
③ 기관수리비	2,500천원
④ 어구비	2,800천원
⑤ 연료비	62,320천원
⑥ 주식비	3,360천원
⑦ 부식비	6,570천원
⑧ 빙대	4,900천원
⑨ 잡경비	3,400천원
⑩ 의료보험료	2,450천원

⑪ 어상자 6,400천원

⑫ 항차수당 28,600천원

※ 항차수당지급기준

4,000천원 이하	1인당 20,000원	8명	160,000원
4,000천원 이상	1인당 40,000원	8명	320,000원
6,000천원 이상	1인당 60,000원	8명	480,000원

3) 간접경비: 72,065천원

① 선체수리비: 6,400천원

② 기관수리비: 14,300천원

③ 어구비: 8,100천원

④ 선원공제: 12,000천원

⑤ 선체공제: 4,185천원

⑥ 퇴직금: 4,200천원

⑦ 종합소득세: 1,600천원

⑧ 차입금이자: 9,280천원 (차입금 130,000천원)

⑨ 일반관리비: 12,000천원

4) 임금: 122,983천원(94,383+28,600)

① 보합률: 45:55(선주)

② 청산방법: 6개월에 한번 (어획생산금－공동경비)× 45%

③ 보합금: (352,000천원－142,260천원)×45%＝94,383천원

보합금 1인분 94,383÷12.1인＝7,800천원

※ 본고에서는 편의상 1년 1회의 청산형식을 취함.

④ 항차수당: 28,600천원

⑤ 직급별 보합

선장	1인	2.5인분	19,500천원
기관장	1인	2.5인분	19,500천원

갑판장	1인	1.4인분	10,920천원
조기장	1인	1.4인분	10,920원원
주방장	1인	1.2인분	9,360천원
선원(갑)	1인	1.1인분	8,580천원
선원(을)	2인	1.0인분	7,800천원
계	12.1인		

B선은 상기 A선과는 항차수당의 지급기준이 다름은 이미 지적 하였고 전기 생산액이 낮은 A선의 58,220천원보다 낮은 28,600천원이며 이를 8명이 균배한다면 3,575천원이 추가되어 선장은 보합금과 함께 23,075천원, 최하위 선원은 11,375천원이 된다. 항차수당은 생산액의 8.1%, 보합금은 26.8%에 해당되어 전기 A선보다 항차수당이 매우 적다.

이를 상기 A선의 경우와 비교하면 다음과 같다.

	A	B
어획생산액	310,090천원	352,000천원
*보합금	74,383천원	94,383천원
보합 1인분	5,903천원	7,880천원
선장보합금	17,709천원	19,500천원
*항차수당	58,220천원	28,600천원
1인수당수령액	7,277천원	3,575천원
연간수령총액	132,603천원	122,983천원
보합금/생산액	24.0%	26.8%
수령총액/생산액	42.8%	34.9%

6. 수지

① 어획생산액: 352,000천원

② 경비: 329,408천원

직접경비 134,360천원

간접경비 72,065천원

임 금 122,983천원

③ 손익: 22,592천원

어획수익률은 6.4% 경비총액을 투자총액으로 본다면 투자 수익률은 6.8%에 해당된다. 물론 감가상각은 없고 수리비 총액은 경비에 산입되었다. 이 6.8%의 수익률의 발생은 항차수당이 A선보다 29,620천원이 덜 지급된 것과 밀접한 관계가 있어 보인다. 특히 어획생산액이 A선보다도 약 50,000천원이 많은데도 항차수당은 28,600천원 밖에 지급되지 않았다. 이것이 전기 A선의 경우보다 선주로서는 이로울 것이며 상기의 비교에서 선원 총수령액의 생산액에 대한 비율이 A선의 42.8%에 대하여 B선은 34.9%에 불과한 것이다. 그러나 연료소비가 이를 상쇄한 모양새다. 즉 A선의 연료비는 35,084천원(생산액에 대한 비율 11.3%), B선의 연료비는 62,320천원(생산액에 대한 비율 17.7%)으로 그 차액 27,236천원은 A선보다 덜 지불된 항차수당 29,620천원과 비슷하다.

7. 경영지표

① 어획고에 대한 총경비의 비율: 93.6%

② 어획고에 대한 직접경비의 비율: 38.2%

③ 어획고에 대한 간접경비의 비율: 20.4%

④ 어획고에 대한 임금의 비율: 34.9%

⑤ 어획고에 대한 연료비의 비율: 17.7%

⑥ 총경비에 대한 임금의 비율: 37.3%

⑦ 총경비에 대한 연료비의 비율: 18.9%

⑧ 직접경비에 대한 연료비의 비율: 46.4%

V | 자료 C선의 경우

1. 선박제원 (자료제공자의 요청으로 실수는 밝히지 않음)

그러나 그 수치의 범위를 기술하면 다음과 같다.

톤수　50톤~59톤
기관　400~450마력
선령　30년 중반

2. 어장

상기 어장 ①이 주어장이며 어장 ②에도 내려간다.

3. 어획

생산액은 237,000천원. 어종별 어획은 자료 A선처럼 개인의 전표에 의하여 집계하기 때문에 상당한 시간이 소요되어 난점이 있어 생산액만 기술한다. 그러나 상기 B선과 같이 상자당 평균 어가를 61,000원을 적용하면 3,885상자의 어획량을 추정할 수 있을 것이다.

4. 조업

조업일수는 192일, 항차회수는 180회이다. 180항차 중 2일 1회의 경우가 6회(12일) 포함된다는 뜻인데 어군이 포착되어 떠날 수 없거나 좀 남쪽에 이동해 어황이 좋은 때 거기서 계속 조업한 때문일 것이다.

전체를 평균하면 1항차 1.06일이다.

5. 경비

1) 직접경비: 120,297천원

① 위판수수료: 11,852천원

② 선체수리비: 11,520천원 (공동경비 1,500천원)

③ 기관수리비: 9,330천원 (공동경비 700천원)

④ 어구비: 12,600천원 (공동경비 2,580천원)

⑤ 연료비: 43,877천원 (경유d/m 75,302원), 512d/m, Lo는 총액의 12%

⑥ 주식비: 3,266천원

⑦ 부식비: 6,720천원

⑧ 빙대: 2,950천원

⑨ 잡경비(소모품비 포함): 13,420천원 (공동경비 11,000천원)

⑩ 의료보험료: 3,162천원

⑪ 어상자: 1,600천원

2) 공동경비: 142,607천원

① 위판수수료: 11,852천원

② 선체수리비: 1,500천원

③ 기관수리비: 700천원

④ 어구비: 2,580천원

⑤ 연료비: 43,877천원

⑥ 주식비: 3,266천원

⑦ 부식비: 6,720천원

⑧ 빙대: 2,950천원

⑨ 잡경비: 11,000천원

⑩ 의료보험료: 3,162천원

⑪ 어상자: 1,600천원

⑫ 항차수당: 53,400천원

항차수당지급기준

600천원~1,000천원	100천원
1,000천원~1,500천원	200천원
1,500천원~2,500천원	300천원
2,500천원~3,500천원	400천원
3,500천원 이상	500천원

※ ① 야간조업시는 2항차로 간주

② 전기 A선의 경우 300천원이 하한선이나 여기는 600천원이 하한선이다.

3) 간접경비: 61,155천원

① 선체수리비: 14,552천원

② 기관수리비: 5,600천원

③ 어구비: 5,770천원

④ 잡경비: 2,420천원

⑤ 선원공제: 4,022천원

⑥ 선체공제: 3,095천원

⑦ 퇴직금: 6,400천원

⑧ 종합소득세: 1,348천원

⑨ 차입금이자: 9,548천원 (차입금 192,000천원)

⑩ 일반관리비: 8,400천원

4) 임금: 100,596천원(47,196+53,400)

① 보합률: 50:50

② 청산방법: 월 1회 (어획생산금액－공동경비)×50%

③ 보합금: (237,000천원−142,607)×50%=47,196천원

보합 1인분: 47,196천원÷12.4인=3,806천원

※ 본고에서는 편의상 1년 1회의 청산으로 함

④ 항차수당: 53,400천원

⑤ 직급별 보합

선장	1인	3인분	11,418천원
기관장	1인	2.5인분	9,515천원
갑판장	1인	1.4인분	5,328천원
조기장	1인	1.4인분	5,328천원
주방장	1인	1.1인분	4,186천원
선원	3인	1.0인분	3,806천원
계		12.4인	

항차수당 지급기준은 상기한바와 같이 A선은 300천원이 최하기준인 반면 여기는 600천원 어획이 최하기준이다. 조업일수가 많고 야간조업이 좀 있어 수당수령 대상 항차수가 약간 많다.

53,400천원의 항차수당은 생산액의 22.5%인 반면, 47,196천의 보합금은 19.9%를 점해 오히려 항차수당보다 적다. 어획이 낮으면 이렇게 되는 결과 밖에 없을 것이나 이 배는 그래도 꾸준히 조업하였고(조업일수 192일) 위판을 거의 단일항구를 택한 결과가 이러하니 그 원인은 조업어장의 자원문제와 선장의 조업기술 문제가 연결된 것이 아닌지 궁금하다.

항차수당 53,400천원은 1인당 6,675천원으로 선장의 경우 18,093천원, 최하위 선원은 10,481천원의 연간수령총액이 되어 선장은 월 1,507천원. 선원은 월873천원 꼴이 되는 셈이다.

만약 항차수당 53,400천원이 없다면 다음 수지에서 보다시피 근근이 적자는 면할 것이나 이를 없애도 최하 선원 연간 3,806천원은 5,363천원으로 상승하는 것 뿐, 이것 받고 누가 1년을 견딜 것인가 하는 의문은 여전히 남는다. 눈앞의 이 업을 버리지 못하고 혹시나 있을 대어를 기다리는 것이다.

6. 수지

① 어획생산액: 237,000천원

② 경 비: 282,048천원

직접경비: 120,297천원

간접경비: 61,155천원

임 금: 100,596천원

③ 손익: −45,048천원

물론 감가상각은 없으나 차입금 192,000천원의 그 일부라도 상환은 불가능하다. 다음 출어에는 다시 수리비, 어구비 등의 30,000천원 정도의 출어비를 감당하기에는 많은 어려움이 도사릴 것이다.

수익률은 −15.9%의 손실률을 나타낸다.

7. 경영지표

① 어획고에 대한 총경비의 비율: 119%

② 어획고에 대한 직접경비의 비율: 50.7%

③ 어획고에 대한 간접경비의 비율: 25.8%

④ 어획고에 대한 임금의 비율: 42.4%

⑤ 어획고에 대한 연료비의 비율: 18.5%

⑥ 총경비에 대한 임금의 비율: 35.7%

⑦ 총경비에 대한 연료비의 비율: 15.5%

⑧ 직접경비에 대한 연료비의 비율: 36.5%

Ⅵ | 자료 D선의 경우

1. 선박제원 (자료제공자의 요청으로 실수는 밝히지 않음)

그러나 수치의 범위를 기술하면 다음과 같다.

톤수: 50톤~59톤
기관: 400~450마력
선령: 20년 초반

2. 어장

상기 어장 ③과 ④가 주어장이다.

3. 어획

376,000천원이며, 어종별 어획은 밝히지 않았다.

4. 조업

조업일수는 183일, 항차회수는 183회. 1박 2일의 야간조업은 아예 안하며 따라서 근거지항의 가까운 곳에서 조업한 후 그날 입항하는 셈이 된다. 어획량이 불명하여 항차당 어획량을 알 수 없어 조업의 실질사항을 가늠하지 못함이 아쉬울 뿐이다. 상기 각선과 같이 전체 c/s당어가를 61,000원을 적용하면 어획량은 6,164c/s를 추정할 수 있다.

5. 경비

1) 직접경비: 115,237천원

① 위판수수료: 18,429천원

② 선체수리비: 16,062천원 (공동경비분 1,750천원)

③ 기관수리비: 6,380천원 (공동경비분 1,250천원)

④ 어구비: 8,350천원 (공동경비분 2,800천원)

⑤ 연료비: 37,169천원 (경유d/m당 75,302원 434d/m, LO는 경유값의 12%)

⑥ 주식비: 1,765천원

⑦ 부식비: 5,165천원

⑧ 빙대: 1,988천원

⑨ 잡경비(소모품비 포함): 14,640천원 (공동경비분 11,700천원)

⑩ 의료보험료: 2,572천원

⑪ 어상자: 2,717천원

2) 공동경비: 149,040천원

① 위판수수료: 18,429천원

② 선체수리비: 1,750천원

③ 기관수리비: 1,250천원

④ 어구비: 2,800천원

⑤ 연료비: 37,169천원

⑥ 주식비: 1,765천원

⑦ 부식비: 5,165천원

⑧ 빙대: 1,988천원

⑨ 잡경비(소모품비 포함): 11,700천원

⑩ 의료보험료: 2,572천원

⑪ 어상자: 2,717천원

⑫ 항차수당: 61,750천원

※ 항차수당 지급기준은 A선과 같다.

3) 간접경비: 60,996천원

① 선체수리비: 14,302천원
② 기관수리비: 5,130천원
③ 어구비: 5,550천원
④ 잡경비: 2,940천원
⑤ 선원공제: 6,785천원
⑥ 선박공제: 3,633천원
⑦ 퇴직금: 3,404천원
⑧ 종합소득세: 1,330천원
⑨ 차입금이자: 8,322천원
⑩ 일반관리비: 9,600천원

4) 임금: 163,882천원 (102,132+61,750)

① 보합률: 45:55(선주)
② 청산방법: 월1회. 생산액에서 공동경비 공제한 금액의 45%가 보합금이 됨. ※본고에서는 편의상 연1회 청산으로 함.
③ 보합금: (376,000천원-149,040천원)×45%=102,132천원
1인분: 102,132천원÷12.5=8,170천원
④ 항차수당: 61,750천원
⑤ 직급별 짓가름

선장	3인분	1인	24,510천원
기관장	2.5인분	1인	20,425천원
갑판장	1.4인분	1인	11,438천원
조기장	1.4인분	1인	11,438천원
주방장	1.2인분	1인	9,804천원
선원	1.0인분	3인	24,510천원 (8,170천원)
계	12.5인		

이 배는 항차수당이 61,750천으로 자료선박 4척 중 가장 높다. 연간 1인이 7,718천원 꼴임으로 선장의 연간 수령총액은 32,228천원, 월 평균 2,685천원. 최하위선원 15,888천원, 월 평균 1,324천원이 된다. 보합금은 생산액에 대하여 27.1%, 항차수당은 16.4%에 해당되어 생산액의 43.5%를 선원측이 연간 수령하는 모습이 된다.

6. 수지

① 어획생산금: 376,000천원

② 경비: 340,115천원

직접경비: 115,237천원

간접경비: 60,996천원

임금: 163,882천원

③ 손익: 376,000천원−340,115천원=35,885천원

경비 340,115천원을 투자로 볼 때 그 수익률은 10.6%로 비교적 양호한 편이다 또한 어업수익율은 9.5%에 해당한다. 물론 감가상각은 없고 수리비를 고정자산화 하지 않아 모두 경비에 산입한 상태다. 선박수리비가 이 해는 비교적 낮아 내년에는 증가가 예상되나 이정도의 어획만 유지한다면 무난할 것으로 추정된다. 문제는 연료비의 상승에 어떻게 대응하느냐의 과제가 앞으로의 숙제다.

7. 경영지표

① 어획고에 대한 총경비의 비율: 90.4%

② 어획고에 대한 직접경비의 비율: 30.6%

③ 어획고에 대한 간접경비의 비율: 16.2%

④ 어획고에 대한 임금의 비율: 43.6%

⑤ 어획고에 대한 연료비의 비율: 9.9%

⑥ 총경비에 대한 임금의 비율: 48.2%
⑦ 총경비에 대한 연료비의 비율: 10.9%
⑧ 직접경비에 대한 연료비의 비율: 32.2%

Ⅶ | 개평(概評)

1. 동해기저의 몸부림

이상 동해기저의 자료선박에 의한 조업현황과 경영실태를 관찰한 셈인데 어장의 협소, 저생산적 제요인, 노동문제 등 산적한 난제를 안은 채 허덕이는 모습을 보는 듯하다. 자료선 A,B,C,D의 4척의 선박운영상황은 마치 살얼음판을 걷는 곡예 같은 느낌을 준다.

아무리 선령이 높아도 정비를 철저히 하면 어획에 직접 영향이 없다는 강변이 있어도 신선에 효율적 장비를 갖추고 의기양양한 선원에 의한 조업의 성과를 따를 수 없을 것이다.

어획고가 낮아 일반적 선원계약을 유지해도 평상임금에 못 미쳐 특수한 유인책을 사용한 결과는 생산액의 약 45%에 가까운 임금을 선원 몫에 돌려야 하니 경영의 순환은 매년 요행을 바랄 뿐이다.

동해에는 동해기저 뿐만 아니라 동해구트롤이 조업중이며 이는 동해기저에 지간접으로 많은 영향을 미치고 있는바 동해기저의 문제를 풀기위해서는 동해구트롤의 실상과 그 관계를 살피지 않을 수 없는 일로 생각된나. 이들의 최근 5년간의 추세부터 살펴보기로 하자.

해양수산통계에 의한 동해기저와 동해트롤의 과거 5년간의 생산추이를 보면 다음과 같다.

〈표 3-10〉 5년간 동해기저와 트롤의 생산추이

(단위: m/t. 천원, 원)

어업별 / 연도	동해기저			동해구트롤		
	어획고	생산액	kg/어가	어획고	생산액	kg/어가
2000	3,568	11,883,596	3,330	5,097	14,768,718	2,897
2001	3,552	9,275,127	2,611	24,878	36,105,597	1,451
2002	5,825	14,239,863	2,445	18,553	32,635,031	1,759
2003	6,586	16,915,810	2,568	27,202	41,075,988	1,510

연도 \ 어업별	동해기저			동해구트롤		
	어획고	생산액	kg/어가	어획고	생산액	kg/어가
2004	4,705	18,340,825	3,898	38,004	72,028,179	1,895

자료: 해양수산통계연보.

동해기저의 5년간 어획고는 상승기미를 보이다가 2004년에는 약간 하향추세를 보이고 어가는 2004년에 전년도보다 약 25%의 상승세를 보였다. 그런데 동해구트롤은 어획고에서 2000년 대비 2004년에는 645.6%의 급격한 신장세를 보이고 있다. 이것은 2001년도의 해수부 고시에 따라 14척의 현측트롤을 선미식으로 허가한 것을 계기로 오징어를 잡기 시작한 것이 그 이유이며 특히 오징어채낚기와 공조조업이란 형식으로 2종의 업태가 합작하여 어획하므로 그 효과가 급증한 것이다.

동해구트롤이 2000년까지는 일반어류를 어획하였으며 당해년에 kg/2,897원의 어가를 받았다. 그러던 것이 2001년부터는 kg/1,400~1,800원의 사이로 급락한다. 이유는 오징어의 대량어획으로 가격하락에 의한 것이나 생산량으로 이를 커버하여 2004년 현재 척당 평균 1,756,784천원의 생산을 올리고 있는 호조건이다. 이러한 현상은 상대적으로 저생산의 동해기저에 의기초침의 심리적 패배감을 갖게 하고는 자생적 생잔을 위한 그 무엇인가에 몸부림치게 한다.

동해기저 자료선박의 조업상황을 상기 Ⅲ,Ⅳ,Ⅴ,Ⅵ의 경우에서 집약해 보자.

〈표 3-11〉 동해기저 자료각선의 조업상황의 집약

항목 \ 선별	A	B	C	D
톤 수	50톤급	50톤급	50톤급	50톤급
기 관	450	450	450	450
선 령	20년후반	20년전반	30년중반	20년초반
어획금액	310,090천원	352,000천원	237,000천원	376,000천원
어획량	5,083c/s	5,852c/s	3,885c/s	6,164c/s

항목 \ 선별	A	B	C	D
조업일수	180일	180일	192일	183일
항차수	178회	114회	180회	183회
연료비	35,084천원	62,320천원	43,877천원	37,169천원
연료량(fo)	410d/m	728d/m	512d/m	434d/m
임금(보합금)	74,383천원	94,383천원	47,196천원	102,132천원
1인분	5,903천원	7,800천원	3,806천원	8,170천원
항차수당	58,220천원	28,600천원	53,400천원	61,750천원
총수령액/생산액	42.7%	34.9%	42.4%	43.5%
총 경 비	323,614천원	329,408천원	282,048천원	340,115천원
총경비/생산액	104%	93.5%	119%	90.4%
손익	-)13,614천원	22,592천원	-)45,048천원	35,885천원
어업수익	-4.4%	6.4%	-19%	9.5%

※ 1. 연료량은 연료비에서 Lo값 12%를 공제한 금액을 75,302원으로 나눈 값임.
2. 임금은 보합율에 의하여 산출된 금액.(C만 50% 잔여는 45%임).
3. 총수령액은 임금과 항차수당을 합한 금액임.
4. 수익은 어업수익률임. 손익/생산액.
5. A를 제외한 어획량은 A의 c/s당 평균어가 61,000원을 적용 산출한 것임.
6. 하부선원 월수령액은 보합금+항차수당.
A선 536천원+661천원=1,197천원.
D선 742천원+701천원-1,443천원이 된다.

이 표를 보고 있으면 가장 눈에 띄는 것은 조업일수가 낮은 것이다. 365일의 1년간 180일밖에 조업하지 않으니 생산이 되지 않는다. 기상조건으로 인한 휴어는 월 5일 정도면 충분한데 이 180일이 동해기저 생산성 하락의 가장 큰 대목인 것 같다. 180일은 11개월간 월 16.36일의 조업을 말하는데 잔여 13.64일은 기상악화 최고 5일을 감안해도 8.64일 즉 약 9일은 이유 불명한 휴업이다.

추정되는 180일 수준 조업의 사유는 다음과 같다.

① 3일정도 조업하면 꼭 1일의 휴식을 강행한다.

② 하부선원의 잦은 하선으로 선장이 조업의 강행을 못한다.

③ 보합제에 의한 임금이 어획부진으로 저수준이라 이의 보완책으로 항차

수당을 지급하여 상당한 임금의 상향조정이 되어도 기본적 어획부진은 선원들의 사기를 진작 시키지 못한다.

④ 대량어획 대상의 어종이 없다.

⑤ 이러한 여건은 의욕적 노동력을 결집하기 어렵다.

⑥ 야간조업을 기피한다. 때문에 당일조업이 된다.

⑦ 어느 정도는 일제시의 조업관행이 외곡 전수된 부분이 있다. 일제시나 광복초기는 어획이 양호하여 매일 입항 판매한 것이 그냥 하나의 관습처럼 된 부분이 있다.

⑧ 선주가 야간조업에 따른 insentive를 제시해도 호응하지 않는다.

그러나 이 4척의 임금은 B를 제외하고는 모두 생산액의 40%를 초과한 상태라 정상적으로 볼 때 생산액에 대한 비율이 매우 높다. 그렇다고 일반 산업의 임금과 비교해 높지도 않다. 그러므로 이 어업에 적격한 인력의 구득(求得)이 어렵다. 결국 이러한 몸부림은 이 어업에 대한 진흥책 모색의 당위성을 던져준다.

2. 기저어장과 동해구트롤

상기 'Ⅱ. 동해기저의 현실'의 '4. 동해기저의 어장'에서 일반적 상황은 논급하였으나 이 해역에는 조업구역을 함께하는 동해구트롤이 있다.

수산자원보호령에서 '경상북도와 울산광역시의 경계와 해안선과의 교점에서 107도선 이북의 해역'으로 두 어업은 조업구역이 정해져 있으나 다만 그 조업금지구역이 크게는 4해리 적게는 1해리 정도의 차이가 있을 뿐이다.

전기한 바 동해기저는 조업가능 수심이 350m를 한계로 하고 있으며 트롤 중 현측(舷側)트롤은 최고 700m까지는 조업이 가능하다고 보고 있다(이중 소형의 30톤급 트롤은 제외한다.).

사실 거의 근접돼 있는 둘의 조업금지구역이 있기는 하나 두 어업이 어장 이용에 있어 중복되거나 자원에 주는 강도가 다르면서 어장에서 경합하는 업종임은 확실하다.

특히 동해기저는 현실적으로 트롤보다는 제도와 조업구조면에서 좀 더 안쪽에서 조업하는 것으로 인식하고 있으나 그 수역에는 소형트롤과 함께 어구사용에서 아무런 제약을 받지 않는 자망과 통발이 깔려 있어 조업 가능수역에서의 어장선택 그 자체에 큰 제약을 받고 있다. 이에는 현측트롤도 같은 처지다. 깔려있는 어구에 피해를 주면 어차피 결론은 기저측이나 트롤측에서 그 피해를 보상 하기마련이다.

결론적으로 동해기저의 조업어장이 협소하고 그마저도 다른 어업과 경합돼 있어 과장하면 운신의 폭이 없어 보인다.

3. 비협동적 생산체제

두 가족이 한 지붕에 살고 있는 격인 동해구기저수협에는 두 개의 법정 명칭의 어업이 살림살이를 하고 있는 모양새를 갖고 있다. 즉, 중형기저어업의 동해구기저와 근해트롤어업인 동해구트롤이 그것이다. 같은 조합원이지만 현측트롤과 후리식외끌이기저의 이범이 저층을 인망하면서도 그 노력량이 다름은 굳이 여기서 논할 필요는 없으나 그 생산에서 현저한 격차를 보이고 있음은 사실이다.

사실 기저와 현측트롤의 조업어장의 수심의 한계는 전기한바 있으나 소형트롤은 거의 기저어장에서 함께 조업하고 그 효과는 기저측이 약하므로 언제나 피해의식을 갖기 마련이다. 여기에서 조합원으로서의 이질감을 느끼게 되고 그저 조합에 소속원 이상의 뜻을 갖지 않는다.

한편 동해구트롤 내의 선미식과 현측트롤의 사이에서도 어획에서 또한 상당한 격차가 있음은 널리 알려져 있는 사실이다. 때문에 같은 트롤이지만 서로 이질감을 가져 현측트롤이 선미식트롤을 바라보는 시각은 선망과 함께 이를 허가하지 않는 당국에 원망을 갖고 있다.

이러한 현실은 동해구기저수협 쪽은 한 지붕 두 가족이 아니라 4가족

영역 간의 어려운 선을 지도부는 곡예처럼 꾸려나가는 것이 아닐까 생각된다.

1) 동해구트롤의 세력

동해구기저와의 생산관계를 비교하기 위하여 동해구트롤의 2004년 현재의 세력과 그 생산액을 다음 표를 통해 살펴보자.

〈표 3-12〉 동해구트롤의 세력(선미식) ①

(단위: 천원)

구분번호	톤수	마 력	생 산 액
1	59	1,250	2,699,788
2	59	1,200	3,187,108
3	59	1,200	3,146,219
4	59	1,100	4,335,444
5	59	1,000	3,451,132
6	59	1,000	3,630,567
7	59	1,000	2,792,323
8	59	1,000	2,862,788
9	59	1,000	2,505,044
10	59	(1,000)	3,515,030
11	58	1,070	3,649,208
12	58	1,000	2,575,610
13	54	730	2,371,909
14	53	1,000	2,805,478
계	813	14,550	43,527,648

※ 마력수는 주기만 표시됨. ( )의 마력수는 추정치임.

〈표 3-13〉 동해구트롤의 세력(현측식)②

구분번호	톤수	마 력	생산액(천원)
1	59	750	2,065,056
2**	59	750	423,935

구분번호	톤수	마 력	생산액(천원)
3*	59	600	495,482
4	59	550	1,193,883
5*	59	550	817,931
6	59	550	1,836,536
7	59	400	2,175,380
8*	59	(500)	480,520
9**	58	1,000	707,126
10	58	500	1,509,195
11*	58	360	501,757
12	57	640	2,359,240
13**	57	640	498,330
14	57	400	2,846,141
15*	56	450	578,767
16*	52	550	482,233
17	51	990	2,172,593
계	976	10,180(16척)	21,144,105

※ 1. * 표시는 10억원 미달의 저생산 선박 9척이다. 잔여 8척은 모두 10억원이상을 기록하였고 모두 640마력이상으로 출역을 증가시킨 것으로 추정한다.
2. 구분번호 8의 ( )는 추정마력이다.
3. 구분번호 2, 3, 5, 8, 9, 11,13, 15, 16번의 9척이 저생산이나 이 중 640마력 이상인 **의 2, 9, 13번은 시설을 증강한 것으로 추정됨.

〈표 3-14〉 동해구트롤의 세력(소형현측식)③

구분번호	톤수	마력	생산액(천원)
1	33	380	363,029
2	21	412	305,172
3	21	433	342,903
4	21	600	303,979
5	26	588	445,459
6	23	388	406,913
7	22	320	487,395
8	32	315	327,712
9	21	365	358,036

구분번호	톤수	마력	생산액(천원)
10	29	488	491,696
계	249	4,289	3,832,294

※ 이상의 세 가지 표는 동해구트롤의 상호 이질성을 구분하여 기능별 생산상황을 ①,②,③으로 분류 집계한 것으로 2004년말 현재의 상황이다.

위의 세 가지 표의 동해구트롤은 당초 새우트롤어업으로 출발하였으나 1975년의 법 개정에서 근해트롤어업 중의 동해구트롤로 법적 구성이 이루어지면서 그 정수도 44건으로 대폭 늘어난다. 그리하여 이것이 다시 내부적 분화를 일으켜 2001년 7월의 고시에 의하여 14척의 선미식트롤을 허용하게 되었다. 그리하여 표처럼 구분지어지는 결과가 되나 여기에서는 그 과정에 논급하지 않겠다.

표 ①은 선미식트롤로서 14척의 평균 톤수는 58톤인데 척당평균마력수는 1,042마력이며 2004년의 척당평균생산액은 3,109,117천으로 대단히 높다. 물론 이 배들은 중층인망으로 전환하여 오징어를 주대상으로 하여 호황을 맞고는 있으나 대부분 오징어채낚기 어선과의 소위 공조조업형식을 취해 법적 논란의 대상이 되기도 하고 있다. 마력당 생산액은 2,983천원, 선박 1톤당 생산액은 53,605천원이다.

표 ②는 당초의 현측식으로 17척의 평균 톤수는 57.4톤, 척당평균마력 605마력, 척당평균생산액은 1,243,774천원이다. 17척 중 6~7척은 아직 현측식 옷타를 이용한 저인망조업을 하고 있으며 이들은 〈표 3-13〉에서 생산액 5억원 안팎을 시현하는 것이며 10억원 이상의 것들은 기관출력을 높여 거의 오징어를 주대상으로 하는 것 같다. 마력당 생산액은 2,055천원. 선박 톤당생산액은 21,668천원이다.

표 ③은 현측식이기는 하나 모두 30톤이하의 소형선이란 점이 이렇게 분류하는 이유다. 대부분 감포항을 근거지로 하는 것이 특색이다. 10척의 평균톤수는 24.9톤, 척당평균기관마력은 428.9마력, 척당평균생산액은 383,229천원으로 아마 주어장은 동해기저와 거의 동일할 것으로 보고 있다. 마력당생산액은 893천원. 선박 1톤당생산액은 15,390천원이다.

※ 이중 4척은 2척씩 묶어 1척으로 하면서 증톤하여 조업중이란 소식이 있다. 즉 2척의 합계 톤수 범위내에서 1척의 트롤의 허가를 득한 것 같다. 이 부분은 해수부도 2006년 3월 현재 아직 파악하지 못하고 있다. 이것이 사실이면 10척중 4척이 줄고 〈표 3-13〉의 17척은 19척이 될 것이다.

2) 트롤과 기저의 생산관계

이상의 상황들을 비교하면서 동해기저와의 비교를 시도한다.

〈표 3-15〉 동해구트롤과 동해기저의 생산성 비교

(단위: 천원)

어업별 / 항목	동해구트롤어업				동해구기저
	선미식	현측	소형현측	41척의 평균	
평균톤수	58	57.4	24.9	46.7	50.4
평균마력	1,042	605	428.9	563	414
척당평균생산액	3,109,117	1,243,774	383,229	1,578,706	346,638
선원수	11	7~8	5		8
1톤당생산액	53,605	21,668	15,390		6,877
1마력당생산액	2,983	2,055	893		837
선원1인당생산액	282,647	155,471	76,645		43,329

이 표를 보면 트롤과 동해기저의 선체규모는 소형트롤을 제외하면 모두 50톤급이나 기관은 트롤의 평균이 563마력, 동해기저는 414마력으로 약 150마력의 차이를 보이고 있으나 선미식은 최고 1,250마력~1,000마력이 주세력이며 단지 730마력의 1척이 있을 뿐 척당평균 1,042마력으로 동해구트롤 중 선미식의 위용이 유별하다.(보조기마력은 포함되지 않음)

이에 비하면 같은 트롤이면서 현측트롤은 평균톤수 57.4톤에 기관마력 평균 605마력으로 열세를 나타낸다. 그러나 상기한바 마력당 생산액은 2,983천원과 2,055천원으로 약간의 차이가 있다. 이것은 17척중 10척 정도는 이미 기관출력을 증가한 때문일 것이다. 특히 동해기저는 50톤급 평균 414마력으로 소형트롤 24.9톤의 428.9마력보다도 저급에 있다. 물론 어법에 따른 어구의 구조적 문제에서 비롯된 것이나 동해기저에 대한 트롤어법의 상대적 강력구조를 가리키는 측면이다.

트롤측의 생산에서 그 어획량과 경비내역 및 조업·경영은 아래에서 별도로 비교키로 하고 우선 위판액에 의한 비교검토를 한다면 4종의 업태별 주요대상 어종은 선미식과 현측은 오징어이며 현측 조업선 중 6~7척은 어류가 주대상이나 오징어를 약간 어획할 정도이다.

소형트롤과 동해기저는 일반저서어종이 주대상이며 오징어는 주대상으로 삼지 않는다. 그러니 어장은 동해기저와 당연히 겹친다.

생산면에서 선박 1톤당생산액은 선미식이 동해기저의 약 8배의 어획이며 1마력당 생산액은 3.5배에 달한다. 소형현측은 동해기저의 생산액의 약 2.2배에 달한다. 선원수는 선미식 11명, 현측트롤 8명, 소형트롤 5명이 일반적이다.

이에서 선원1인당생산액을 산출하면 선미식은 동해기저보다 약 6.5배의 생산액을 보여 수반하는 선원 임금도 상당한 격차를 예측할 수 있을 것으로 보인다. 임금의 업종간의 격차는 낮은 임금측이 피해를 보기 마련이며 또한 상대적으로 질적 수준이 낮은 노동력의 선택의 길 밖에 없을 것이다. 노동시장의 원칙이다.

3) 동해구트롤의 조업과 생산의 분석

선미식(ST), 현측식(SD), 소형현측(SS)의 자료선박의 운영상황을 분석하여 전기 동해기저의 상황과 비교 참고 하고자 한다.

(1) 선미식트롤 자료선박(ST)

① 선박제원

톤수: 59톤
기관: 주기 1,200, 보기 300
선령: 4년

② 어장

9월~2월까지가 오징어 어기이며 76, 77, 82, 83해구에서 남쪽인 93, 94해구로 이동하였다가 대한해협에 이른다. 오징어는 대체로 발생군별로 계군을 하계군, 추계군, 동계군이 있으며 우리 어선들의 주대상 계군은 추계군이나 이는 대화퇴 부근에서 대한해협으로 왔다가 다시 대화퇴로 가는 경로를 어장으로 하는데 이 경로의 상기 해구등에서 트롤과 공조조업이 이루어진다.

③ 어획 3,130,000천원

자료에서 어종별 어획은 밝히지 않았다. 그러나 자료는 kg당 어가를 782원으로 제시하고 있어 총어획량은 4,002,557kg이 추정됨.

트롤은 오징어를 양육할 때 광주리(현지에서는 보통 1가고라 함)에 담아 올리는데 1광주리/55kg/50,000원~60,000원이 시세가 된다.

④ 조업

조업일수는 200일, 항차회수는 67회. 1항차 평균 2.9일이니 약 3일이 된다. 공조조업은 비리 약정된 채낚기 3~4척과 교신에 의해 집어 되면 공조작업에 들어가는데 채낚기선 선저에 집어된 오징어를 일망타진하기 위한 곡예 같은 인망방법은 경악을 금치 못한다. 만약 당해선이 만선이면 타선에 인계하며 작업이 끝나면 위판지로 회항하면서 서로 교신하여 판매하기 전에 어획량에 따른 공조비를 통장에 입금한다.

공조비는 초기에는 위판액의 15%였으나 최근에는 20%선까지 상승한 것으로 추정한다.

한편 오징어 어기가 끝나는 2월부터는 동해기저측과의 합의에 의하여 일반어류조업을 중지하고 체선하는 것이 2003년부터의 실정이다.

⑤ 경비

ⓐ 직접경비: 1,213,431천원

① 위판수수료: 156,366천원 (4.9% 해당)

② 선체수리비: 25,000천원

③ 기관수리비: 25,000천원

④ 어구비: 70,000천원

⑤ 연료비: 225,600천원

⑥ 주부식비: 16,000천원

⑦ 빙대: 6,000천원

⑧ 소모품대: 12,000천원

⑨ 잡경비: 16,000천원

⑩ 후생비: 16,000천원

⑪ 용기대: 20,000천원

⑫ 기타(공조비): 625,465천원(어획의 20% 해당액)

ⓑ 간접경비: 222,490천원

① 선체유지비: 20,000천원

② 기관·장비 유지비: 20,000천원

③ 어구비: 30,000천원

④ 선원공제: 18,000천원

⑤ 선박공제: 26,157천원

⑦ 제세공과: 2,000천원

⑧ 감가상각비: 106,333천원

ⓒ 임금

① 보합율: 40:60(선주)

② 청산방법: 월1회 생산액에서 공동경비 공제한 금액의 40%가 보합금이 됨.

※ 본고에서는 편의상 1년 1회의 청산으로 계상함

③ 보합금: (3,130,000천원-1,213,431원)×40%=766,627천원

④ 상여금: 위판액 15억원이상일 때 선장에게 15,000천원 상여금 지급

1인분: 766,627÷15.6인=49,142천원

임금총액: 781,627천원

※ 공조경비를 공동경비화하지 않으면,

(3,130,000천원-587,966)×40%=1,016,813천원

임금은 249,505천원이 증가한다.

1인분 1,016,813÷15.6인=65,180천원

그러나 공조비를 공동경비에 산입하지 않는 경우는 거의 없다.

⑤ 선원 짓가름의 내용

선장	1	3.0인	147,426천원
기관장	1	2.5인	122,850천원
통신사	1	1.3인	63,884천원
항해사	1	1.2인	58,970천원
기관사	1	1.2인	58,970천원
갑판장	1	1.2인	58,970천원
조기장	1	1.2인	58,970천원
선원	4	1.0(4.0)	49,142천원
			(766,608천원)

계: 11명 15.6인

선장 월수입 12월 12,285천원. 6월 24,571천원

선원: 4,095천원. 6월 8,190천원

⑥ 수 지

어획금－직접경비－간접경비－임금

3,130,000천원－1,213,431천원－222,490－766,627천원

=927,452천원

(2,202,548천원 － 어업총경비)

어업수익율: 29.6%

⑦ **경영지표**

① 어획고에 대한 총경비의 비율: 70.4%
② 어획고에 대한 직접경비의 비율: 38.8%
③ 어획고에 대한 간접경비의 비율: 7.1%
④ 어획고에 대한 임금의 비율: 24.5%
⑤ 어획고에 대한 연료비의 비율: 7.2%
⑥ 총경비에 대한 임금의 비율: 35.5%
⑦ 총경비에 대한 연료비의 비율: 10.2%
⑧ 직접경비에 대한 연료비의 비율: 18.6%
⑨ 직접경비에 대한 공조비의 비율: 51.5%

(2) 현측트롤 자료선박(SD)

① **선박제원**

톤수 52톤
기관 주기 (550마력)
선령 27년

② **어장**

'Ⅱ. 동해기저의 현실'의 '4. 동해기저의 어장' ①~④의 범위와 그 조금 바깥쪽 수심 700m까지가 어장이다.

③ **어획: 352,000천원**

어종별 어획이 밝혀지지 않아 어획량이 불명하나 제공된 자료에 kg당 금액이 3,348천원이므로 이를 역산하면 20kg/1상자/5,256c/s원이 되어 c/s당 가격은 352,000천원÷5,256c/s=66,971천원을 추정할 수 있다. 어종은 동해기저 자료선 A와 대동소이할 것이다.

④ 조업

연간출어일수 223일, 항차수 78회, 1항차 2.8일의 조업형태. 옷타를 사용하는 트롤이나 마력수가 낮아 중층인망이 안되며 선미식과 달라 양망을 현측에서 하기 때문에 황천에서는 조업에 위험성이 있어 조업일수가 선미식보다 낮을 것이다.

북쪽이 조업근거지인 때문에 "(2)어장"의 범위에서 1항차 2.8일의 조업을 한다. 이는 왕복항해를 포함하여 67시간이 소요되는 조업형태다. 67시간의 조업구성을 추정하면 다음과 같다.

왕복항해	7시간
어장이동 13회	10시간 (1회 40~60분)
인망회수 18회	36시간 (1인망 2시간)
양육, 판매, 정비, 휴식	14시간
계	67시간
총운전시간	53시간

⑤ 경비

ⓐ 직접경비: 155,845천원

① 위판수수료: 17,577천원 (4.9% 해당)
② 선체수리비: 2,500천원 (9,000천원 중)
③ 기관수리비: 1,800천원 (10,500천원 중)
④ 어구비: 5,000천원 (12,136천원 중)
⑤ 연료비: 53,242천원
⑥ 주부식비: 9,350천원
⑦ 빙대: 7,426천원
⑧ 소모품대: 3,750천원
⑨ 잡경비: 5,000천원 (입항시의 잡경비)
⑩ 후생비: 38,600천원
⑪ 용기대: 2,100천원

⑫ 기타: 9,500천원

ⓑ 간접경비: 76,292천원

① 선체유지비: 6,500천원

② 기관·장비 유지비: 8,700천원

③ 어구비: 7,136천원

④ 선원공제: 6,096천원

⑤ 선박공제: 4,598천원

⑥ 제세공과: 3,541천원

⑦ 차입금이자: 8,250천원 (차입금 150,000천원)

⑧ 감가상각비: 3,971천원

⑨ 일반관리비: 18,000천원

⑩ 기타: 9,500천원

ⓒ 임금

보합금: (352,000천원-155,845천원)×45%=88,269천원

짓가름 1인분: 88,269÷12.5인=7,061천원

선장	1	3.0인	21,183천원
기관장	1	2.5인	17,652천원
갑판장	1	1.4인	9,885천원
조기장	1	1.4인	9,885천원
주방장	1	1.2인	8,473천원
선원	3	1.0인	21,183천원 (7,061천원)
계	8	12.5	

⑥ 수지

생산액: 352,000천원

직접경비: 155,845천원

간접경비: 76,292천원

임금: 88,269천원

경비총액: 320,406천원

어업이익률: 8.9%

⑦ 경영지표

① 어획고에 대한 총경비의 비율: 91.0%

② 어획고에 대한 직접경비의 비율: 44.3%

③ 어획고에 대한 간접경비의 비율: 21.6%

④ 어획고에 대한 임금의 비율: 25.0%

⑤ 어획고에 대한 연료비의 비율: 15.1%

⑥ 총경비에 대한 임금의 비율: 27.5%

⑦ 총경비에 대한 연료비의 비율: 16.6%

⑧ 직접경비에 대한 연료비의 비율: 34.2%

(3) 소형현측트롤 자료선박(SS)

① 선박제원

톤수 21톤

기관 주기 (430마력)

선령 6년

② 어장

'Ⅱ.동해기저의 현실'의 '4.동해기저의 어장' ①~④의 범위와 그 조금 바깥쪽 수역.

③ 어획: 347,000천원

어종별 어획이 밝혀지지 않아 어획량이 불명하나 제공된 자료에 kg당 금액이 2,572원이므로 이를 환산하면 총어획량은 347,000천원÷2,572

원÷20kg=6,745c/s. c/s당 51,445원을 추정할 수 있다. 어종은 동해기저 자료선 A와 대동소이할 것이다.

④ 조업

연간출어일수 187일, 항차수 47회, 1항차 3.9일(4일)의 조업형태. 옷타를 사용하는 트롤이나 소형인데다 선미식과 달라 양망을 현측에서 하기 때문에 황천에서는 조업에 위험성이 있어 조업일수가 선미식보다 낮다. 남쪽이 조업근거지인 때문에 "(2)어장"의 범위에서 주로 ③④어장에서 1항차 4일의 조업이 추정된다. 상기 '(3)어획'에서 6,745c/s를 올렸으니 1항차 143.5c/s, 1인망당 5.5c/s의 어획의 꼴이 된다.

1항차 4일 96시간의 분석

왕복항해: 6시간

어장이동 40~60분 (20회): 18시간

1 인망시간: 2시간

인망회수 28회: 56시간

입항 양육 휴식: 16시간

총운전시간: 80시간

어기총운전시간: 3,760시간

⑤ 경비

ⓐ 직접경비: 122,436천원

① 위판수수료: 15,627천원 (4.5%해당)

② 선체수리비: 1,500천원 (6,500천원 중)

③ 기관수리비: 1,800천원 (6,736천원 중)

④ 어구비: 2,500천원 (5,743천원 중)

⑤ 연료비: 34,254천원 (Lo 4,111천원 Fod/m75,302원, FO {34,254천원−4,111}÷75,302원)=400d/m

⑥ 주부식비: 4,084천원

⑦ 빙대: 4,134천원

⑧ 소모품대: 4,000천원

⑨ 잡경비: 2,350천원(입항시의 잡경비)

⑩ 후생비: 3,940천원

⑪ 용기대: 6,333천원

⑫ 기타: 41,914천원

ⓑ 간접경비: 106,150천원

(1) 선체유지비: 5,000천원

(2) 기관·장비 유지비: 4,936천원

(3) 어구비: 3,243천원

(4) 선원공제: 2,410천원

(5) 선박공제

(6) 제세공과

(7) 차입금이자: 8,250천원 (차입금 150,000천원)

(8) 일반관리비: 50,644천원

(9) 감가상각비: 31,667천원

ⓒ 임금

보합금: (347,000천원－122,436천원)×45%＝101,053

짓가름 1인분: 101,053÷12.6＝8,020천원

직급별 짓가름:

선장	1	3.0인	24,060천원
기관장	1	2.5인	20,050천원
갑판장	1	1.4인	11,228천원
조기장	1	1.4인	11,228천원
주방장	1	1.3인	10,426천원
선원	3	1.0인	8,020천원
계	8	12.6	(101,052천원)

⑥ 수지

347,000천원-329,639=17,361천원
어업이익률 5%

⑦ 경영지표

① 어획고에 대한 총경비의 비율: 95.0%
② 어획고에 대한 직접경비의 비율: 35.3%
③ 어획고에 대한 간접경비의 비율: 30.6%
④ 어획고에 대한 임금의 비율: 29.1%
⑤ 어획고에 대한 연료비의 비율: 9.8%
⑥ 총경비에 대한 임금의 비율: 30.6%
⑦ 총경비에 대한 연료비의 비율: 10.4%

※ **참고** : 소형트롤 SS의 조업상황의 일괄표

구 분	SS	구 분	SS
총 톤 수	21	수리비(선체, 기관)	13,236
마 력 수	430	기타	41,914
선 령	6	선원임금(천원)	96,303
중고선 가격(천원)	110,000	일반관리비(천원)	50,644
선 원 수	5	사무비	0
연간출어일수(일)	187	임대료	0
연간출어회수(회)	47	통신비	0
1항차당일수(일)	4	어선공제	0
1일인망회수(회)	5	선원공제	2,410
조업시속력(노트)	1.3	위판수수료	15,627
1일어획량(톤)	0.7	포장비	0
어장거리(마일)	38	조세공과	0
어획량(톤)	135	기타	940
어획금액(천원)	347,271	감가상각비	31,667
어가(원)	2,572	어업비용합계(천원)	264,584

구 분	SS	구 분	SS
출어비 계(천원)	117,638	어획금액-어업비용(천원)	82,687
어구비(수리비포함)	5,743	어업이익/어획금액(%)	23.8
연료비	34,254	위판수수료요율(%)	4.5
용기대	6,333	선원보합율(%)	45
얼음비	4,134	ℓ당 연료비(원)	369
소모품비	4,000	1회출어당 청수량(톤)	4
주부식비	4,084	1회출어당 얼음량(톤)	2
후생비	3,940	인당 평균 인건비(천원)	6,420

(4) 이상 트롤선 자료선박간의 생산성 비교

〈표 3-16〉 트롤 자료선박간의 생산성 비교

항목 \ 선별	S T	SD	SS
톤 수	59	52	21
기관출력	1,500	550	430
조업일수	200일	223	187
생 산 액	3,130,000천원	352,000천원	347,000천원
연 료 비	225,600천원	53,242천원	34,254천원
연료소비량	2,636d/m	622d/m	400d/m
경비총액/생산액	78.9%	91.95%	95%
연료비/생산액	7.2%	15.1%	9.8%
연료비/경비총액	9.1%	16.4%	10.3%
어획량(c/s)	199,936	5,256	6,745
1d/m당 어획량	75.8c/s	8.4c/s	16.8c/s
1d/m당 생산액	1,186천원	564천원	867천원
임금/생산액	24.5%	25.0%	29.1%
임금 총액	766,627	88,269	101,053
임금/경비총액	34.8%	27.5%	30.6%
선장총수령액	162,426천원	21,183천원	24,060천원
하위선원총수령액	49,142천원	7,061천원	8,020천원
선원1인당어획량	18,176c/s	655.1c/s	1,349c/s
선원1인당생산액	284,272천원	43,875천원	69,400천원

항목 \ 선별	S T	SD	SS
조업일수	200일	223일	187일
조업1일어획량	999.6c/s	23.5c/s	36.1c/s
조업1일생산액	15,635천원	1,573.9천원	1,855천원
손익	927,452천원	31,594천원	17,361천원
어업수익률	29.6%	8.9%	5.0%
경비총액	2,202,548	320,406	329,639

※ 1. 연료소비량의 자료 제시가 없어 Fo 평균가 d/m 75,302원(동해기저 A선의 평균 가)으로 하고 제시된 연료 값의 12%를 Lo값으로 하여 이를 연료 값에서 공제한 금액을 상기 평균가로서 나눈 수치가 Fo 소비량으로 추정하였다.

2. 어획량의 제시가 없어 자료에 있는 kg/어가를 이용하여 1c/s/20kg를 기준 어획량을 추정하였으니 참고 바람.

3. 제시된 kg/어가는 ST kg/782원. SD kg/3,348원. SS kg/2,572원.

이 표에서 가장 경이적인 것은 ST선의 어획금액과 선원 임금이 타 2종의 자료선박에 비해 큰 차를 보인 점이다. 어획은 타 2종에 대하여 7~9배의 위치에 있으며 임금 역시 선장의 연 162,426천원에 비하여 21,183천원, 24,060천원으로 무려 약 7배의 큰 차를 보이고 있다. 기저 선장의 입장에서 정말 조업의욕 고취의 당부는 고사하고 하락하는 사기는 막장에 선 기분에 비유되어 이를 어떻게 막느냐가 여러 고육지책을 산출하게 되나 그 효과는 미미할 따름일 것이다.

잔여 현측트롤이 사생결단으로 당국에 추가허가 허용의 몸부림을 치는 이유도 이해가 가는 부분이 있을 것 같다.

이상은 동해기저의 어장문제를 살핌에 있어 트롤이나 기저를 동질성 어기법(漁技法)에 올려놓고 동해기저의 어장으로 추정되는 해역에서 이들 어업들의 어장에서의 상호관계 상황을 예측해 본 것이다. 14척의 선미식 트롤과 일부 현측트롤을 제외하고는 동해기저어업과 어장이용에서 겹치고 있음을 보여주고 있다. 14척의 선미트롤도 오징어가 끝나면 역시 동해기저어장에서 조업해야 할 처지인데 다행히 트롤측이 휴업하기로 한 것은 잘한 일로 생각된다.

4. 동해기저의 경비와 노동

1) 주요경비와 생산성

우리는 동해기저를 다룸에 있어 4개의 자료선박을 택하였으며 이 자료들은 노출된 부분은 정확한 것으로 확신한다. 이중 A선의 어종별 어획고는 그동안의 전표를 약 1주일에 걸쳐 집계한 것이며 개인적으로 매우 고맙게 여기고 있다. 잔여 3척에 대하여 이러한 자료의 요청은 사실상 불가능하였고 연간 각 항구별 위판액으로 그 뒤는 추정할 수밖에 없었다.

다행히 각 자료선의 경비는 제출받을 수 있어 자료각선의 조업분석에 이바지되어 그 내부의 어려움을 짐작케 하는 수준에 도달한 것으로 생각된다.

〈표 3-17〉 기저 각선의 주요경비의 비교

(단위: 천원)

항목 \ 선별	A	B	C	D
생산액	310,090	352,000	237,000	376,000
위판수수료	15,199	17,760	11,852	18,429
수리유지비	39,394	24,400	20,800	34,481
연료비	35,084	62,320	43,877	37,169
어구비	5,002	2,800	12,600	8,350
잡경비(소모품비등)	17,841	3,400	13,420	14,640
항차수당	58,220	28,600	53,400	61,750
보합금	74,383	94,383	47,196	102,132
차입금이자	10,358	9,280	9,548	8,322
경비총액	323,614	329,408	282,048	340,115

※ 1. 어구비의 선박간의 격차는 그해의 어구잔존력이 높을수록 낮을 것임.
2. 잡경비는 조업 중의 일부소모품도 있으나 선원들의 숙박비, 전화비, 입항시의 주대와 타 어선의 어구피해 보상금이 포함돼 있다.
3. 연료비는 12%의 LO값과 FO소비량 A 410d/m. B 772d/m. C 543d/m. D 460d/m로 환산됨.

〈표 3-18〉 기저 자료각선의 생산성

항목 \ 선별	A	B	C	D
생산액	310,090천원	352,000천원	237,000천원	376,000천원
총경비	323,614천원	329,408천원	282,048천원	340,115천원
연 료 비	35,084천원	62,329천원	43,877천원	37,169천원
연료소비량	410d/m	728d/m	512d/m	434d/m
총경비/생산액	104%	93.5%	119%	90.4%
연료비/생산액	11.3%	17.7%	18.5%	9.9%
연료비/총경비	10.8%	18.9%	15.6%	10.9%
1d/m당어획량	12.4c/s	7.9c/s	7.6c/s	14.2c/s
1d/m당생산액	756,300원	455,900원	436,400원	817,400원
임금(보합금)	74,383천원	94,383천원	47,196천원	102,132천원
임금/생산액	23.9%	26.8%	19.9%	27.1%
항차수당/생산액	18.8%	8.1%	22.5%	16.4%
항차수당	58,220천원	28,600천원	53,400천원	61,750천원
총수령액/생산액	42.7%	34.9%	42.4%	43.6%
총수령액/총경비	40.9%	37.3%	35.6%	48.1%
선장총수령액	24,986천원	23,075천원	18,093천원	32,228천원
하위선원총수령액	13,152천원	11,375천원	10,481천원	15,888천원
선원1인당어획량	634.2c/s	721.2c/s	485.6c/s	770.5c/s
선원1인당생산액	38,761천원	44,000천원	29,625천원	47,000천원
조업일수	180일	180일	192일	183일
조업1일어획량	28.1c/s	32.0c/s	20.1 c/s	33.7c/s
조업1일생산액	1,722천원	1,955천원	1,234천원	2,054천원
어업수익률	-4.4%	6.4%	-19%	9.5%

※ 1. 총수령액은 선원의 보합금과 항차수당의 합계액이다. 따라서 선장과 하위선원의 총수령액도 이에 준한다. 보합금은 선내직급별 보합율, 항차수당은 실인원수로 나눈 금액.
2. 어회량을 c/s로 환산한 방법은 A선의 평균 c/s당 어가 61,000원과 c/s 당 20kg을 기준하여 각 선에 적용하였다.
3. 연료비의 단가는 FO d/m 75,302원을 적용하여 소비량을 산출함. 연료비총액에서 그 12%해당액을 공제한 후 75,302원으로 나눈 것이 연료(FO)소비량임
4. 어업수익률은 손익/생산액의 수치임

가장 합리적 경영은 논리적으로는 가장 최소의 연료를 소비하여 최고의 생산을 올리는 것일 거다. B선의 경우 연료비는 가장 많으나 1d/m당 어

획은 7.9c/s 밖에 되지 않는다. B선의 마력은 여느 배들과 다를 바 없으니 어장이동 거리가 큰 것에 비하여 어획이 적은 것인지. B는 생산액 대비 연료비는 17.7%로 가장 어획이 적은 C선의 18.5% 다음으로 높다. 이런 관점에서 본다면 D선의 9.8%와 A선의 11.3%는 많은 어장이동 없이 근거지어장에서 조업하여 연료소비에 있어서는 그 효율성이 수긍된다.

A와 D선의 경우 총경비에 대한 연료비의 비율은 10.8%와 10.9%인데, B와 C선은 18.9%, 15.6%로서 상대적으로 높다. 연료소비의 절약은 선원임금에도 많은 호영향을 주게 된다. 특히 D선은 어획에 있어 수위를 달리고 있어 선원1인당 어획량은 770.5c/s, 1인당생산액은 47,000천원으로 최상위에 있다. 문제는 여기서 분석이 안 되는 것은 그 성적을 뒷받침하는 요인을 명확히 하지 못 하는 점이다. 굳이 언급한다면 선장의 어장 선택의 지혜(기술)에 있는지? 물론 타선의 경우도 같다.

2) 노동조건과 임금

(1) 내국인 선원

각 자료선의 노동조건은 이미 밝혀진 바이나 보합비율이 1척의 50대50을 제외하고는 모두 45대55이며 항차수당의 조건이 지역에 따라 다르며 그 날의 어획금액과 관련시켜 누진적으로 지급되며 이 금액이 정식 임금인 보합금보다 클 때가 있다.

조업의 원칙은 당일 17시까지 입항, 위판 후 지정된 숙소에서 취침 후 새벽 4시 전후에 출항한다. 3일 조업하면 하루는 꼭 쉬려는 관습이 있으며 월가동일수는 평균 17일 정도이다. 선주는 이 가동일수를 늘리려고 별도의 인센티브를 제안해도 수용이 안 된다.

생산액 대비 임금(보합금)의 비율은 B선 26.8%, D선의 27.1%는 큰 차이가 없으나 보합비율에 있어 B선은 50대 50이고 D선은 45대 55임을 감안할 때 B선의 임금은 상대적으로 높아야할 것이나 어획이 낮아 D선 보다 낮음은 당연하다.

그러나 여기서 주목해야 할 점은 A와 C는 임금/생산액이 각기 23.9%, 19.9%를 나타내어 전기 B와 D에 비교되나 2척 모두 어업수익에서 적자를 보이고 있는 점이다. 요는 일정의 생산이 수반하지 않으면 임금도 저율이 된다는 보합제의 원리가 표출된다.

항차수당지급에서 생산액에 대한 항차수당의 비율은 C선 22.5%, A선 18.8%, D선 16.4%, B선 8.1%의 순이며 공교롭게도 생산액이 낮은 A, C선의 것이 상대적으로 높다. 아마 노동력 유인책으로 수당지급의 기준을 낮춘 때문일 것이며 그렇다고 타선에 비하여 나은 성적도 아니다. 이 항차수당의 분배는 보합금과 달리 8명이 균등히 분배하는 것으로 알고 있다.

이런 점에서 보합금과 항차수당의 합은 선원이 받는 총수령액이며 총임금의 성격을 갖고 있다.

표의 총수령액의 생산액에 대한 비율은 A선 42.7%, B선 34.7, C선 42.4%, D선 43.6%를 나타내어 B선을 제외하고는 거의 같은 수준이다. B선은 수당지급의 기준을 높여 지급액이 타선의 약 절반에 버금하는 수준이며 B선의 수익은 바로 그 차액에 비슷한 모양으로 나타난다.

B선은 이에 대한 보완노력으로 직급별 보합률(짓가름)에서 선장의 일반적 3인분을 2.5인분으로 낮추고 조금이라도 선원들에 더 돌아가도록 배려하는 형식을 취하고 있으나 하위선원 1인 총수령액은 11,375천원으로 10,481천원의 C선 다음으로 낮다. 계약의 묘미는 그러한 부분에서 그 정교함을 느끼게 한다.

(2) 외국인 선원

이상은 내국인 선원에 관한 임금수령상황이다. 그러나 선원 인력난에서 내국인 선원의 빈발한 중도하선에 따른 인력확보상 외국인 선원의 최소한의 고용이 필요하게 된다. 일반적으로 각선은 승조원 평균 9명을 기준하여 편성하지만 이 때 내국인 7명, 외국인 2명꼴이 되어 9명이 된다.

외국인 선원에 지급되는 기본은 1년차 월 75만원, 2년차 월 85만원이 선주의 책임하에 지급된다. 그리고 1년에 상여금 50만원, 퇴직금 50만원을 지급하게 되니 1년을 기준하면 급료 9,000천원, 상여금 및 퇴직금 1,000천원, 합계 10,000천원이 지급된다.

그러나 선내에서의 처리는 보합금 산출시 외국인 1인에 1짓을 계상하고 2인이면 2짓을 계상하여 해당금을 선주가 이를 수령한다.

항차수당도 해당액의 9분의 1~2 수령액을 선주가 이를 받아 보관형식을 취한다. 선주는 수령한 보합금과 항차수당에서 전기의 급료와 상여금 및 퇴직금을 수령한 금액의 과부족과 관계없이 지급한다. 그리고 선주는 숙박비, 의료비, 의복비를 추가로 부담한다.

자료선박 중 2척은 2004년에 외국인 선원을 고용하지 않았으므로 본고 진행은 4척 모두 외국인 선원의 승선은 일단 배제하여 동일조건에서 임금 산출을 하였음을 양해해 주기 바란다.

그러나 참고삼아 외국인 선원 지급액을 자료선 C, D의 경우를 적용하여 시산해 보고 이에 따른 각선의 경우를 유추하기 바란다.

① C선의 경우

어획고	237,000천원
공동경비	142,607천원+10,000천원(외국인 선원의 급료와 상여금)
보합금	(237,000−152,260)×50%=42,370천원
짓값	42,370÷3,162천원
항차수당	53,400천원÷9인=5,933천원

외국인 선원 1인이 수령하는 급료와 수당 및 기타지급

1년차	급료	9,000천원	2년차	10,200천원
	항차수당	5,933천원		5,933천원 (어획을 전년도와 동일시)
	상여금	500천원		500천원
	퇴직금	500천원		500천원

숙박비	996천원	996천원
의료비	200천원	200천원
의복비	150천원	150천원
계	17,279천원	18,479천원

선주는 1년차에 보합금 1인분 3,162천원과 항차수당 5,933천원, 계 9,095천원을 수령하고 17,279원을 지불하여 산술적으로는 8,184천원을 더 지출하는 꼴이 된다.

② D선의 경우

어획고　376,000천원
공동경비　149,040천원+10,000천원=159,040천원
보합금　(376,000−159,040)×45%=97,632천원
깃값　97,632÷13.5인=7,232천원
항차수당　61,750천원÷9인=6,861천원

외국인 선원 1인이 수령하는 급료와 수당 및 기타지급

		1년차	2년차
1년차	급료	9,000천원	10,200천원
	항차수당	6,861천원	6,861천원 (어획을 전년도와 동일시)
	상여금	500천원	500천원
	퇴직금	500천원	500천원
	숙박비	996천원	996천원
	의료비	200천원	200천원
	의복비	150천원	150천원
	계	18,207천원	19,407천원

선주는 1년차에 보합금 1인분 7,232천원과 항차수당 6,861천원, 계

14,063천원을 수령하고 18,207천원을 지불하여 산술적으로는 4,144천원을 더 지출하는 꼴이 된다.

이상을 상기의 'V자료 C선의 경우'와 'VI자료 D선의 경우'의 임금항에 함입(陷入)시켜 보면 외국인 1인의 고용이 차지하는 무게를 짐작할 수 있을 것이다.

3) 선령과 생산

이 표를 통해 즉각적으로 느끼는 점은 어획이 어느 정도 많으면 약간의 경비상승은 상쇄되는 것으로 인식되기가 일반적이나 동해기저의 이러한 조업환경에서는 선령 20년 전반의 D선처럼 어획을 올리고 경비를 아껴 줄이고 선원들에 되도록 많이 돌아가도록 하면서 경영의 안전을 도모하는 것이다. 자료 4척 중 가장 이상적이라 할 수 있겠다.

D는 생산액 대비 총경비는 90.4%로 4척 중 가장 낮다. 연료 1d/m당 어획량이 14.2c/s로 가장 높고 생산액 대비 선원총수령액이 43.6%로 역시 가장 높다. 그러면서 어업수익률이 9.9%로 4척 중 가장 높다. 이런 상황을 고려하면 동해기저의 손익분기점은 330,000천원의 어획은 되어야 할 것으로 예상할 수 있을 것 같다.

〈표 3-1〉에서 보면 330,000천원이상의 어획은 42척 중 24척에 머문다. 이 24척의 선령구성을 보면 다음과 같다.

40년이상	8척
30~39년	1척
20~29년	10척
10~19년	4척
1~ 9년	1척
계	24척

24척 중 40년 이상의 선령이 전체의 33%를 차자하고 20~29년사이가 42%를 차지하고 있다. 동해기저의 척당평균선령은 전기 'II.동해기저

의 현실, 2.동해기저의 세력'에서 28.4년을 기록하고 있음을 볼 때 선령이 꼭 어획량과 비례하지 않음을 알 수 있다.

5억원 이상을 생산한 5척의 생산액 순위에 따른 선령을 보면,

최고의	654,000천원	14년
	596,664천원	13년
	596,241천원	21년
	561,506천원	40년
	557,254천원	3년

의 순으로 매우 흥미를 끄는 부분이 있다.

한편 200,000천원~299,000천원 사이는 11척이며 그 중 10년이하 1척, 10년대 1척, 20년대 3척, 30년대 4척, 40년대 2척으로 이루어져 있다. 그런가 하면 조업 중의 사고로 상당기간 조업을 못한 98,000천원과 176,000천원을 올린 2척을 제외하고 특별한 조업 중의 사고가 없으면서 최하위의 203,000천원을 생산한 배는 선령이 불과 8년에, 기관은 동해기저 중 가장 높은 547마력을 장치하고 있다.

이들을 볼 때 일률적으로 선령의 고저에 어획의 결과를 결부시킨다는 것이 약간의 편향성을 가지는 것이 아닌지 생각되기도 한다. 그렇다고 막연히 선장의 기술에 기대고 또는 운에 맡기듯 일희일비 할 수도 없는 일이니 어업경영의 전방위적(全方位的) 노력은 필수적이라 할 수 있다.

먼저 선장을 선택함에 있어 과거의 면밀한 실적을 기초하여 그의 탁월한 리더십을 감정 후에 확신을 갖고 신중히 결정할 필요가 있다.

요는 어장선택과 거기에 적합한 조절된 어구의 선택, 철저한 기관 및 장비품의 정비와 그 적확(的確)한 운용의 바탕아래 혼연일체가 되는 선원의 단결과 사기를 고양하는 적합한 유인책의 구사를 통해 일정 이상의 조업률을 확보하는 선장의 책임과 권리의 올바른 구사가 조업의 성패를 가를 것이다. 물론 이에는 선주와 선장의 전폭적인 신뢰와 협조가 전제됨은 재언을 요치 않는다.

Ⅷ | 소 결

1. 상대적 저생산 그룹

1) 소형트롤

먼저 동해기저와 직접 어장이 겹치는 업종은 동해트롤의 현측트롤이며 그 중 "현측트롤의 일부"인 50톤급과 "소형트롤"로 지칭되는 20톤급 트롤일 것으로 추정된다.

소형트롤은 〈표 3-14〉, 〈표 3-15〉의 내용과 같이 10척, 합계톤수 249톤 척당평균 24.9톤, 합계마력 4,298마력, 척당평균 429.8마력, 평균척당 생산액 383,229천원으로 형성되는 것으로 옷타를 사용하여 조업하는 것만 다르지 선박규모는 동해기저보다 작으면서 어획성적은 오히려 약간의 상위에 있다.

2) 현측트롤의 일부

〈표 3-13〉에 의하면 2004년말 현재 17척의 현측드롤 중.

A-1: 600마력이상으로 증강 한 것이 추정되는 것 7척
이 중 1척은 1,000마력으로 증강하나 어획은 4억원에 불과함
A-2: 600마력이하의 조업선 10척
B-1: 연간생산액 10억원 미만의 어선은 9척
B-2: 연간생산액 11억원 이상의 어선은 8척

이상의 내용을 분석해보면

A-1은 600마력이상으로 600마력대 3척, 750마력 2척, 990마력 1척, 1,000마력 1척, 계 7척이다. 생산액 10억원미만이 4척이며 10억원 이상이 3척이다. 이 7척의 총생산액은 8,721,762천원이며 척당평균은

1,245,966천원이다.

A-2의 10척의 총톤수는 576톤 척당평균은 57.6톤, 마력의 합은 4,810마력, 척당평균마력은 48.1마력이다. 10척의 총생산액은 12,422,343천원으로 척당평균생산액은 1,242,234천원이다.

A-2은 600마력이하이면서 이중 5척은 10억원이상의 생산액으로 총생산액은 9,561,135천원 척당 평균생산은 1,912,227천원으로 상기 7척의 척당평균생산액보다 높다.

이 5척의 총톤수는 292톤, 척당평균 58.4톤, 마력의 합은 2400마력으로 척당 480마력이다. 5척의 총생산액은 10척의 총생산액의 77%에 해당되며 잔여 5척은 23%의 어획밖에 못하는 결론이다.

B-1의 연간생산 10억원 미달의 9척 중 600마력이상은 4척이며 600마력미만은 5척이다.

B-2의 연간생산 11억원이상은 8척으로 이중 600마력이상이 4척이며 600마력미만이 4척이다. 더욱이 600마력미만 4척중의 2척은 400마력에 불과한데 28억원과 21억원의 생산을 올렸다.

〈표 3-13〉을 보는 한 기관마력과는 관계없이 어획에 고저가 있음을 해석할 수밖에 없으나 상당한 의문점을 던져주고 있다. 즉 이 표의 내용이 현실에는 부합하지 않는 부분이 있는 것 같으며 이는 기관 마력의 증강과 개조의 사실을 공식화하지 못한 것 같다. 즉 선미식트롤의 시설을 개조한 의심을 쌓게 하는 부분이다.

상대적 저생산그룹을 찾고 있는 본란에서는 저생산그룹의 한계를 어디에 두어야할 것인지 구별하기가 어렵다. 이 표에 나타나는 10억원이하의 생산레벨에 두느냐 아니면 고생산의 능력을 갖춘 고마력 600마력 이상에 둘 것인지 한계를 정하고 진행해야할 것이다.

즉 어획고 10억원이하인 9척 중 〈표 3-13〉의 구분번호 3, 9, 13번을 제외한 6척을 상대적 저생산그룹으로 하여 진행하는 것이 좀 논리적인 것 같다. 제외한 이 3척은 640마력 이상의 고마력이라 고생산의 요인을 갖추고 있는 것으로 추정하기 때문에 제외한다.

6척의 합계톤수와 마력은 343톤과 3,070마력으로 평균톤수 57,1톤 평균마력 511마력이다. 이 6척의 총생산액은 2,906,690천원으로 척당 평균생산액은 484,448천원의 저위생산이다.

※ 〈표 3-13〉의 구분번호 3, 5, 8, 11, 15, 16번의 6척이다.

3) 동해기저

한편 동해기저는 합계톤수 2,117톤, 척당평균톤수 50.4톤, 합계마력 17,407마력, 척당평균 414마력, 척당평균생산액 350,904천으로 형성되어 있다.

4) 가칭 "새명칭 기저"의 구상

이 저생산그룹인 이상의 3세력들은 오징어를 주대상으로 하는 선미식과 현측트롤(이하 트롤로 총칭키로 함)에 비하여 상대적으로 저생산의 실적과 그 요인을 갖고 있으며 본고를 진행함에 있어 이를 구별 논거 할 필요가 있어 편의상 이하 본고에서는 가칭 "새명칭 기저"라 칭하기로 한다.

5) 어장의 갈등

소형트롤의 조업어장은 주로 어장 ③과 ④가 주어장이 될 것이나 이 외에 과거 소형기저(소위 고데구리)의 어장을 이용하는 경향이 짙다는 일반적 인식이 관계업계에서 회자되고 있을 뿐만 아니라 주변 어촌에서는 야간의 근접조업에 인한 피해 등으로 불만 또한 적지 않다.

물론 동해기저 역시 이 문제에서 자유로울 것으로는 보지 않으나 상기의 동해기저의 조업실태에서 거의 야간조업을 하지 않는 것을 상기할 때 어촌의 불만과 궤를 함께 하는 대상을 알 수 있을 것 같기도 하다.

반면에 자망, 통발, 연승은 기저조업금지구역의 내외를 막론하고 소형이건(연안어업) 대형이건(근해어업) 어구를 깔아 바다를 덮다시피 하니 기저들은 투망할 곳이 없다는 그들의 푸념 또한 절박한 모양을 연상한다.

6) 저생산그룹인 "새명칭 기저"의 용량

동해의 저인망 어장이용의 세력으로는 현측트롤의 일부세력 6척과 소형트롤 10척, 동해기저의 41척 계 57척이 말하자면 동일어장에서 조업하는 형태가 되는데 바깥쪽을 뻗치려 해도 능력의 한계가 있고 안쪽으로 들어가려면 조업금지구역이 정신적으로 가로막는 상태가 되어 해도상으로 본 어장은 협소하여 조업금지구역을 갸끔 침범하는 꼴이 된다.

그러면 이 "새명칭 기저"의 총용량을 집약해 보자.

〈표 3-19〉 "새명칭 기저"의 용량집약과 단위당생산

항목 \ 선별	소형트롤	현측일부	동해기저	합 계
척 수	10척(17.5)	6척(10.5)	41(72.0)	57척(100%)
합계톤수	249톤(9.2)	343톤(12.7)	2,117(78.1)	2,709
합계마력	4,298(16.8)	3,070(15.1)	17,407(68.1)	24,775
합계생산액(천원)	3,832,294(18.0)	2,906,690(13.6)	14.558,830(68.3)	21,297,814
합계어획량(c/s)	67,209(19.0)	47,650(13.5)	238,669(67.5)	353,528
척당어획량(c/s)	6,720	7,941	5,821	6,817(평균)
톤당어획량(%)	269.9	138.9	112.7	521.5
마력당어획량(%)	15.6	15.5	13.7	44.8
척당생산액(천원)	383,229	484.448	355,093	1,222,770
톤당생산액(천원)	15,390	8,474	6,877	10,247(평균)
마력당생산액(천원)	892	946	836	891(평균)

※ 1. 소형트롤의 어획량은 3척이 제시한 kg/단가를 평균화한 2,851원을 적용 1c/s/20kg로 하여 환산한 것. 현측일부와 동해기저는 자료선 A의 c/s당 어가 61,000원을 적용하여 산출한 것임.
2. 표 중( )내 수치는 %임

57척의 합계톤수 2,709톤은 평균 45.5톤. 합계마력 24,775마력은 평균 399.5마력이다. 합계생산액에 대한 평균 척당생산액은 373,645천원.

합계어획량에 대한 57척의 평균어획량은 6,202c/s의 모습이 된다.

합계톤수가 전체의 9.2%인 소형트롤이 합계어획량의 16.8%를 점하는데 동해기저는 합계톤수 78.1%를 점하면서 합계어획량은 67.5% 밖에 어획하지 못함은 결국 척당어획량을 위시하여 각종 단위당 생산에서 뒤지고 있음을 반증하는 것이며 역시 어업구조에서 적정성이 부족한 것이다.

현측일부는 척당어획량과 생산액에서는 소형트롤에 앞서나 톤당생산액에서 뒤지는 것으로 보면 소형트롤과 상대적으로 덩치에 맞는 어획을 못하는 꼴이 된다.

2. 트롤의 용량분석(2004년)

한편 14척의 선미식을 이와 같이 정리를 하면 다음과 같다. — ①

합계톤수	813톤	평균	58톤
합계마력	14,050마력	평균	1,004마력
합계생산액	43,527,648천원	평균	3,109117천원
합계어획량	2,690,213c/s	평균	192,158c/s

또한 저생산그룹의 6척을 제외한 11척의 현측트롤을 이와 같이 정리를 하면 다음과 같다. — ②

합계톤수	633톤	평균	57.5톤
합계마력	7,170마력	평균	651.8마력
합계생산액	17,787,415천원	평균	1,617,037천원
합계어획량	291,596c/s	평균	26,508c/s

〈표 3-19〉와 상기 ① ②의 각항을 비교한다.

〈표 3-20〉 업종별용량 비교

항목 \ 업종별	선미트롤	현측트롤일부	소 계(A)	새명칭기저(B)	합 계
척 수	14척	11척	25척	57척	82
합계톤수	813	633톤	1,446톤	2,766	4,212
합계마력	14,050	7,170마력	21,220마력	25,555	45,775
합계생산액(천원)	43,527,648	17,787,415	61.315,062	21,852,148	83,167,210
합계어획량(c/s)	2,690,213	2,271,878	4,962,091	5,324,701	10,286,792
kg/단가	809원	809원		3,013원	

※ 1. 14척. 813톤 14,050마력의 트롤이 43,527,648천원을 생산하고,
2. 11척. 633톤. 7,170마력의 현측트롤은 36,758,987천원을 생산한다.
3. 즉 25척. 1.446톤. 21,220마력의 트롤은 80,286,635천원을 생산한다.
4. 57척. 2,766톤. 25,555마력의 새명칭기저는 21,852,148천원의 생산에 그친다.

이를 2개 부류로 나누어 "트롤"(A)와 "새명칭 기저(B)"의 생산관계를 비교해보자.

〈표 3-21〉 2개 부류어업의 생산 비교

항목 \ 업종	A+B	A	B	A/A+B	B/A+B
척 수	82	25	57	30.5%	69.5%
톤 수	4,212	1,446	2,766	34.3	65.7
마 력	46,775	21,220	25,555	45.4	54.6
생산액(천원)	83,062,877	61,210,720	21,852,148	73.7	26.3
어획량(c/s)	4,145,720	3,783,110	362,610	91.3	8.7

즉 동해기저와 트롤의 82척의 어획량 4,145,720c/s는 83,062,877천원의 생산액을 가득하였으나 57척의 B는 362,610c/s에 21,852,148천원의 가득에 불과한 꼴이다. 이는 전체척수 82척 중의 69.5%에 해당하는 B의 생산액은 26.3%, 어획량에서는 8.7% 밖에 생산 못한 꼴이 된다. 물론 A와 B는 어종의 kg 단가는 809원과 3,013원의 차는 있으나 20배가 넘는 A의 물량이 이를 뒤엎은 것이다. A는 척당 157,629c/s, B는 척당 6,251c/s의 어획이다.

이러한 결과는 생산액에서 A는 73.7%, 어획량에서 91.3%라는 절대적 우위를 차지하고 있기 때문이다. 그리고 A는 척당 2,550,446천원의 생산액을 올리는데 B는 376,761천원의 생산액 밖에 없다.

어업생산에 있어서 어업자간의 평준화를 하자는 것이 아니다. 어구어법의 차이가 있고 대상자원이 다른 이상 어업간의 생산의 차이는 필연적이다. 그러나 트롤이고 기저고간에 유사한 인망이란 방법으로 동일어장에서 조업을 하고 심지어는 함께 협동조합을 조직하고 있는 현실에서 볼 때 여기에는 무엇인가 조절의 사유가 있어야 할 것 같다.

참고로 이상의 각 업태별의 척당 평균 생산액을 나열해본다.

㉠ 동해구트롤 (선미)	14척	3,109,117천원
㉡ 동해구트롤 (현측)	11척	1,617,037천원
㉢ 동해구트롤 (현측)	6척	484,448천원
㉣ 동해구트롤 (현측소형)	10척	383,229천원
㉤ 동해기저	41척	346,635천원

생산면에서 이 다섯 그룹 중 비슷한 것을 묶는다면 상기의 ㉢㉣㉤의 셋을 B로 하여 하나로 묶을 수 있을 것 같고 ㉠㉡은 상기의 A에 해당된다. B에 해당되는 ㉢㉣㉤의 모두를 하나의 저인망 범주의 어업으로 규정하여 볼 때 ㉠과 ㉡이 동일한 트롤이며 여타 3종과는 그 격이 달라 엄연히 구별되며 여타 3종인 B는 공통점이 나타난다. 이로써 상기에서 본고 진행의 편의상 "새명칭 기저"로 가칭하겠다고 한 연유이다.

"새명칭 기저"의 내부적 공통점은 다음과 같다.

① 대상어획 어종이 저서어종이다.

② 노력량에 다소의 차이는 있으나 저인망으로 비슷하다. 노력량은 선박규모와 성능, 선원의 경험과 기술, 장비된 계기의 성능, 어구의 규모, 조업회수와 인망시간 등이 총칭되나 여기서는 선박규모, 마력, 인망회수, 1인망시간 일부 전자기기 등에 한정된 개념.

③ 어장이 거의 같다.

④ 연간생산액에 있어 ㉠ ㉡과는 상대적으로 낮아 3억~5억원의 저수준 생산이다.

⑤ 어업근거지가 동해안 각 항구이다.

⑥ 저생산을 극복하기 위하여 끊임없는 제도개선의 요구와 함께 타의 경우보다 규칙 위반의 우려가 잠재적으로 항상 내재한다.

차이점은 다음과 같다.

① 트롤과 후리식의 어법이 혼재한다.

② 법적 명칭이 각기 다르다.

여기서 찾아야할 포인트는 저비용 고효율의 어업생산 체제의 수립이다.

3. "새명칭 기저"의 내부 분석

〈표 3-19〉의 새명칭 기저(B)의 용량집약을 보면 세업종의 규모가 비슷함이 나타나 있으나 그 효율성은 〈표 3-16〉의 트롤 자료선박간의 생산성 비교를 보면 선미식 ST, 현측트롤 SD, 소형트롤 SS의 생산성이 비교되어 있어 (A)와 (B)사이에 많은 격차가 있음을 발견할 수 있다.

"새명칭 기저"에 포함되는 SS, SD 및 VI "D선의 경우"의 제요인을 비교해 "새명칭 기저"의 자료선박의 생산성을 본다.

〈표 3-22〉 트롤 SS와 SD 및 동해기저 D의 생산성 비교

(새명칭기저의 자료선박)

항목 \ 선별	SS	S D	D
톤 수	21	52톤	56톤
기 관	430마력	550마력	450마력
생산액	347,000천원	352,000천원	376,00천원
어획량	6,745c/s	5,256c/s	6,164c/s
연료소비액	34,254천원	53,242천원	37,169천원
연료소비량	400d/m	622d/m	434d/m

항목 ＼ 선별	SS	S D	D
연료비/생산액	9.8%	15.1%	9.8%
1d/m당 어획	16.8c/s	8.5c/s	14.2c/s
1d/m당 생산금액	867천원	566천원	817.4천원
1톤당어획량	321.1c/s	101.0c/s	104.4c/s
1마력당어획량	15.68c/s	9.55c/s	13.69c/s
임금/생산액	29.1%	24.3%	27.1%
조업일수	187일	223일	183일
손익/생산액	5%	8.1%	9.6%

※ 연료소비량은 FO만의 수치이며 연료소비액에는 LO값이 포함된 것임.

1) 연료소비와 생산관계

52톤의 SD는 550마력, SS는 430마력으로 SS보다 120마력이 높아 연료소비에서 122d/m을 더 소비하였고 생산액에서는 불과 5,000천원을 더 올린 것밖에 없다. SD는 5,256c/s를 어획하기 위하여 622d/m. 53,242천원을 소비하였다. 소형인 SS는 21톤에 430마력을 장치하고 6,745c/s, 347,000천원의 어획에 400d/m, 34,254천원의 연료소비를 하였다. 56톤의 D는 450마력으로 6,164c/s의 어획을 위하여 37,169천원, 434d/m를 소비하였다. 그 효과인 생산금액은 SS 347,000천원, SD는 352,000천원, D는 37,169천원이다.

SD는 223일에 622d/m를 소비하였으니 1일 2.8d/m의 소비. D는 183일에 434d/m의 소비로 1일 2.4d/m의 계산, SS는 187일에 400d/m의 소비이니 1일 2.1d/m의 소비율이다.

SS 1일소비량 2.1d/m

SD 1일소비량 2.8d/m

D 1일소비량 2.4d/m

그러나 이 계산에는 실제 운전하지 않은 시간이 포함된 것이므로 1항차당의 실운전시간을 구하여 실제 24시간의 소비량을 추정키로 한다.

2) 1일 24시간의 소비량

D는 조업일수 183일에 항차수 183회임으로 1항차 1일이다. 일반적으로 간포의 소형트롤이 타종보다는 부지런한 조업을 한다는 것이 정평이란 점을 염두에 두고 SS의 조업을 분석해보자.

SS의 조업 1항차 4일 96시간을 분석하면 다음과 같다.

왕복항해: 6시간
어장이동 40~60분 20회: 18시간
1 인망 시간: 2시간
인망회수 28회: 56시간
입항 양육 휴식: 16시간
계: 96시간
총운전시간: 80시간

D의 조업1일 24시간을 분석하면 다음과 같다.

왕복항해: 5시간
어장이동: 0.5~1시간 3회: 2.5시간
1인망시간: 1시간
1일인망회수 6~7회: 7시간
체항시간: 9.5시간
계 : 24시간
총운전시간: 14.5시간

SD는 223일 조업에 78항차를 하였다. (1항차는 2.8일, 67.2시간)

왕복항해시간: 6시간
어장이동시간: 17시간 (평균 1.5~2시간 9회)
1인망시간: 2시간
1항차인망회수: 34시간 (17회)
체항시간: 10.5시간 (어획물 판매, 정비, 보급)
계: 67.5시간

총운전시간: 57시간

이상을 집약 비교하면 다음과 같다.

〈표 3-23〉 자료선박의 1항차당 운전시간

항목 \ 선별	SS	S D	D
조업일수	187	223	183
항차수	47	78	183
1항차소요(시간)	96	67.2	24
왕복항해시간	6	6	5
어장이동시간	18	17	2.5
인망시간	56(28회)	34(17회)	7(7회)
체항시간	16	10.5	9.5
매항총운전시간	80	57	14.5
어기간총운전시간	3,760	4,446	2,653
연료소비량	400d/m	622d/m	434d/m
시간당연료소비	0,106d/m	0.139d/m	0.163d/m

각선의 24시간당 연료 소비량은

SS 3,760시간(156.6일), 400d/m÷156.6=2.55d/m

SD 4,446시간(185.2일), 57×78항차, 622d/m÷185.2일)=3.35d/m(24시간)

D 2,653시간(110.5일), 14.5×183항차, 434d/m÷110.5일=3.92d/m (24시간)

※ 운전시간 중 사실은 인망시는 속력이 저속이므로 RPM은 낮을 것이므로 연료 소비율도 낮아질 것이나 여기에서는 이를 고려하지 않았다. 이유는 소비총량이 이미 제시된 상태임을 감안하였다.

이를 볼 때 D의 연비가 가장 높고 SS가 가장 낮은 것이다.

※ ss의 기관종류는 catavilla임

catavilla의 608마력의 공식 연비는 119.5ℓ/hr이다.(부산중소조선연구소)

catavilla의 645마력의 공식연비는 221ℓ/hr이다(선박연구소)

SS는 총톤수 21톤, 기관 430마력, 조업일수 187일, 항차수 47회, 생산액 347,000천원, 어획량 6,745c/s의 상황에서 연료소비는 400d/m, 연료비 34,254천원을 사용했다. 조업일수는 SD의 84%, 따라서 연료소비는 64%에 불과하다. SS는 조업 효율성이 SD보다 높다.

그러나 문제는 이들이 옷타를 장치한 트롤이란 점이다. 우리는 지금 연안어장에서 이러한 고도의 어획노력이 큰 어법을 합법적으로 수용할 것인가의 문제에 부닥쳐 있다. 특히 대 · 소형의 트롤이 연안을 예망하는 결과는 불문가지의 답이 우리들 면전에 도사리고 있다.

혹자는 말하기는 이는 어업 단속적 문제이지 제도의 불합리는 아니란 강변을 토하는 이가 있으나 내용을 잘 이해 못하는 사람들에게는 통할 것 같으나 곤란한 장소에서 일시적으로 모면을 위한 발상일 뿐일 것이다.

한편 총운전시간을 곧 조업시간으로 보면 SS를 100으로 할 때 SD는 118, D는 70.5로 되어 SD의 조업율이 가장 높으나 어획량에서는 SS에 뒤진다. 그래서 〈표 3-22〉을 보면 SS는 연료 1d/m당 어획과 생산액에서 앞설 뿐 아니라 선박 1톤당 어획에 있어서도 다른 2척보다 월등한 성적을 내고 있어 SS의 선박규모가 조업에 효율적이란 뜻이 될 수도 있다. 물론 선박 총톤수가 낮아 1톤당 어획이 높은 것은 당연한 귀결이겠으나 이 점은 주의 깊게 관찰할 필요가 있을 듯하다.

그러나 이 둘의 경우는 옷타를 사용하는 트롤로서 트롤 중에서도 가장 연안 근접조업의 가능성이 높은 것임은 이미 논거 한 바다.

우리는 우선 연안에서 옷타사용의 트롤부터 그 기능을 순화하는 조치로 자원회복을 계획화해야 할 국가로서는 좀 더 숙고해야할 포인트라 생각한다. 연안에서의 트롤어법에 의한 폐단은 치어의 남획, 타어업과의 마찰 등을 예단하지 않을 수 없다. 상기의 "새명칭 기저"가 제도화되면 고효율, 저비용의 체제를 구축하여 동해안기저의 지속적 영위를 돕기 위하여 과감한 구조정비를 단행해야 할 것이다.

3) 동해기저의 숙원

이상에서 본바와 같이 동해기저의 실상은 동해트롤에 대한 상대적 열세 이전에 어법, 시설, 노력(勞力), 어획물 종류 등에서 열세적 조건을 갖춘 어업으로 비치고 있다. 전기의 업태별 척당평균생산액이 346,635천원으로 가장 하위에 속하는 형편이며 상기에서 지적한바 있는 생산액의 범위를 보면 다음과 같다.

6억원 대	1명
5억원 대	4명
4억원 대	4명
3.5억~3.9억원	11명

계 20명이며 전체의 47.6%를 차지하며, 여기에 3억~3.5억원, 8명을 더하면 약 67% 28명의 세력으로 전체의 67%만이 손익분기점 안팎을 오가며 고전하고 있으며 조속히 감축하여 남은 사람이라도 균형잡힌 생산활동을 하였으면 하는 것이 바람이다.

조합이 비공식적으로 감축대상 희망자를 탄문한바 25명 정도에 이르며 그들이 품고 있는 조건들을 간추리면,

① 시세에 따라 보상할 것(2006년 초에 59톤의 매매에서 450,000천원의 거래실적이 있었다.)
② 보상금에는 융자금 없이 전액보조금으로 할 것. 융자금이 있으면 생산활동을 하지 않는데 상환능력이 없어 더욱 곤경에 처할 것이란 우려 때문이다.
③ 생잔자가 최소한의 일부금액을 부담할 수 있다. 2005년에 조합결산 잉여금에서 30,000천원을 적립하였고 이는 매년 이어질 것이다.
④ 당국은 생잔자의 조업환경의 개선책으로 조업금지구역의 조정을 단행하고 이를테면 특별금지구역선을 축소조정과 함께 점과 점의 직선으로 구획하지 말고 지형과 비슷한 평행선의 구획으로 병경해주기를 바라고

있다.

⑤ 감축대상자는 희망자로 한다.

⑥ 상기 ③의 취지를 살려 생잔자의 범위를 동해기저에 국한하지 말고 전체조합원 업종 중의 생잔자를 포함할 것.

Ⅸ | 특기 동해트롤의 변화

추가적 사항의 발생과 이로 인한 상황의 일부 조정의 불가피성과 함께

1. 상황 변경의 배경

이 원고가 탈고될 무렵 상기 "Ⅶ 개평"의 "3 비협동적 생산체제"의 "1)동해트롤의 세력 〈표 3-13〉의 내용의 기관마력이 전면적으로 증강되었고 척수에 있어서도 2척이 증가된 것이 밝혀져 부득이 지금까지 논해온 동해트롤 현측부분을 조정하지 않을 수 없게 되었다.

(Ⅶ 개평의 3, 비협동체제의 〈표 3-14〉 ③의 ※부분 참조바람)

41척의 동해트롤 중 2001년의 고시에 의하여 당국은 이미 선미식으로 개조한 14척에 대해서는 고시의 부칙을 적용하여 선미식트롤의 조업을 허용키로 하고 잔여는 현측트롤로 존속시켜 왔으며 그 실세가 2004년 현재의 〈표 3-13〉의 내용이었다.

본고는 이 자료에 의하여 그 중 제시된 자료선박의 조업실적을 기초로 상기에서 진행해 온 것이다.

그러나 이 현측트롤측은 끊임없이 선미식트롤의 허가를 당국에 요청해오면서 일부는 시설을 증강 내지는 개조작업을 꾸준히 진행해온 것 같다. 견물생심이라 14척의 선미식트롤의 엄청난 호어획에 자극받아 당국의 불허가는 동일어장에서 동일업종에 차별적 행정행위라며 1차로 소를 제기하였으나 패소한바 있다.('3비협동적생산체제의 2) 트롤과 기저의 생산관계'참조바람)

동해트롤과 관련된 현행 법규정으로는 기관출력의 증강은 법에서 규제한 바 없으며 조업방식의 변경은 법 규정의 범위 내에서는 어업자의 의사에 따라 변경할 수 있는 해석이 된다. 즉 수산업법시행령 제25조제1항제3호의 근해트롤어업의 정의는 "동력어선에 의하여 망구전개판을 장치한 인망을 사용하여 수산동물을 포획하는 어업"으로 규정하고 있으며, 수산자원보호령 제17조에 의하여 그 정한수와 조업구역을 정하고 〔별표 13〕에서 당초에는 43건을 정한수로 하였다가 2003년 8월27일 자원보호령 개정에서 35건으로 감축하면서 경과조치에 의하여 그 당시의 세력은 유지되어 왔다.

그러나 본고에서는 〈표 3-12〉의 14척, 〈표 3-13〉의 현측트롤 17척, 〈표 3-14〉의 현측소형트롤 10척, 계 41척을 대상으로 본고는 진행해왔으나 수집한 새 자료에 의하면 39척이 현세력 임이 밝혀졌다. 즉, 〈표 3-13〉의 17척이 19척이 되고 〈표 3-14〉의 현측소형트롤 10척이 6척이 되어 〈표 3-12〉를 합쳐 계 39척이 된 것이다. 그리고 합계 총마력에 있어 종전의 10,108마력이 21,625마력으로 배증된 것을 먼저 언급하고 이 문제의 본질에 들어갈까 한다.

※ 증강된 19척의 내용은 우선 〈표 3-29〉를 참조.

2. 고시의 불가피성과 문제점

여기에 쟁점이 있는 것은 상기한바 있듯이 근해트롤업이란 "동력어선에 의하여 망구전개판을 장치한 인망을 사용하여 수산동물을 포획하는 어업"이라 정한 것 뿐 양망방식을 선미식 또는 현측식으로 정하지 않고 있다가 해수부는 2001년 7월 30일 다음과 같은 고시를 발표하였다.

해양수산부 고시 제2001-59호

수산업법 제52조 및 제79조, 수산자원보호령 제23조제4항, 어업허가 및 신고등에 관한규칙제14조의 규정에 의하여 연근해어업의 어업조정을 위하여 다음과 같이 고시합니다.

연근해어업의 어업조정에 관한 고시

제1조 (목적) 이 고시는 수산업법 제52조 및 제79조, 수산자원보호령 제23조제4항, 어업허가및신고등에관한규칙 제14조의 규정에 의하여 연근해어업의 어업조정에 필요한 어선·어구의 규모, 조업수역 및 조업방법 등을 정함을 목적으로 한다.

제2조 (적용) 이 고시는 동해구트롤어업의 허가를 받은 어선에 적용한다.

제3조(어업조정 등) 어업의 허가를 받은 어선은 당해어선을 대체 하거나 건조 또는 개조를 하여 어선의 선미측에 어획물을 끌어올리기 위한 경사로(slip way)를 설치하거나 이와 유사한 시설을 하여서는 아니된다.

부 칙

① (시행일) 이 고시는 고시한 날로부터 시행한다.

② (어선의 선미측에 경사로를 설치한 어선등에 대한 경과조치) 이 고시 시행일 이전에 어선의 선미측에 경사로를 설치한 어선이나 경사로를 설치하기 위하여 어선법 제8조의 규정에 의하여 건조·개조허가 또는 건조·개조 발주허가를 받은 어선에 대하여는 제3조를 적용하지 아니한다.

이 고시를 보면 트롤의 어업허가에는 당초부터 선미식 또는 현측식 방법의 구별 없이 허가하는 것이 법시행령 제25조의 기본적 해석으로 보아야 할 것이며 이를 구체화한 것이 부령 제3조제1항에 의한 〔별표 1〕의 『근해어업의 명칭과 어선의 규모 등의 기준』에서 당해허가에서 사용할 수 있는 어선의 기준을 명시하고 있다.

이런 가운데 동해트롤어업자들 중에는 선미식으로 개조하여 오징어어획을 채낚기어선의 집어를 협조 받아 대량어획을 시도하였고 이는 엄청난 단위어획노력량의 증강을 초래하여 기본자원의 유지와 타 어업과의 조정을 위한 조치가 필요하게 되어 이 고시에 이르게 된 당국의 고뇌의 산물로 보는 것이 옳은 해석이다. 그러므로 상기의 고시에 의하여 동해트롤은 선미식을 금하되 이미 고시 이전에 시설이 완료된 14척에 대하여는 고시의 적용에서 제외한 것이다.

비록 14척은 적용을 면했으나 자원관리와 어업조정의 입장에서는 불가피한 조치로 보인다. 그러나 문제는 여기에서 출발한다.

선미식조업은 선미에 그물을 끌어올리는 경사로를 만들어야 하고 이 개조에는 어선법 제8조에 의한 개조의 허가를 받아야하며 이 허가는 어선법 시행규칙 제4조제2항에 의하여 도지사가 허가한다. 그리고 이 허가권한은 시장·군수에 위임되어 있다. 시장·군수는 개조허가신청이 있으면 규정에 따라 허가할 뿐 전체 어업조정 내지는 자원에 미치는 영향을 고려하지 않는다. 뿐만 아니라 공조조업에 의한 어업질서 문제 등은 시장·군수가 판단할 사항의 범위를 벗어난 것이다. 여기에 근해어업에 있어 지방자치의 맹점이 도사린다.

동해안에는 경주시장, 포항시장, 영덕군수, 울진군수, 삼척시장, 동해시장, 강능시장, 양양군수, 속초시장, 고성군수가 각기의 권한에 따라 허가할 뿐이다.

이미 각 시·군이 개조허가를 하고 있음을 인지한 해수부는 사태의 심각성을 예견하고 이의 저지에 필요한 조치로서 상기 고시를 발동한 것이다. 그러나 이미 개조 완료한 어선이나 개조허가신청이 접수된 자에 대하여는 그 시점에서 그들의 행위가 불법이 아닌 점과 그들이 원상복구로 입는 손실을 감안하여 고시의 규제 대상에서 제외한 것 같다.

어업자는 어구·어법의 개선을 남에 앞서 개발하고 대상 어획물을 선점하려는 노력은 당연한 어부적 근성의 발로로 이를 나무랄 수는 없다.

기민한 노력을 한 14척만이 구제되고 그 외의 자는 이 어부적 원칙에서 패한 것과 같으나 그 패한 것이 행정행위에 의하여 불공정을 초래한 것이며 이것이 고시의 폐단이라고 주장하고 있다.

3. 어선개조발주허가거부처분취소의 행정소송의 제기

현측트롤업자인 원고인은 속초시장을 피고로 위 제목의 소송을 제기하여 온 바이나 2심인 고법의 판결에 불복하여 대법원에 상고하였던바 2006년 4월 14일 대법원은 원고상고인의 「포괄위임입법금지 및 재위임금지의 원칙위반」주장에 대하여,

> 『위임명령』은 법률이나 상위명령에서 구체적으로 범위를 정한 개별적인 위임이 있을 때에 가능하고, 여기에서 구체적인 위임의 범위는 규제하고자 하는 대상의 종류와 성격에 따라 달라지는 것이어서 일률적 기준을

정할 수는 없지만, 적어도 위임명령에 규정될 내용 및 범위의 기본사항이 구체적으로 규정되어 있어서 누구라도 당해 법들이나 상위명령으로부터 위임명령에 규정될 내용의 대강을 예측할 수 있어야 하나, 이 경우 그 예측가능성의 유무는 당해 위임조항 하나만을 가지고 판단할 것이 아니라 그 위임조항이 속한 법률이나 상위명령의 전반적인 체계와 취지 목적, 당해 위임조항의 규정 형식과 내용 및 관련 법규를 유기적 체계적으로 종합 판단하여야하고, 나아가 각 규제 대상의 성질에 따라 구체적 개별적으로 검토함을 요한다.』

는 대법원 기판례들을 제시하고 수산자원보호령의 목적을 들고 수산업법 제52조의 규정에 의한 어업조정사항의 규정과 수산자원보호령 제23조의 각 항을 적시 설명한 후 동령 제23조제4항은 수산자원의 보호와 어업조정을 위한 어선, 어구의 제한 또는 금지사항 중 미리 예측하여 규정하기 어렵거나 전문적 능력이 요구되는 구체적이고 세부적인 사항에 대하여 하부법령에 다시 위임한 것이므로 백지위임에 해당하지 않는다고 판시하였다. 따라서 대법원은 고법이 포괄위임입법금지 및 재위임금지의 원칙 위반에 대한 주장을 배척한 것은 정당하고 거기에 포괄 위임 입법금지의 원칙에 관한 법리를 오해하는 등의 위법이 없었나는 것이다.

한편 고시의 비례의 원칙 및 평등의 원칙 위반 주장에 대하여도 고법이 비례의 원칙, 평등의 원칙에 반하지 않는다고 판단한 것은 옳고 비례의 원칙과 평등의 원칙에 관한 법리를 오해하는 등의 위법이 없다고 하여 상고를 기각하였다.

4. 판결에 대한 고려

결국 이 판결은 어업의 방법을 개조하려는 행정절차를 제한한 행정행위가 법적으로 정당하다는 것만을 판결하여 원고의 주장인 「포괄위임입법금지 및 재위임금지의 원칙위반」을 물리친 것이다.

원고가 주장하지 않는 부분을 벗어나 판결할 수는 없지만, 우리는 이 판결의 전후적 법적 상황과 판결이 미치는 동종 업종내의 불균형 조업과 평등의 행정적 기회부여의 향수(享受)를 얻지 못하는 단면이 있음을 잊어서는 안 된다.

당국은 당초에 동해트롤어업을 허가시 2001년 7월 30일까지는 현측식 및 선미식트롤을 구분하여 허가하지 않았고 인식상 현측트롤만을 해온 사실을 당연한 일로 알고 있었다.

그러나 그 때의 동해 오징어 어업환경의 추세에 있어 대형트롤 등의 조업상황을 판단 감안할 때 일부 세력이 선미식으로 개조하기 전에 미리 예견하여 선미식 조업으로의 전환을 막기 위하여 이러한 고시를 발할 수 있었는데도 14척이나 시설개조를 완료한 무렵까지 이를 방치한 것은 행정의 예견력 부족의 소치로 당내 업종 내에 불균형상태를 야기시켜서 오히려 어업질서 파괴의 빌미를 제공한 동기가 되었다고도 본다.

특히 자원보존을 위한다면 마땅히 관련 업종전체를 대상으로 한 필요조치가 있어야 하지 않을까 생각된다.

그리고 일반적으로 어업자측은 이로움이 있으면 저질러 놓고 보자는 행태와 그 세력이 커지면 이를 척결하려해도 사회적 경제적 상황이 정당한 합법적 행정력의 발동이 어려워져 부정 질서의 고착화가 팽창되어 가는 것을 바라는 측면이 있다. 이 사태의 일차적 책임은 결국 행정당국에 있는 것이다. 그리고 당해 어민은 기회상실에 대한 원성만 축적시켜가며 불안한 조업을 감행하는 형편을 당국의 탓으로 돌리면서 매일의 요행 속에서 지낼 뿐일 것이다.

이것이 이 고시 판결이 안고 있는 문제일 것이다.

5. 당국의 대응

이러하여 14척 이외의 선미식 조업방법으로 이미 개조한 부분은 불법임이 명확히 되었다.

여기서 관점의 포인트는 2005년이후 증설 개조한 부분을 인정하고 선미식트롤로 허가할 것인가? 아니면 개조를 원상으로 회복시켜 조업케 할 것인가의 진퇴양난의 국면에 처한 당국과 업자당사자들의 입장이다. 저질러 놓고 보자는 업자측의 의도는 허가하지 않을 수 없을 것이란 복잡한 동해 오징어어업의 일단에 기인하고 있는 듯하다. 정부당국은 현재의 오징어어업의 여러 갈래의 정리와 자원관리에 확고한 소신 있는 대책 없이는 이의 수용에는 주저하지 않을 수 없을 것이다.

더욱이 불법에 대한 대처를 어떻게 할 것인가? 한 두 척의 배 같으면 일벌백계의 수단으로 척결할 수 있다 하겠으나 대형트롤과 맞물린 요즘의 어업사회전반의 정서상 법운용의 난점이 없다하지 않을 수 없다.

뿐만 아니라 오징어시기에는 대형트롤, 대형쌍끌이 등의 128도선 월경조업조차 막지 못하고 있는 현실을 감안 할 때 과연 동해트롤어선의 현측식조업의 허가선이 이미 시설한 선미식조업을 완전히 포기할 것인지 많은 의문이 남는다.

6. 어업허가증에 의한 현실관찰

현행 수산업법 중의 허가어업에 해당하는 어업은 법 제41조제4항의 규정에 「제1항 내지 제3항의 규정에 의하여 허가를 받아야할 어업의 종류는 대통령령으로 정하며, 그 어업별 어업의 명칭, 어선의 톤수, 기관의 마력은 해양수산부령으로 정한다」로 규정하고 부령 제6조(어업허가신청서)제1항 제1호에서 근해어업은 별지 제1호서식에 의하여 허가신청토록 하고 있다.

한편 부령 제14조에는 허가를 할 경우에 제한 및 조건을 붙일 수 있게 하고 있다. 부령의 별지 제1호서식의 기재사항은 다음과 같다.

신청인 ① 성명 ② 주민등록번호 ③ 주소
④ 어업의 구분 ⑤ 어업의 종류와 명칭
⑥ 조업의 방법과 어구명칭 ⑦ 조업구역 ⑧ 어업의 시기
⑨ 허가를 받고자하는 기간 ⑩ 어선의 선명·톤수·마력 등
⑪ 주요기기 및 시설 ⑫ 포획·채취물의 종류 ⑬ 양망항

[별지 제9호 서식]

어 업 허 가 증

성 명	김청수외 7명(정정수, 최성태, 권태진	주민등록번호	490924-1852212길리)
주 소	경상북도 영덕군 강구면 강구리 556번지 1통 7반 ☎: 016-518-2324		

사용어선							
어선종류		본선					
선 명		252삼영호					
어선번호		9510023-6421502					
톤 수(톤)		59.00					
기관종류		선박용디젤					
마력(HP)		600.00					
선 질		강					
주요치수	길이(m)	28.46					
	너비(m)	5.55					
	깊이(m)	2.65					

	주 어 업	그 외의 어업	그 외의 어업
허 가 번 호	영덕군 2005년 제 2호		
어업의 종류	근해트롤어업		
어업의 명칭	동해구트롤어업		
조업의 방법과 어구명칭	동해구 트롤		
조업구역	경상북도와 울산광역시의 경계와 해안선과의 교점에서 방위각 107도의 연장선 이북의 해역		
어업의 시기	01.01 ~ 12.31		
포획.채취물의 종류	가오리, 가자미, 고등어, 꽁치, 넙치, 임연수어, 대구, 도루묵, 명태, 병어, 복어, 볼락, 삼치, 상어, 아귀, 우럭, 쥐치, 청어, 기타 해면어류, 대게, 새우, 오징어, 문어		
허가기간	2005년07월27일 부터 2010년07월26일 까지		
주요기기및시설	레이더, GPS, 어탐기, 무전기, 로란		
양 륙 항	속초 주문진 삼척 죽변 후포 축산 강구 구룡포 강포		
제한 또는 조건			

수산업법 제41조제1항제1호.제2항 제1호 및 어업자원보호법 제2조의 규정에 의하여 위 어업을 허가합니다.

2005 년 07 월 27 일

영 덕 군

별지 허가증의 사본

[별지 제9호 서식]

(제한 또는 조건)

가. 공통사항

(1) 어로한계선 또는 조업자제선을 월선하여 조업하여서는 아니된다.

(2) 선박안전법에 의한 검사에 불합격되었거나 검사를 받지 아니한 경우에 조업을 하여서는 아니된다.

(3) 삭제<97.3.17>

(4) 행정관청이 수산자원의 보호, 어업조정 그 밖의 공익상 필요에 따라 부과한 제한 및 조건에 위반하여서는 아니된다.

(5) 기존의 허가받은 어선 · 어구를 새로운 어선 · 어구로 대체하여 허가를 받은 경우에는 어업허가를 받은 날부터 6월 이내에 어선 · 어구의 폐기등에 대한 증명서류를 행정관청에 제출하여야 한다.

(6) 연안어업과 근해어업 또는 근해어업과 원양어업을 동시에 허가받은 어선의 경우에는 제19조제2항 및 별표 1 내지 별표 3의 규정에 의하여 허가를 받을 수 있는 어업의 어선의 규모를 초과하여 어선을 대체하거나 개조하여서는 아니된다.

(7) 법 제79조제1항의 규정에 의한 육성수면에서는 조업을 하여서는 아니된다. 다만, 육성수면의 관리대상 수산동식물을 포획 · 채취하지 아니하거나 육성수면관리규정이 정하는 경우에는 그러하지 아니한다.<신설02.9.2>

※ 어업허가 **유효기간 만료일 60일 전부터 3일 전까지** 새로운 어업허가를 신청하여야 합니다. (기한 내 미신청시 허가 불가)

※ 허가사항의 변경사유(주소, 선명, 톤수, 기관 등)가 발생 할 때에는 **변경사유 발생일부터 30일 이내에** 변경된 사실을 증명할 수 있는 서류를 첨부하여 허가사항의 변경허가 · 신고를 하여야 합니다. (미 이행시 과태료 부과)

연근해어업의어업조정 제정 2001.7.30 해양수산부고시 제2001-59호

제1조(목적) 이 고시는 수산업법 제52조 및 제79조, 수산자원보호령 제23조제4항, 어업허가및신고등에관한규칙 제14조의 규정에 의하여 연근해어업의 어업조정에 필요한 어선·어구의 규모, 조업수역 및 조업방법등을 정함을 목적으로 한다.

제2조(적용) 이 고시는 동해구트롤어업의 허가를 받은 어선에 적용한다.

제3조(어업조정등) 어업의 허가를 받은 어선은 당해 어선을 대체하거나 건조 또는 개조를 하여 어선의 선미측에 어획물을 끌어올리기 위한 경사로(slip way)를 설치하거나 이와 유사한 시설을 하여서는 아니된다.

별지 허가증 부관의 사본

이에 의한 선미식트롤의 허가증을 보면 ⑥조업의 방법과 어구의 명칭의 난에는 "근해어업 동해구트롤"으로 기재될 뿐 트롤의 조업방법인 선미식인지 현측식인지 구별되지 않았다. 이대로라면 어느 방법을 사용해도 무방하다는 해석이 된다.

그러나 현재의 현측식 동해트롤어업의 허가증의 소지자가 경사로를 신설하고 선미식트롤을 한다면 기재내용 중 "조업의 방법과 어구명칭"의 사항 기재에 조업방법이 포괄적으로 "근해트롤" "동해구트롤"로 기재되어 있다 해도 허가의 부관인 "제한 또는 조건"에 고시의 내용이 기재되어 있다면 당연히 처벌대상이 될 것이다. (※ 별지 허가증과 그 부관의 사본 참작)

허가권자인 시장・군수가 자원보호령 제23조의 목적을 달성하기 위하여 고시 내용을 기재하였다면 그 행정행위는 옳은 것이며 전기 대법원 판결이 인정하는 바다.

7. 소위 공조조업의 허와 실

1) 허(虛)의 부분

동해트롤의 의도는 중층인망에 의한 오징어의 어획인데 이 자체는 선미식이나 현측식트롤이건 간에 법적 제재의 권역 밖의 일이나, 문제는 오징어채낚기의 집어를 양자의 합의에 의하여 집어 된 오징어를 트롤이 포획할 수 있게 하는 소위 공조조업 그 자체를 법적으로 여하히 처리하는가의 문제가 트롤의 조업방식 해결의 출발점이 될 것이라 보인다.

〈표 3-29〉의 자료 제시자의 말에 의하면 19척 중 3척을 제외하고는 모두 선미식으로 개조하였다는 것이다.

물론 선미현(船尾舷)을 개폐(開閉)할 수 있게 개조하여 선미현을 열어 경사로를 사용할 때는 선미식트롤이 되나 선미현을 폐(閉)하면 현측트롤으로 보이게 되니 이러한 부분까지 당국이 어떻게 대처할지 숙제로 볼 수 밖에 없다.

그러나 소위 공조조업을 한다면 부령의 〔별표 1〕의 허가취지를 볼 때

단독으로 집어 또는 탐지한 자원이 아니고 오징어채낚기어선이 어업허가의 내용대로 자기가 채낚기하기 위해 집어한 오징어를 자기는 법정의 채낚기를 하지 않고 집어군을 타 어선 즉 약속된 동해트롤어선에 포획할 수 있게 넘겼다면 이는 허가사항을 위반한 것이다.

채낚기는 오징어를 집어하여 집중적으로 낚아 어획하는 이외의 행위는 허가사항의 ⑤ 어업의 종류와 명칭, ⑥ 조업의 방법과 어구의 명칭을 위반하였고 수산자원보호령 제23조의2의 1항에 저촉되는 것으로 보아야할 것이다. 물론 관련된 당해 동해트롤어선도 같은 처벌의 대상이 될 것이다.

가령 비교될 한 예를들면 부령 제3조제1항에 의한 〔별표 1〕「근해어업의 명칭과 어선의 규모 등의 기준」의 근해선망어업 중 대형선망어업을 보면 어선의 규모와 부속선의 내용이 등선과 운반선으로 명기되어 하나의 선단조업을 구성케 하고 있다. 이런 경우는 등선이 집어하고 망선이 포획하며 어획물은 운반선이 적재하여 양육항에서 판매한다. 이렇게 부령의 〔별표 1〕은 조업형태에 따른 어선규모의 집합체(즉 어업의 방법)를 정하여 1건의 어업허가의 기준을 삼고 있다.

이를 볼 때 채낚기어선의 허가와 트롤어선의 허가는 각기 허가의 내용에서 정한 조업방법에 의하여 어획할 수 밖에 없으며 채낚기가 집어한 어군을 트롤어선에 넘기거나 포획하게 함은 어업허가제도의 취지를 벗어나 어업질서와 자원관리의 국가적 목적에 위배되는 것이다.

참고로 〔별표 1〕을 발췌하면 다음과 같이 되어 있다.

〈표 3-24〉 〔별표 1〕 근해어업의 명칭과 어선의 규모 등의 기준

<table>
<tr><th rowspan="2">어업의 종류</th><th rowspan="2">어업의 명칭</th><th colspan="2">어선의 규모</th><th rowspan="2">기관 마력</th><th colspan="4">부 속 선</th></tr>
<tr><th>구톤수</th><th>톤 수</th><th>종 류</th><th>척 수</th><th>구톤수</th><th>톤수</th></tr>
<tr><td>근해트롤</td><td>동해구트롤</td><td>20~80톤</td><td>20~60톤</td><td>-</td><td></td><td></td><td></td><td></td></tr>
<tr><td>근해채낚기어업</td><td>근해채낚기어업 (자동조획기를 사용하는 어업을 포함한다)</td><td>10~130톤</td><td>8~90톤</td><td></td><td></td><td></td><td></td><td></td></tr>
<tr><td rowspan="2">근해선망어업</td><td rowspan="2">대형선망어업</td><td rowspan="2">70~150톤</td><td rowspan="2">50~130톤</td><td rowspan="2">-</td><td>등선</td><td>2척 이내</td><td>-</td><td>-</td></tr>
<tr><td>운반선</td><td>-</td><td>-</td><td>-</td></tr>
</table>

이 표를 보면 채낚기나 트롤은 부속선이 없는 어업허가임이 명백하다.

소위 공조조업에 있어 트롤측은 채낚기어선과 미리 약정을 하고 트롤측이 당해 채낚기가 집어한 어군의 포획량의 판매가액의 20% 해당금을 판매입항의 항해 중에 채낚기측에 어획량을 알리고 판매 즉시 송금한다.

트롤선 1척에 3~4척 또는 5척의 채낚기 선이 계약되며 공조조업의 틀이 구성되어 있다. 이것은 개별의 성질이 다른 어업허가의 배들이 각자의 이질의 기능을 합한 선단조업의 성격을 띈 것으로 현 어업제도에서는 인정될 수 없는 방법인 것이다.

시초에는 채낚기선장이 주동적으로 해왔으나 점차 그 보륨이 커지면서 선주에게 주도권이 넘어가 지금은 하나의 고정된 그들의 질서로서 운영되고 있다.

이 상황이 소위 공조조업의 허(虛)에 해당된다.

그리고 이의 척결 없이는 동해의 트롤어업의 조업문제는 해결되지 않을 것이다. 말하자면 공조조업이 가능하기 때문에 선미식트롤으로 개조하려는 것이다. 문제는 여기서 풀어야 한다.

2) 실(實)의 부분

이러한 상황을 방치한 채 2006년부터 TAC를 실시하여 자원관리에 착수하게 된다. 그러나 많은 관측자들은 이 TAC의 적용을 어떻게 하는 건지 매우 주시하고 있다.

오징어어획에 참여하는 업종은 해수부 자료에 따르면 근해채낚기 980척, 대형트롤 60척, 동해트롤 43척, 연안채낚기 1,100척 등 약 2,200척에 달하는 것으로 집계하고 있다.

오징어생산의 추세는 〈표 3-25〉~〈표 3-29〉와 같으며 수치의 합치성에 의문이 제기될 수 있으나 통계의 집계상의 애로를 이해하면서 오징어생산의 흐름을 관찰해주기 바란다.

〈표 3-25〉 과거 15년간의 오징어 어획추이

(단위: m/t, 천원)

연도	1990	1991	1992	1993	1994	1995
어획	74,172	107,607	136,928	219,467	189,572	260,897
금액	146,371,977	204,476,784	175,315,332	233,948,837	324,828,196	311,037,962
연도	1996	1997	1998	1999	2000	2001
어획	252,618	224,959	167,016	249,991	226,309	225,616
금액	360,001,938	247,825,209	284,495,528	350,616,119	279,594,818	283,241,426
연도	2002	2003	2004	2005		
어획	226,656	233,254	212,760	189,126		
금액	304,054,096	372,976,655	443,191,475	405,948,991		

자료: 해양수산통계

이 표의 어획은 오징어를 어획할 수 있는 모든 업종의 것이며 이 중에 오징어 주생산업종인 채낚기와 트롤의 15년간의 어획추이를 보면 아래와 같다.

〈표 3-26〉 과거 15년간의 오징어 업종의 어획추이

(단위: m/t)

업종 \ 연도	1990	1991	1992	1993	1994	1995
대형트롤	166,185	81,579	76,281	76,599	75,688	99,714
근해채낚기	51,012	65,615	72,619	93,841	87,778	93,856
연안채낚기	20,081	23,369	22,031	32,023	27,417	28,004
동해트롤	6,879	7,815	4,934	9,115	5,195	4,432
계	244,157	178,378	175,865	211,578	196,078	226,006
업종 \ 연도	1996	1997	1998	1999	2000	2001
대형트롤	166,185	146,727	98,964	134,064	127,113	134,971
근해채낚기	51,012	97,458	70,944	92,141	81,133	75,365
연안채낚기	20,081	36,483	26,412	28,070	33,817	27,409
동해트롤	6,879	6,021	9,599	6,780	5,097	24,878
계	244,157	286,689	205,919	261,055	247,160	262,643

업종 \ 연도	2002	2003	2004	2005		
대형트롤	123,412	116,559	85,688	67,543		
근해채낚기	73,063	73,802	66,845	62,891		
연안채낚기	22,462	0	0	0		
동해트롤	18,553	27,202	38,004	34,063		
계	237,490	217,563	190,537	164,497		

자료: 해양수산통계

〈표 3-25〉의 15년간의 오징어 생산의 추이는 1991년의 10만m/t 돌파를 기점으로 점차 상승하여 1996년의 26만m/t의 정점에서 약간의 하향추세를 보이기는 하나 2005년까지 평균적으로 20만m/t 내외를 유지하여 비교적 안정감을 주는 생산 추이를 나타내고 있다.

〈표 3-26〉의 업종별 생산추이에는 근해채낚기와 연안채낚기를 제외한 대형트롤과 동해트롤의 생산고에 오징어 외의 어획물이 포함된 것으로 추정은 되나 대형트롤의 1995년 생산 약 10만m/t의 무렵부터 매년 7월에서 2월경까지 오징어 어로를 해온 것이므로 1995년~2005년사이는 거의 10만m/t~15만m/t의 오징어어획을 한 것으로 추정된다.

대형트롤은 1995년경부터 오징어 종업(終業) 후에는 타 조업을 하지 않고 거의 근거지인 부산항에 계선하고 있어 이 동안의 어획물은 전량 오징어를 간주하여도 무방할 것이다. 또한 동해트롤의 어획추이에서 2000년까지는 거의 매년 4,000~9,000m/t(오징어 이외의 잡어포함)으로 헤매던 상태가 2001년을 기점으로 급격히 상승하여 2005년까지 20,000~35,000m/t 사이의 어획을 하고 있다.

이것은 동해트롤이 2001년부터 선미식트롤으로 개조하여 공조조업에 돌입한 때문이며 특히 이들은 동해기저의 조업에 도움을 주기 위한 약속으로 오징어 어기가 끝나는 2월경부터 휴어하는 것을 볼 때 2001년이후의 어획물은 거의 오징어임을 추정할 수 있다. 따라서 〈표 3-26〉의 합계 어획량은 이러한 점을 감안하며 관찰할 필요가 있으며 1995년부터는 거의 오징어로 간주하여도 무방할 것이다.

참고로 〈표 3-25〉의 전체 오징어 어획과 〈표 3-26〉의 업종별 어획량을 비교하여 그 관계를 가늠해보기로 한다.

〈표 3-27〉 과거 15년간의 오징어 어획추이와 업종별 어획의 비교

(단위: m/t, 천원)

연도별	1990	1991	1992	1993	1994	1995
전체오징어어획	74,172	107,607	136,928	219,467	189,572	260,897
업종별어획 합계	244,157	178,378	175,865	211,578	196,078	228,006
연도별	1996	1997	1998	1999	2000	2001
전체오징어어획	252,618	224,959	167,016	249,991	226,309	225,616
업종별어획 합계	284,261	286,689	205,919	261,055	247,160	262,643
연도별	2002	2003	2004	2005		
전체오징어어획	226,656	233,254	212,760	189,126		
업종별어획 합계	237,490	217,563	190,537	164,497		

※ 1. 업종별은 대형트롤, 동해트롤, 근해채낚기, 연안채낚기의 합계 어획임.
2. 업종별합계어획이 전체오징어 어획보다 큰 경우는 트롤업종에서 타어획물이 포함된 경우일 것임.
3. 그 예로 1990년의 격차는 대형트롤의 쥐치 어획이 큰 때문이다. 1991년의 경우 업종별합계어획에서 대형트롤 81,579톤 동해트롤 7,815톤을 제외하면 88,984톤이 채낚기의 오징어어획으로 추정됨.
4. 대형트롤의 오징어 위판실적을 참고하여 <표 3-27>을 조감할 필요가 있을 것임. 동해트롤의 오징어 위판실적의 자료는 구득이 안 됨.

대형트롤의 위판실적은 다음 〈표 3-28〉과 같다.

〈표 3-28〉 대형트롤의 15년간의 오징어 위판실적

연도	1990	1991	1992	1993	1994	1995
어획(1)	3,502	13,352	36,540	50,555	45,225	64,220
어획(2)	4,377	16,690	45,675	63,193	56,531	80,275
연도	1996	1997	1998	1999	2000	2001
어획(1)	88,340	87,295	51,928	100,399	89,711	87,337
어획(2)	110,425	109,118	64,911	125,498	112,130	109,171
연도	2002	2003	2004	2005		
어획(1)	135,091	105,525	89,093	101,658		
어획(2)	135,091	105,525	89,093	101,658		

자료: 대형기저조합.

※ 1. 어획(1)은 위판된 기록이며 어획(2)는 사매분을 합한 수치임.

2. 설명에 의하면 일반적으로 사매는 어획의 20~30%수준에서 이루어지고 있으며 본 표에서는 사매분을 20%로 통일하여 이를 추가한 것임. 2002년부터는 사매분을 공식화하고 있어 이후는 본 표에서도 사매분은 없음.

〈표 3-28〉의 어획(2)의 수치가 상기표 아래의 ※의 2에 의하여 실어획 수치에 근접한 것으로 보면 대형트롤은 1995년경부터 오징어의 대량 생산이 시작되어 매년 10만~13만톤의 수준을 견지하고 있다.

이에 더하여 〈표 3-25〉를 보면 1993년경부터 오징어 총생산은 2005년까지 매년 거의 20만톤을 유지하며 2005년의 생산금액은 405,945,000천원에 이르고 있으며 국민경제에 미치는 영향을 무시 못 할 위치에 있음을 짐작할 수 있다. 뿐만 아니라 이 생산물의 건조품, 가공품의 유통, 판매의 경제적 효과는 이 생산금액의 수배에 달 할 것으로 추정하며 국민경제에의 기여는 지대할 것으로 추정되어 적절한 그 생산을 기대하지 않을 수 없는 여건임을 인식할 수 있다. 이것이 공조조업의 실(實)에 해당된다.

8. 증설된 세력

다음의 표는 동해기저 동해사무소의 자료로서 동해트롤의 현측 트롤의 2005년말 현재의 상황이다. 특히 〈표 3-13〉은 그 세력이 17척이나 제시된 자료 〈표 3-29〉는 19척이므로 이 주변의 해명이 잘되지 않고 있다.

한편 〈표 3-13〉에는 1,000마력이상은 1척뿐이었으나 이 표에서는 대부분 1,000마력이상으로 증강되고 다만 800마력급이 3척, 500마력급 1척이다. 그러나 그 1척도 어획에서는 14억원의 호성적이다.

〈표 3-29〉 2005년 현측트롤의 증설된 세력의 일람표

(단위: 위판액 천원)

구분번호	톤수	마 력	위판액	비 고
1	58	1,500	1,484,048	
2	57	850	1,290,284	
3	59	1,700	2,004,810	

구분번호	톤수	마 력	위판액	비 고
4	53	1,200	1,882,760	
5	59	1,000	1,991,723	
6	57	1,000	571,815	
7	56	1,200	1,526,458	
8	59	1,200	1,199,064	
9	59	1,450	1,145,056	
10	59	500	1,439,544	
11	59	1,000	945,196	
12	58	1,000	1,762,555	
13	58	1,500	1,808,303	
14	55	805	1,458,009	
15	59	1,200	1,370,019	
16	59	1,000	1,524,844	
17	59	1,170	2,051,876	
18	59	1,500	2,023,482	
19	59	850	1,540,994	
	1,101	21,625	29,020,840	

자료: 동해기저조합 동해출장소

위 표의 시설은 2005년말 현재의 것으로 〈표 3-13〉의 2004년 현재의 내용과는 상당이 향상된 것이다. 총척수에서 2척이 증가하고 톤급별 분포의 차이는 다음과 같다.

	<표 3-13>	<표 3-29>	증감
59톤	8척	11척	+3척
58톤	3척	3척	
57톤	3척	2척	-1척
56톤	1척	1척	
55톤	0	1척	+1척
53톤	0	1척	+1척
52톤	1척	0	-1척

51톤	1척	0	-1척
계	17척	19척	+2척

결국 59톤급에서 3척이 증가하고 55톤 및 53톤급 각 1척이 증가한 반면 57톤급 1척과 52톤 및 51톤급 각 1척이 감소하여 총계 19척이 되었다. 동해구트롤의 정한수는 41척이며 선미식 14척(허가분), 현측식트롤 17척, 소형트롤 10척의 내용이 2004년 현재의 세력 내용이다.

추정할 수 있는 상황은 소형트롤어선 2척을 폐선하고 2척의 합계톤수 범위내에서 현측트롤선 1척을 건조한다면 현행 자원보호령 제23조의3에 의하여 가능한 것으로 만약 소형트롤어선 4척을 폐선하여 50톤급 2척을 건조 또는 개체한다면 19척이 된 연유를 찾을 수 있을 것 같다.

이에 기초하면 동해트롤의 세력분포는 선미식 14척, 현측트롤 19척, 소형트롤 6척 합계 39척의 답이 된다. 동시에 이 19척은 모두 선미식으로 개조한 것인지의 여부도 분명히 해야 할 것 같다.

19척을 기정화하여 〈표 3-13〉과의 제요인을 비교해 보자.

〈표 3-30〉 현측트롤의 증감비교

(단위: 생산액 천원)

연도 / 항목	2004				2005			
	척수	톤수	마 력	생산액	척수	톤수	마력	생산액
합계	17	976	10,108	21,144,165	19	1,101	21,625	29,020,840
평균		57.4	598.8	1,243,775		57.9	1,138.1	1,527,412

이 표를 보면 평균톤수에 있어 2004년에 비해 2005년에는 0.5톤의 증가에 평균마력은 무려 539.3마력의 증강으로 배증(倍增)의 모습이다. 이에 따른 생산은 29,020,840천원으로 2004년의 현측 생산보다 7,876,675천원의 증산을 보았다. 이는 척당평균이 2004년에 생산액 1,243,774천원이 2005년에 1,527,412천원으로 283,630천원의 증액을 한 꼴이 된다.

그러나 여기서 주목해야할 점은 〈표 3-12〉의 선미식 14척과 비교해 보면 먼저 생산에서 43,527,684천원으로 척당평균은 3,109,129천원이며 상기의 19척의 생산액의 2배에 해당된다. 선미식 14척의 척당평균마력은 1,039마력으로 오히려 현측 19척보다 약 100마력이 낮은 형편인데 어획은 2배에 해당된다.

이로써 추정해 보건대 14척은 선미식조업의 장점이 양망능력과 악천후에서의 조업능력의 우위 및 공조조업의 상대 채낚기선의 확보대상의 범위가 넓은 것이 주효한 반면에 현측 19측의 조업이 이름 그대로의 현측조업만을 하고 있어 그러한지 아니면 선미식과 현측식을 사정에 따라 번갈아하기 때문에 조업성적에 영향을 받고 있는지 분명하지 않다. 또한 현측트롤도 채낚기와 공조조업을 하고 있으면서 그 대상 선정의 범위에 문제가 있는지 등이 아직 분명히 밝혀지지 않고 있다. 또한 개조공사 시기가 어기와 맞물린 경우도 예상할 수 있다.

이것들이 상기와 같은 상대적 어획약세의 원인이라면 법적 비정상조업인 까닭으로 볼 수밖에 없다. 그러나 자료제공자와 책임관계자는 3척을 제외하고는 모두 선미식조업을 하고 있으며 어획성적이 비교되는 것은 2005년도 중에 전환한 까닭으로 시간적 완전조업을 하지 못한 것도 이유의 하나라고 강조한다.

9. 증설된 세력의 몸부림

이들 세력은 동일한 허가조건 상태에 있던 동해트롤 중 고시 후에 개조허가신청을 한 잔여세력들로 당국에 대하여 그 부당한 사유를 들어 허가를 진정한바 있으나 조업구역내의 자원관리의 이유와 고시내용 준수를 내세워 이를 거절한바 있다.

그러나 이들은 불복하여 소송을 제기하여 1, 2심을 거쳐 지난 4월 14일의 대법원의 선고공판에서 기각처분을 받아 패소상태에 놓이게 되었다. 이 패소로 지금까지 증설한 세력들이 판결을 수용하여 현측트롤을 속개할 것인지 관심거리다.

동해기저조합의 동해출장소에 의하면 19척 중 3척을 제외한 16척은 모두 선미식조업을 하고 있다는 것이다.

10. 새명칭 기저와의 관계

본고의 구상인 "새명칭 기저"의 창설에 있어 3종의 대상 업종 중 6척의 현측트롤과 4척의 소형트롤이 제외되는 문제가 야기된다. 즉 'Ⅷ.소결'의 '1.상대적 저생산그룹, 2)현측트롤'의 일부 (6)과 "4) 가칭 새명칭 기저의 구상"을 보면 현측트롤 6척, 소형트롤 10척, 동해기저 41척 계 57척을 "새명칭 기저"에 편성하는 내용을 밝힌바 있다.

그러나 현측트롤은 모두 증강되어 저생산그룹에서 제외될 소지에 있으며 동시에 소형트롤 10척 중 4척의 폐선에 따른 6척만이 "새명칭 기저의 구상"에 편성이 가능해진 상태다. 따라서 〈표 3-19〉의 새명칭 기저의 각 업종별 내역은 아래와 같이 변하게 될 것으로 추정한다.

먼저 현측트롤이 제외되고 소형트롤이 6척이 된다. 이 6척의 아래표상의 각 항목의 계수는 〈표 3-19〉의 해당항목의 평균치를 인용하였다. 따라서 새로운 "새명칭 기저"의 용량집약은 다음과 같이 된다.

〈표 3-31〉 "새명칭 기저"의 용량집약과 단위당생산

항목 \ 선별	소형트롤	동해기저	합 계
척 수	6척(12.5)	41(85.5)	48척(100%)
합계톤수	149.4톤(9.2)	2,117(78.1)	2,266
합계마력	2,573.4(12.9)	17,407(87.1)	19,980
합계생산액(천원)	2,299,376(13.6)	14,558,830(86.4)	16,858,206
합계어획량(c/s)	40,325(14.4)	238,669(85.5)	278,994
척당어획량(c/s)	6,720	5,821	6,270(평균)
톤당어획량	269.9	112.7	123.1(평균)
마력당어획량	15.6	13.7	13.9(평균)
척당생산액(천원)	383,229	355,093	1,222,770

항목 \ 선별	소형트롤	동해기저	합 계
톤당생산액	15,390	6,877	10,247(평균)
마력당생산액	892	836	844(평균)

※ 1. 소형트롤의 어획량의 c/s는 자료선 3척이 제시한 kg/단가를 평균화한 2,851원을 적용 1c/s/20kg로 하여 환산한 것. 동해기저는 자료선 A의 c/s당 어가 61,000원을 적용하여 산출한 것임.
2. 표 중 합계란의 ( )내 수치는 %임.

11. 맺 음

본 Ⅸ항 특기의 취지는 〈표 3-13〉의 내용의 변경에 따르는 독자의 이해를 구하고 이에서 파생되는 "새명칭 기저" 내용의 변경을 예상하는 데 있다. 그리고 본 Ⅸ항 이전의 Ⅷ항까지는 동해기저와 동해트롤과의 관계를 부각시켜 그의 시정책을 찾으려한 것으로 이해하여 주기 바란다.

그러나 현측트롤의 실정이 바뀌어 본 Ⅸ항을 통해본 19척의 동해트롤의 조업방법은 "고시"라는 존재를 놓고 볼 때는 불법이나 지금까지 같은 허가 속에서 조업하던 19척의 입장에서는 불공정하고 불평등 함을 주장하지 않을 수 없다. 따라서 상기의 "7. 소위 공조조업의 허와 실"을 참작하여 먼저 공조조업 행위의 위법을 철저히 단속하여 척결하고 대신 동해트롤의 공조조업의 지양을 조건으로 현측식트롤상태에 있는 19척을 양성화 조치함이 옳을 것으로 사료된다.

특히 금년부터 오징어 TAC를 앞두고 있는 시점이라 어장의 환경이 정상적 법적상황 하에서 실시함이 더욱 그 목적의 효과를 달성할 수 있을 것을 믿어 마지않는다.

이상의 모든 내용을 통틀어 결론을 내리면 다음과 같다.

(1) 방향

① 전기 "새명칭 기저" 속의 업종을 통합한 새로운 법정어업을 창출하되 옷

타사용을 배제한다.

② 오징어채낚기와 트롤의 소위 공조조업을 척결한다.

(2) **원칙**

A 동해트롤

① 동해트롤 중 현측식을 선미식으로 허용한다.

② 공조조업을 하지 않는다는 서약서 제출을 조건으로 한다.

B 새명칭 저인망어업

① 저비용 고효율의 어획을 기본원칙으로 한다.

② 옷타사용을 배제하고 해당선은 후리식조업으로 전환한다. 단 현 허가기간 만료시까지 유예기간을 둔다.

③ 대상자원의 동향을 감안하여 새로 설정되는 조업구역내의 어획노력량(톤수 및 마력)의 총량을 정한다.

④ 감축범위는 현 합계톤수와 합계마력의 총량을 기준하여 그 ⅓의 세력을 감축한다.

⑤ "새명칭 기저"의 규모는 20~59톤으로 한다. 다만 기존선박 중 이 규모를 초과한 배는 경과조치를 둘 수 있다. 위에서 정해진 구역내의 합계톤수와 합계마력의 총량을 기초로 기존 선복과 기관출력의 폭 범위 내에서 허가한다. 단, 현 선복과 출력은 경과조치기간 유효하다.

⑥ "새명칭 기저어업"의 법적 어업명칭을 제정한다.

(3) **운영**

A "새명칭저인망어업"

① 구조조정을 단행한다. 이 조정에서 감척되는 선박에 대한 보상은 전액 보조금으로 하되 생잔자가 그 일부를 부담한다.

※ 1. 〈표 3-10〉의 어획증가 현상이 반드시 자원량의 증가를 의미하지 않는다.

2. 이에 관하여는 Ⅷ소결의 3 새명칭 기저의 내부분석의 3) "동해기저의 숙원"을 참조.

② 현 단위어획노력량을 하향 균등화하기 위한 조치를 취한다.

㉠ 현 선복규모를 20톤~50톤사이로 조정하는 방향

㉡ 옷타사용을 지양한다. 따라서 획정된 척수는 후리식으로 통일한다.

㉢ 일정마력이상의 증설을 금한다.

㉣ 각 항의 내용에 따라 일정기간 최소한의 경과조치기간을 둔다.

㉤ 현 현측트롤의 후리식 전환에 필요한 비용은 재정자금에서 융자할 수 있다.

③ 새로운 조업구역을 획정한다.

④ 조업금지구역을 재조정한다.

㉠ 현행의 일반금지구역과 특별금지구역(12월1일~5월31일)을 단일화하여 현행보다 약간 축소 조정한다. 기관마력, 어선규모 축소, 어법의 후리식으로의 통일에 의한 전체노력량의 감소를 고려한 것.

㉡ 동시에 자망, 통발, 연승어업의 조업방법의 조절 규정

㉢ 현 소형 현측트롤의 후리식전환에 필요한 비용은 재정자금에서 융자할 수 있다.

⑤ 주 대상어종을 명기할 것.

㉠ 지금처럼 나열식 기재를 지양하고 주어획물과 부어획물을 정할 것

⑥ 조업근거지제를 채택한다.(양육항지정과 다름)

㉠ 당해어업인은 근거지별 협의회조직을 골간으로 하여 당해어업 전체의 자율관리방법을 유도하기 위한 것으로 이해할 수 있을 것임.

㉡ 당해어업의 근거지별 협의회는 분회의 성격으로 하고 해당 조합소재지에 협의회본부를 두어 자율조정과 각 분회의 고충을 통합 처리하는 기능(수협은 무관)을 갖는다.

㉢ 협의회는 자율관리를 위하여 법규범위내의 조업조건의 수준변경 또는 자율적 조건의 결정을 할 수 있으며 만약 이에 대한 당국의 보장이 필요하여 요청하면 당국은 이를 지원토록 한다. 이 협의회는 이

어업이 동해안 각 항구의 하나를 근거지로 한 조업을 하므로 근거지별 분회의 설립성질이 될 것이다.

㉣ 양육은 조업구역내의 항구에 자유로이 한다.

⑦ 판매는 조업구역내의 수협위판장에 계통판매를 하되 위판실적은 판매자(수협)가 매 10일 간격으로 당해 해수청에 보고한다.

⑧ 상기 협의회는 어기, 어구규격 등 규정의 범위 내에서 자율적으로 정하되 필요할 경우 당국에 제도적 보장을 요구할 수 있다.

■ 집필을 마치고

2004년 3월에 외끌이기저의 자료를 대충 정리하고 집필에 들어가면서 한편으로는 두려움과 다른 한쪽에서는 사명감 같은 것을 느끼며 떨리는 손으로 키보드 앞에 앉았다.

두려움은 안갯속 저편 거대한 미지의 준령을 어떻게 극복하는가 하는 것이고, 사명감이란 준령은 보되 준령 속의 삼라만상을 관심없는 사람들에게 알리고 계속을 흐르는 산수(山水)의 청탁(淸濁)과 우여곡절, 우거진 숲 그리고 그 수목 하나하나의 자연 그대로의 모습을 담아 한 폭의 그림에 옮기듯 준험하고 어지러운 한국기선저인망어업을 섭렵하여 꼭 평탄한 대평원을 이룩하는 동기를 제공해야겠다는 의지이나 막상 그 준령 앞에 서니 내가 아는 것이 너무나 빈약하고 보잘것없는 것이 안타까울 뿐이었고 두려움이었다.

번서 손을 댄 곳은 외끌이기저이나 이 속에는 너무나 어지럽게 흐트러져 있는 이탈적 상활을 바로잡기 위한 내 나름의 구상조차 엄두를 낼 수 없었다. 한정된 협조자와의 몇 번의 면담과 수십 회의 통화에서 그들이 지쳐서 답하는 음색에는 분명히 짜증이 묻어 있으나 나는 철면피처럼 매달리지 않을 수 없었다. 이러한 상황은 대형기저에서도 동해기저에서도 그러했으나 나는 이미 준령 속에 파묻혀 있어 이 고비를 넘기지 못하면 하산이 안 됨을 알고 있었기에 굴하지 않았다. 결국 그들이 내 진의를 이해하고 협조해 주어서 2년 반의 길을 접을 수 있었다.

집필하면서 염두에 둔 것은 문장을 연구논문 형식에서 탈피하여 어디까지나 하나의 사안에서 그렇게 된 연유를 피부에 닿아 느낄 수 있게 현장감의 표현을 구사하는 단어와 형용의 선택에 신경을 썼으나 그렇다고 미사

여구(美辭麗句)로 문학적 표현을 하지 않았다. 물론 필자는 문학적 소질 따위는 없다. 그러나 한 쪽의 문장에서 같은 단어가 중복사용되지 않게 주의하였다. 다만 실사구시의 정신에서 사실에 접근하여 왜곡의 원인을 밝히고 한편은 경영적 측면을 비추어 지속가능성을 타진하는 데에 힘써 보았다.

어구어법의 개량과 어장개척은 어부의 천부적 노력의 대상이며 누구도 나무랄 수 없는 영역이지만 이는 동시에 제도적 제약과 부딪히는 경우가 발생한다. 이에는 자원보호의 원칙적 잣대가 동원되고 조업구역, 금어기, 정한수, 어획량 제한 등이 그 대표적인 대응방법이다.

이런 속에서 기선저인망어업이 제도에 순응하는 조업이 될 수 있도록 각 편에 나름의 결론을 맺었으나 이는 졸저(拙著)가 미치 건의서 같은 성격이 아님을 인상지우고 어디까지나 우리 나라 전체 기선저인망어업의 현실을 투명하게 비추고 거기에서 진실한 방향을 찾을 수 있게 하자는 데 내 목적이 있기에 불법은 불법대로, 고쳐져야 할 것은 과감히 고쳐 기선저인망어업이 기간어업으로서 존속할 수 있는 당면의 방법을 제시하기 위한 표현일 뿐이었다.

제3편에서 동해기저 어선의 소형화를 권고하였는데, 일본의 시마네현 수산시험장이 어업경영의 개선을 위해 조업방법의 개량, 적정망목의 도입, 기관마력의 적정화 등에 관한 시험에서 소형기저의 망목을 확대 시험한 결과 오히려 생산금액이 증가한 것을 확인하고 있다.

그 이유로서 단가가 높은 대형어의 증획과 인망시의 저항이 감소되고 양망방법의 개선 등으로 어획효율이 2~3할 정도 향상되었다는 자료를 읽은 기억에서 그렇게 권고한 것이다. 이러한 원리는 비단 동해기저에 국한된 일은 아니고 저인망 전체에 해당되는 사안이 아닌가 생각된다.

오징어 TAC에 관해 잠시 언급한 바 있으나 이 제도의 성패의 관건은 확고한 그리고 합법적 어업들의 '정보의 공개성', 즉 투명한 자료의 공개에 있는데 그 공개의 바탕은 정당한 어업집단의 합법적 조언에서 이루어져야 한다.

이 부분을 언급하는 이유는 저인망어업들의 조속한 제도적 정상화 없이는 TAC제도 실시의 진정한 의의를 상실하기 때문이다.

집필을 하면서 뼈저리게 느낀 점은 사용가능한 자료의 질과 양에서 한계성이 있었고 또한 필자의 저인망어업에 대한 풍부한 지견(知見)이 부족하여 관계자를 만족시킬 만한 정도(精度)에 이르지 못한 것에 부끄러워하면서도 저인망어업의 제도적 개편에 일조가 되기를 바라는 마음 간절하다.

그리고 자료제공에 있어 자기를 투명하게 공개해 주시고 어떤 분은 일주일에 걸쳐 1년치 전표를 뒤져 어종별 어획고를 챙겨주는 예의에는 머리가 수그러지는 감동에 싸이기도 하였다.

이러함에도 막상 집필을 끝내놓고 보니 전체의 짜임새나 내용에서 이분들게 미안한 점이 있음도 감출 수 없다.

한편 한국의 기선저인망어업에 관해 그 동안 단편적·부분적 연구의 발표는 있었으나 어업의 실태(조업방법, 어장, 운영방법, 노동문제와 임금, 경영적 측면, 제도적 괴리와 이탈현상)를 밝히고 이의 시정책을 호소한 단일본의 출간은 이것이 처음이 아닌가 하는 자긍심을 갖는다.

내용에 각자의 바람에 미흡한 부분이 있음은 분명하나 넓은 아량으로 이해해 주시고 이를 계기로 그 부분을 조속히 현현화(顯現化)시킬 수 있는 노력과 기회를 갖기를 바라면서 서운함과 시원스러움 속에서 집필을 끝내는 인사를 드립니다.

2006년 8월 1일
저자 올림

■ 별첨

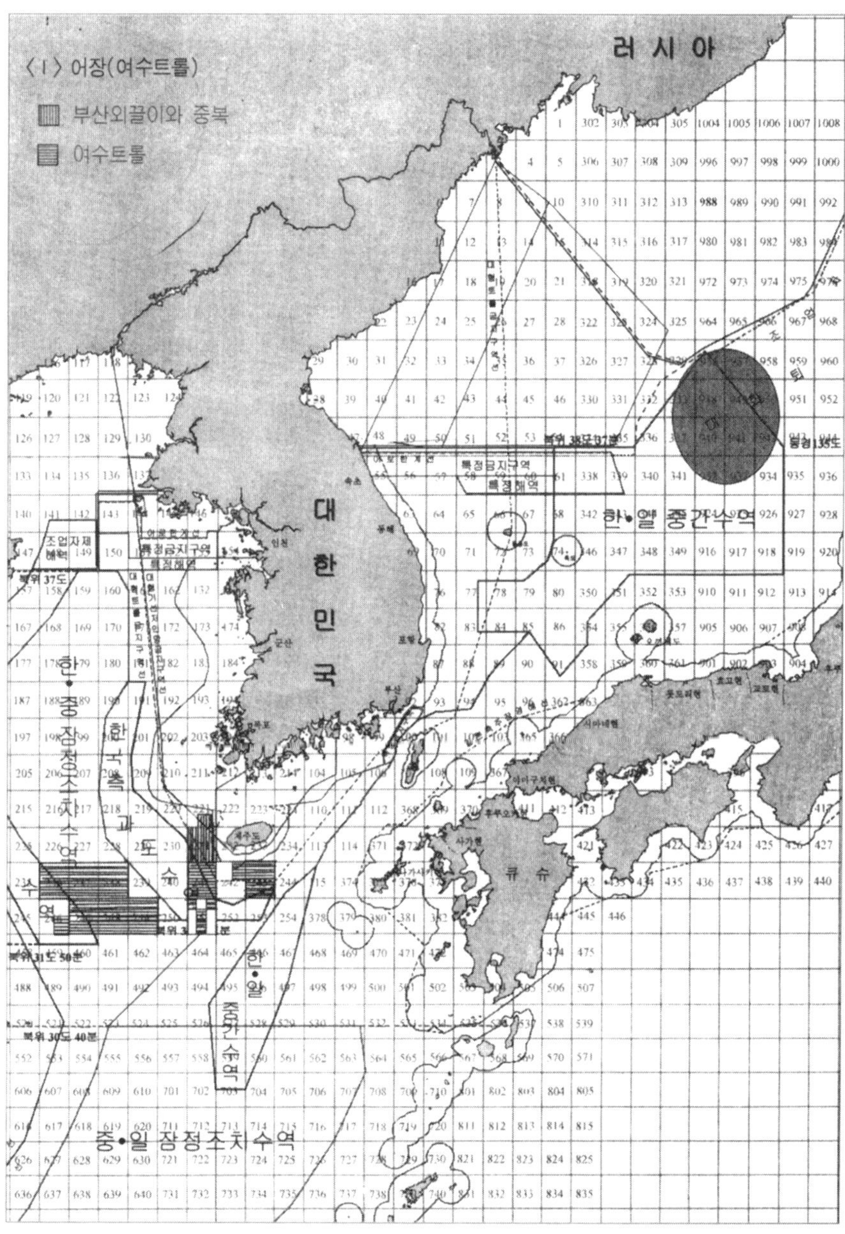

〈Ⅰ〉 어장(여수트롤)
부산외끌이와 중복
여수트롤
러 시 아
대한민국
한•일 중간수역
한•중 잠정조치수역
한국측 과도수역
한•일 중간수역
중•일 잠정조치수역
특정금지구역
특정해역
조업자제해역
북위 37도
북위 31도 50분
북위 30도 40분
동경135도
큐 슈

〈Ⅰ〉 어장(여수트롤)

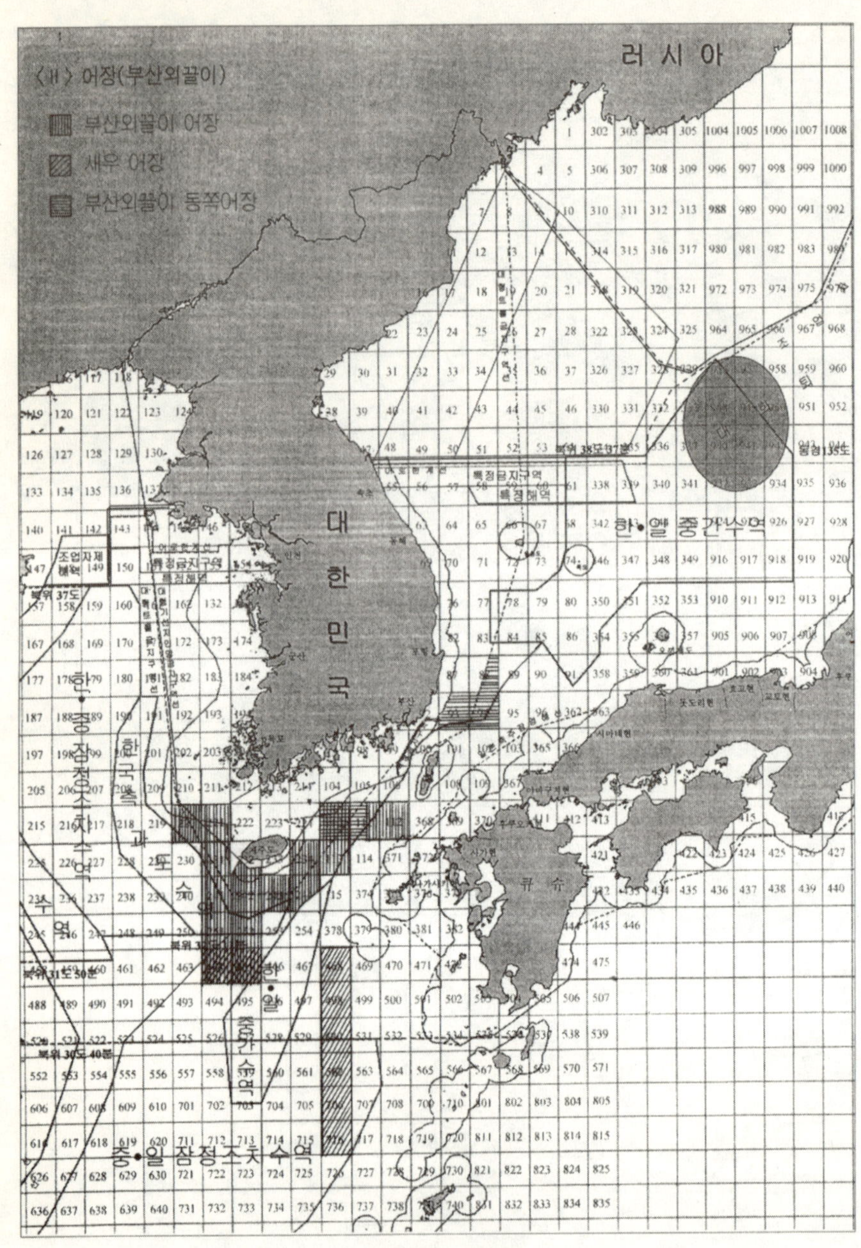
〈II〉 어장(부산외끌이)
부산외끌이 어장
새우 어장
부산외끌이 동쪽어장
러 시 아
대 한 민 국
한•일 중간수역
한•중 잠정조치수역
한국측 과도수역
한•일 중간수역
중•일 잠정조치수역
특정금지구역
특정해역
조업자제해역
북위 37도
북위 31도 50분
북위 30도 40분
동경135도
큐 슈

〈II〉 어장(부산외끌이)

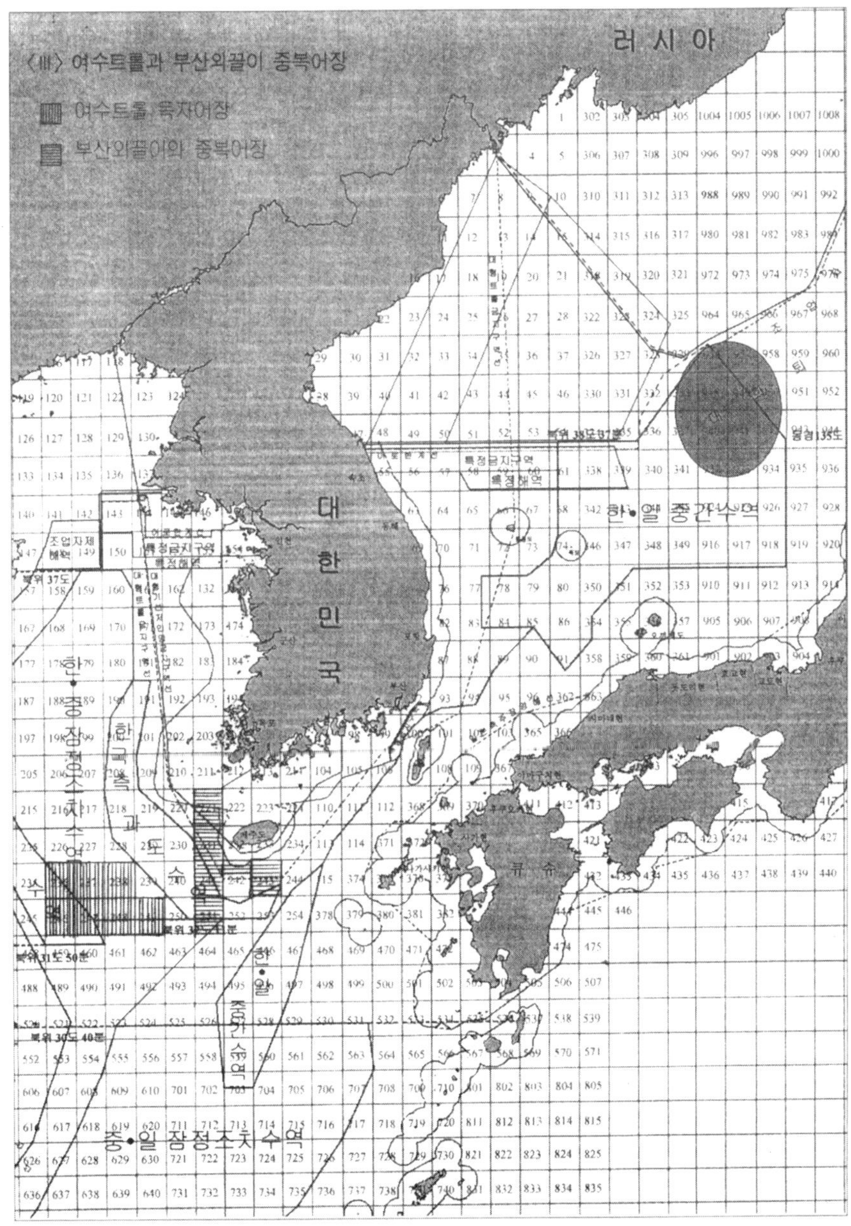

〈Ⅲ〉 여수트롤과 부산외끌이 중복어장

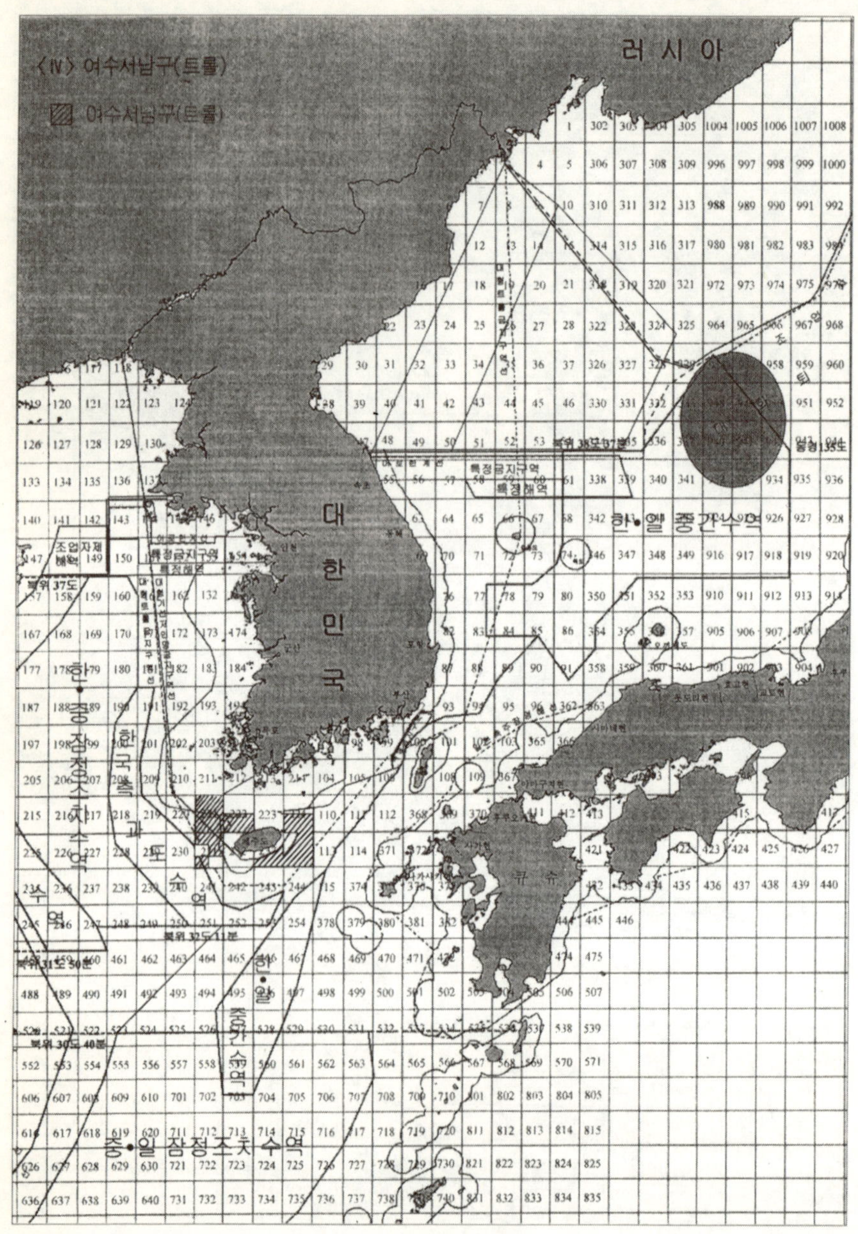

〈Ⅳ〉 여수서남구(트롤)
여수서남구(트롤)
러 시 아
대한민국
특정금지구역
특정해역
한•일 중간수역
조업자제
북위 37도
한•중 잠정조치수역
한국측 과도수역
제주도
큐 슈
북위 32도 11분
북위 31도 50분
한•일 중간수역
북위 30도 40분
중•일 잠정조치 수역
동경135도

〈Ⅳ〉 여수서남구(트롤)

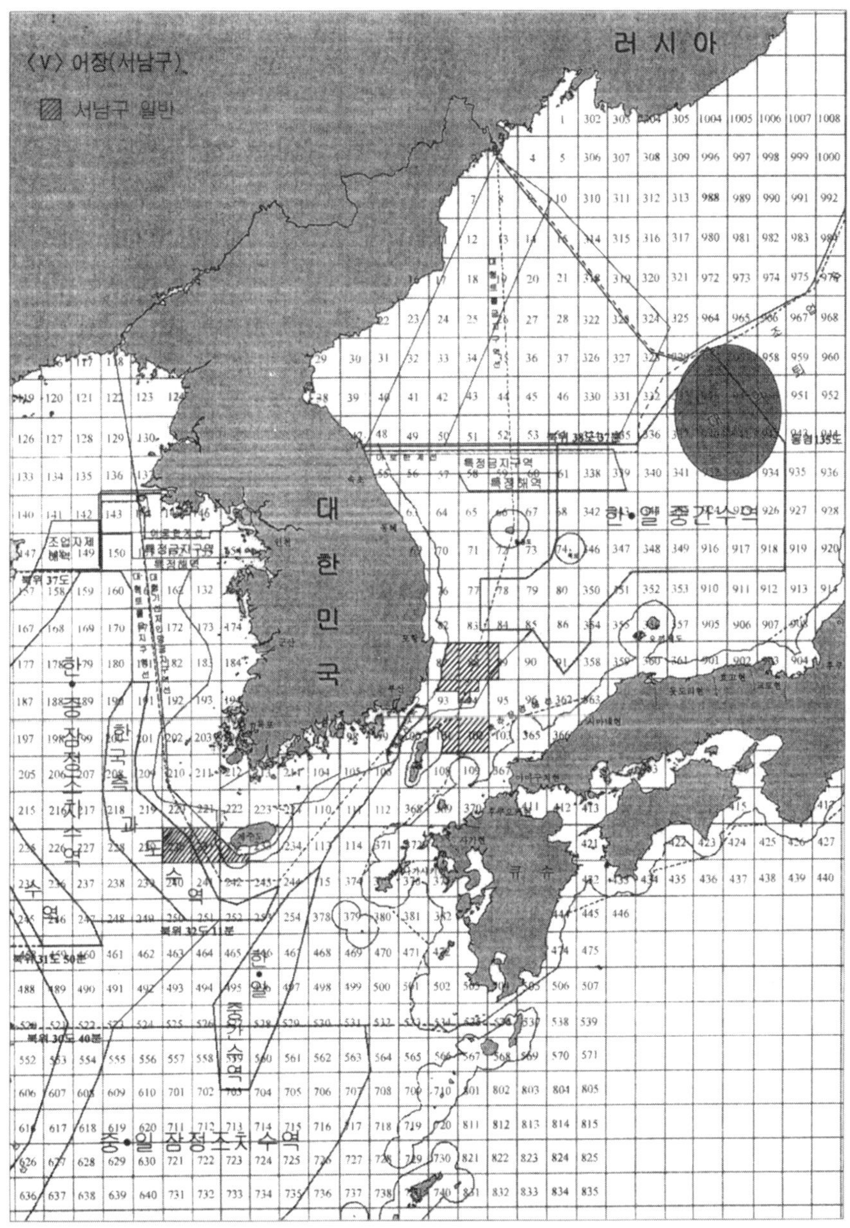

〈V〉 어장(서남구)
서남구 일반
러 시 아
대 한 민 국
한•일 중간수역
한•중 잠정조치수역
한국측 과도수역
한•일 중간수역
중•일 잠정조치수역
특정금지구역
특정해역
조업자제해역
북위 37도
북위 32도 11분
북위 31도 50분
북위 30도 40분
동경135도
큐 슈

〈V〉 어장(서남구)

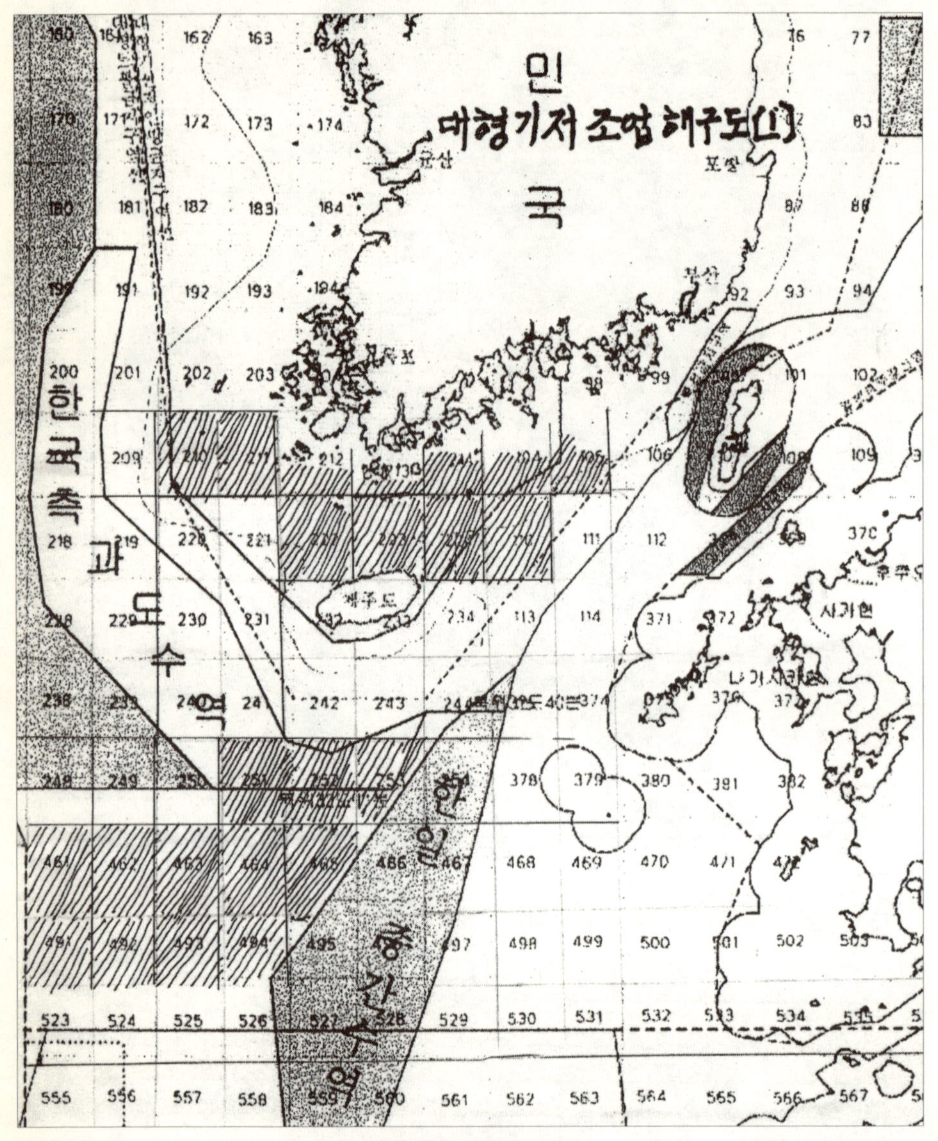

대형기저조업해구도〔1〕